普通高等教育系列教材

U0151292

MATLAB 9.8 基础教程

杨德平　李　聪　杨本硕　等编著

机械工业出版社

本书主要介绍 MATLAB 9.8（R2020a）的基础入门、数值计算、单元数组与结构数组、符号计算、绘图及可视化、程序设计、M 文件与 MLX 文件、数据分析、最优化计算、Simulink 动态仿真及应用程序（App）设计等内容。通过简明扼要的讲解、丰富的例题和实例分析，充分展现了 MATLAB 平台的数学计算、算法编程、函数绘图、数据处理、系统建模及仿真、应用软件开发等强大功能，让读者轻松自如地掌握 MATLAB 的操作和编程方法，为今后课程学习、深入科学研究、从事行业开发等实践活动打下较好的基础。

本书可作为本科生、研究生的教材，也可作为教学和科研工作人员的学习用书与参考书。

本书有配套授课电子课件，需要的教师可登录 www.cmpedu.com 免费注册，审核通过后下载，或联系编辑索取（微信：15910938545，电话：010-88379739）。

图书在版编目（CIP）数据

MATLAB 9.8 基础教程 / 杨德平等编著. —北京：机械工业出版社，2021.11
（2025.1 重印）
普通高等教育系列教材
ISBN 978-7-111-69675-9

Ⅰ. ①M…　Ⅱ. ①杨…　Ⅲ. ①Matlab 软件-高等学校-教材　Ⅳ. ①TP317

中国版本图书馆 CIP 数据核字（2021）第 244806 号

机械工业出版社（北京市百万庄大街 22 号　邮政编码 100037）
策划编辑：胡　静　　责任编辑：胡　静
责任校对：张艳霞　　责任印制：常天培
北京机工印刷厂有限公司印刷
2025 年 1 月第 1 版·第 4 次印刷
184mm×260mm · 19.25 印张·476 千字
标准书号：ISBN 978-7-111-69675-9
定价：79.00 元

电话服务　　　　　　　　　　网络服务
客服电话：010-88361066　　　机　工　官　网：www.cmpbook.com
　　　　　010-88379833　　　机　工　官　博：weibo.com/cmp1952
　　　　　010-68326294　　　金　书　网：www.golden-book.com
封底无防伪标均为盗版　　机工教育服务网：www.cmpedu.com

前　言

MATLAB 是美国 Mathworks 公司于 1984 年推出的一套高性能的数值计算和可视化软件，是一种面向科学与工程计算的高级语言。与其他计算机语言相比，MATLAB 更加接近人们书写计算公式的思维方式，其程序编写就像在演算纸上排列出公式与求解过程，使人们摆脱重复而机械性的编程细节，把注意力集中在创造性问题上，利用尽可能短的时间做出尽可能多的有价值的结果。MATLAB 具有编程简单、节省时间、效率高、易学易懂、功能强大、适用范围广、移植性和开放性强等特点，已经发展成为适用多学科、多种工作平台的大型软件。MATLAB 在国际上被广泛接受和使用，是在校本科生、研究生必须掌握的基本技能，是日常学习、应用研究及在高端领域进行科学实践的一种有效工具。

本书作为介绍 MATLAB 知识的基础教科书，主要为 MATLAB 初学者详细介绍 MATLAB 的基本内容与功能、函数格式与调用、编程方法与结果运行，并以高等数学、线性代数、概率论与数理统计、优化问题、数据处理、系统仿真、软件开发等为背景，精选例题及与日常问题相关的案例，讲解 MATLAB 具体操作方法，让学生轻松自如地学习 MATLAB 的编程方法和相关应用，为今后从事科学研究、行业开发打下较好的基础。

本书使用全新的 MATLAB 9.8（R2020a）平台和数据，在《MATLAB 8.5 基础教程》的基础上，对其内容进行了更新和完善。尤其增加了表数组、热图、实时脚本和实时函数等实用性强的新内容，升级了 Simulink 仿真视图新界面，利用新推出的 App 设计工具替代了图形用户界面（GUI），更加便于软件开发。内容覆盖了各学科通用的基础部分，充分体现了 MATLAB 平台具有的数学计算、算法研究、科学和工程绘图、数据分析及可视化、系统建模及仿真、应用软件开发等功能。本书叙述简明扼要，深入浅出，而且例题丰富，实例分析详尽。

全书共 11 章，主要由杨德平、李聪和杨本硕编写，参加编写工作的还有管殿柱、李文秋、管玥，在编写过程中还得到了同事及国内兄弟高校同仁的大力支持，在此表示衷心的感谢！

由于时间仓促和作者的水平有限，书中难免会有不足和疏漏之处，恳切期望得到各方面专家和广大读者的指教。

编　者

目　录

第1章 基 础 入 门

    MATLAB 是目前在国际上被广泛接受和使用的计算机工具，是一种集数值与符号运算、数据可视化与 App 设计、编程与仿真等多种功能于一体的集成软件，具有功能强大、易于学习、应用范围广泛等特点，掌握 MATLAB 将使得日常的学习和工作事半功倍。本章介绍 MATLAB 9.8（R2020a）版的安装过程、系统结构及特点、桌面操作方法、基本操作指令，以便 MATLAB 初学者能比较顺利地跨入 MATLAB 门槛。

    本章重点
- 系统结构及特点
- 操作桌面
- 菜单功能
- 操作命令

1.1 MATLAB 概述

    MATLAB 是一种高效的语言，其发展速度之快、应用范围之广、功能之强大，令业界惊叹。因此先对 MATLAB 的发展历史、系统结构及特点、学科工具箱等内容进行整体介绍，使学习者快速了解 MATLAB 概况。

1.1.1 MATLAB 发展历程

    MATLAB 是 MATrix LABoratory（矩阵实验室）的缩写，它是在 20 世纪 70 年代后期，时任美国新墨西哥大学计算机科学系主任的克里夫·莫勒尔（Cleve Moler）教授为了减轻学生编程负担，使用 FORTRAN 语言编写的线性代数软件包（Linpack）和特征值计算软件包（Eispack），这便是最初的 MATLAB。

    1984 年，杰克·李特（Jack Little）、克里夫·莫勒尔和斯蒂夫·班格尔特（Steve Bangert）合作成立了 Mathworks 公司，正式把 MATLAB 推向市场，并在拉斯维加斯举行的 IEEE 决策与控制会议上推出了利用 C 语言编写的面向 MS-DOS 系统的 MATLAB 1.0。MATLAB 以商品形式出现后的短短几年，就以其良好的开放性和运行的可靠性，使原先控制领域里的封闭式软件包纷纷被淘汰，而改在 MATLAB 平台上重建。在 20 世纪 90 年代，MATLAB 已经成为国际控制界公认的标准计算软件。

    1993 年推出了基于 PC 的以 Windows 为操作系统的 MATLAB 4.0 版。1996 年推出 MATLAB 5.0 版，增加了更多数据结构，使其成为更方便的编程语言。2000 年 10 月推出全新的 MATLAB 6.0 正式版（R12），在核心数值算法、界面设计、外部接口、应用桌面等方面有了极大改进。2004 年 7 月开始推出 MATLAB 7.0 版本（R14），在编程环境、代码效率、数据可视化、文件 I/O 等方面进行了全面升级。2006 年起，每年推出两个版本，上半年推出的使用 a 标识，下半年推出的使用 b 标识，如 2006 年上半年推出的版本为 MATLAB 7.2（R2006a），下半年版本为 MATLAB 7.3（R2006b）。

2012 年 9 月份开发的 MATLAB 8.0（R2012b），采用全新的视图界面，具有 MATLAB 和 Simulink 的重大更新，可显著提升用户的使用与导航体验，其包括 64 位和 32 位两个版本。2014 年 3 月推出带有中文界面的 MATLAB 8.3（R2014a）版本。

2016 年 3 月升级为 MATLAB 9.0（R2016a），2020 年 3 月新发布了 MATLAB 9.8（R2020a），增加的功能涵盖大数据、数据可视化、数据导入和分析等方面，包括 MATLAB Web App Server、深度学习、无限通信、自动驾驶等新功能。

MATLAB 具有功能强大、学习容易、效率高等特点，已成为线性代数、数值分析计算、数学建模、最优化设计、统计数据处理、生物医学工程、财务分析、金融计算、自动控制、数字信号处理、通信系统仿真等课程的基本教学工具，是目前世界上流行的仿真计算软件之一，掌握了 MATLAB 将为今后学习、科学研究、行业开发打下良好的基础。

1.1.2 MATLAB 系统结构

MATLAB 系统由 MATLAB 开发环境、MATLAB 数学函数库、MATLAB 语言、MATLAB 图形处理系统和 MATLAB 应用程序接口（API）五大部分构成。

开发环境是一套方便用户使用的 MATLAB 函数和文件工具集，其中很多工具是图形化用户接口。它是一个集成的用户工作区，允许用户输入/输出数据，并提供 M 文件的集成编译和调试环境，包括 MATLAB 桌面、命令行窗口、M 文件编辑调试器、工作区浏览器和在线帮助文档。

数学函数库是数学算法的一个巨大集合，包括初等数学的基本算法和高等数学、线性代数等学科的复杂算法。用户直接调用其函数就可进行运算，它是 MATLAB 系统的基础组成部分。

MATLAB 语言是一种交互性的数学脚本语言，它支持包括逻辑、数值、文本、函数柄、细胞数组和结构数组等数据类型，是一种高级的基于矩阵/数组的语言，具有程序流控制、函数、数据结构、输入/输出和面向对象编程等特色。

图形处理系统是指 MATLAB 系统提供了强大的数据可视化功能，包括二维、三维图形函数，图像处理和动画效果等，还提供了包括线型、色彩、标记、坐标等修饰方法，使绘制的图形更加美观、精确。

应用程序接口（API）是 MATLAB 语言与 C、FORTRAN 等其他高级编程语言进行交互的函数库。该库的函数通过调用动态链接库（DLL）实现与 MATLAB 文件的数据交换，其主要功能是在 MATLAB 中调用 C 和 FORTRAN 程序，以及在 MATLAB 与其他应用程序间建立客户、服务器关系。

1.1.3 MATLAB 工具箱类型

MATLAB 通过附加的工具箱（ToolBox）进行功能扩展，每个工具箱都是实现特定功能的函数集合。MathWorks 提供的 MATLAB 工具箱主要分为以下几大类。

- 数学、统计与优化。
- 数据科学和深度学习。
- 信号处理和无线通信。
- 控制系统。
- 图像处理与计算机视觉。
- 计算金融学。
- 计算生物学。
- 并行计算。
- 测试与测量。

- 机器人和自主系统。
- 数据库访问与报告。
- 代码生成。

其中，MATLAB R2020a 版发布的工具箱如表 1-1 所示。

表 1-1　MATLAB R2020a 工具箱类型

工具箱	工具箱中文名称	工具箱	工具箱中文名称
5G	5G 工具箱	Navigation	航行工具箱
Aerospace	航空航天分析工具箱	OPC	OPC 开发工具箱
Antenna	天线工具箱	Optimization	最优化工具箱
Audio	音频工具箱	Parallel Computing	并行计算工具箱
Automated Driving	自动驾驶工具箱	Partial Differentia Equation	偏微分方程工具箱
Bioinformatics	生物信息工具箱	Phased Array System	相控阵系统工具箱
Communications	通信工具箱	Predictive Maintenance	预测维护工具箱
Computer Vision	计算机视觉工具箱	Reinforcement Learning	强化学习工具箱
Control System	控制系统工具箱	RF	射频工具箱
Curve Fitting	曲线拟合工具箱	Risk Management	风险管理工具箱
Data Acquisition	数据采集工具箱	Robotics System	机器人系统工具箱
Database	数据库工具箱	Robust Control	鲁棒控制工具箱
Datafeed	数据库输入工具箱	ROS	活性氧工具箱
Deep Learning	深度学习工具箱	Sensor Fusion and Tracking	传感器融合与跟踪工具箱
DSP System	DSP 系统工具箱	SerDes	序列系统工具箱
Econometrics	计量经济学工具箱	Signal Processing	信号处理工具箱
Financial Instruments	金融商品工具箱	Statistics and Machine Learning	统计和机器学习工具箱
Financial	金融工具箱	Symbolic Math	符号运算工具箱
Fuzzy Logic	模糊逻辑工具箱	System Identification	系统辨识工具箱
Global Optimization	全局优化工具箱	Text Analytics	文本分析工具箱
Image Acquisition	图像采集工具箱	Trading	交易工具箱
Image Processing	图像处理工具箱	Vehicle Network	车载网路工具箱
Instrument Control	仪表控制工具箱	Vision HDL	视觉 HDL 工具箱
LTE	LTE 系统工具箱	Wavelet	小波工具箱
Mapping	地图工具箱	Wireless HDL	无线 HDL 工具箱
Model Predictive Control	模型预测控制工具箱	WLAN	无线局域网工具箱
Model-Based Calibration	基于模型调校工具箱		

MATLAB 具有开放性，其内部函数、主包文件和各种工具包文件，都是可读可修改的函数，因此用户可通过对源程序的修改，或自己编写程序来构造新的专用工具包。

1.1.4　MATLAB 主要功能

MATLAB 的功能非常强大，其主要功能如下。

- 具有数值计算、符号计算、工程计算等各种计算功能。
- 具有绘制二维和三维图形等数据可视化功能。
- 具有创建函数、实时函数、数据管理等编程的开发环境功能。
- 具有使用线性代数、统计、筛选、优化、插值、拟合等方法的数据处理能力。
- 具有利用工具箱处理各应用领域内特定类型问题的扩展功能。

- 具有基于 Simulink 工具的系统建模、仿真和分析的功能。
- 具有使用封装的组件库开发 App 应用软件的功能。
- 具有将 MATLAB 算法与外部应用程序和语言（如 C/C++、Java、.NET、Python、SQL、Hadoop 及 Microsoft Excel）集成的功能。

1.1.5 MATLAB 的特点

1．直译式的编程语言

MATLAB 语言是以矩阵计算为基础的程序设计语言，简单易学，用户不用花费太多时间即可掌握其编程技巧。其指令格式与教科书中的数学表达式非常相近，语法规则也与一般的结构化高级编程语言类似，包含控制语句、函数、数据结构、输入/输出和面向对象编程特点。用户对需要解决的问题可以在命令行窗口中将输入语句与执行命令同步，也可以先编写好一个较大的应用程序（M 文件）后再一起运行。

2．代码短小高效

由于 MATLAB 已将数学问题的具体算法编成了函数，用户只要熟悉算法的特点、使用场合、函数的调用格式和参数意义等，通过调用函数就可以很快解决问题。

3．强大的科学计算与数据处理能力

MATLAB 是一个包含大量计算算法的集合，其拥有上千个数学函数和工程计算函数，可以直接调用而不需另行编程，非常方便地实现了用户所需的各种计算功能。该软件具有强大的矩阵计算功能，具有众多的工具箱，几乎能解决大部分学科中的数学问题。

4．先进绘图和数据可视化功能

MATLAB 能够按照数据产生高质量的二维、三维数据图形，并可绘制各类函数的多维图形。还可以对图形设置颜色、光照、纹理、透明性等，以增强图形的表现效果。

5．可扩展性能

MATLAB 包含基本部分和各种可选的工具箱。基本部分构成了 MATLAB 的核心内容，也是使用和构造工具箱的基础；工具箱扩展了 MATLAB 功能。除内部函数外，所有 MATLAB 基本文件和工具箱文件都是可读可改的源文件，用户可通过对源文件的修改或加入自己编写的文件构造自己的专用工具箱，方便解决自己领域内常见的计算问题。

6．友好的工作平台和编程环境

MATLAB 中的工具包大多采用图形用户界面或 App 设计界面，其界面也越来越精致，更加接近 Windows 的标准界面，人机交互性更强，操作更简单。简单的编程环境提供了比较完备的调试系统，程序不必经过编译就可以直接运行，且能够及时报告出现的错误并进行出错原因分析。

1.2 MATLAB 的安装及启动

随着 MATLAB 版本的更新，安装过程越来越简单。MATLAB R2020a 版本提供了支持中文的安装界面，对快速安装与使用提供了便利。

1.2.1 MATLAB 的安装

MATLAB R2020a 仅支持 64 位操作系统，为方便用户安装使用，本节介绍 MATLAB R2020a 的安装方法，其步骤如下。

1）将 MATLAB 安装光盘插入光驱后，会自动启动"安装向导"。若没有自动启动，可从"我的电脑"中打开 MATLAB 安装光盘根目录下的"setup.exe"应用程序，启动"安装向导"。

2）启动安装程序后弹出如图 1-1 所示的 MathWorks 安装程序界面，单击右上角的"高级选项"按钮，在下拉菜单中选择"我有文件安装密钥"选项。

3）弹出如图 1-2 所示的 MathWorks 许可协议界面，需同意该许可协议，在"是否接受许可协议的条款？"选项旁，选中"是"选项，再单击"下一步"按钮，安装过程才可继续。

图 1-1　MathWorks 安装程序

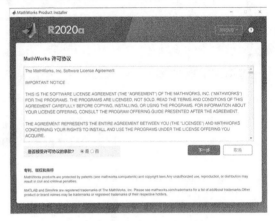
图 1-2　MathWorks 许可协议

4）弹出如图 1-3 所示的文件安装密钥界面，在"使用文件安装密钥进行安装"选项下的空白文本框中输入软件安装密钥，单击"下一步"按钮。

5）弹出如图 1-4 所示的选择目标文件夹安装路径界面。系统默认的安装路径为"C:\Program Files\Polyspace\R2020a"。用户可通过单击"浏览"按钮选择其他的安装文件夹，也可单击"还原默认值"按钮恢复系统默认的安装路径。单击"下一步"按钮。

图 1-3　使用文件安装密钥进行安装

图 1-4　选择目标文件夹

6）弹出如图 1-5 所示的选择产品界面。产品全部选择（默认状态），单击"下一步"按钮，系统将弹出如图 1-6 所示的选择选项界面，选中"将快捷方式添加到桌面"复选框后单击"下一步"按钮。

7）弹出如图 1-7 所示的确认选择界面，可看到刚刚选择的安装路径和即将安装的 MATLAB 组件等信息，确认无误后，单击"开始安装"按钮。

图 1-5　选择产品

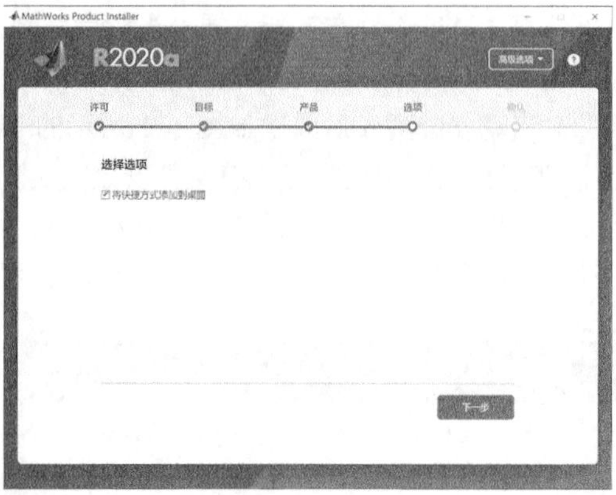

图 1-6　选择选项

图 1-7　确认选择

8）安装开始，如图 1-8 所示，大约需要 25 分钟。当安装结束时出现如图 1-9 所示的界面，提示可能需要执行的其他配置步骤，用户可在全部安装结束后按其步骤进行配置，或直接单击"关闭"按钮。

图 1-8　正在安装

图 1-9　安装完毕

1.2.2 MATLAB 的启动和退出

1. MATLAB 的启动

当 MATLAB 安装到硬盘上以后，一般会在 Windows 桌面上自动生成 MATLAB 图标，这时只要直接双击该图标即可启动，或单击桌面左下角的"开始"按钮，在弹出的菜单中找到"matlab"选项也可打开 MATLAB 操作桌面。

MATLAB R2020a 的启动界面如图 1-10 所示，启动后的操作桌面如图 1-11 所示。

图 1-10　MATLAB R2020a 的启动界面　　　　　图 1-11　MATLAB 的操作界面

2．MATLAB 的退出

在 MATLAB 操作桌面的命令行窗口中输入"quit"或"exit"命令；或直接单击窗口右上角的"关闭"按钮，都可关闭 MATLAB 窗口。

1.3　MATLAB 操作桌面

MATLAB R2020a 版的操作桌面（Desktop），是一个高度集成的 MATLAB 工作界面。该桌面由功能选项卡、快速访问工具栏、主页选项卡展开后的命令面板、当前文件夹工具栏，以及当前文件夹、命令行、工作区和文件概况等窗口组成，如图 1-12 所示。

图 1-12　MATLAB 操作桌面的组成

1.3.1　菜单栏

MATLAB R2020a 的菜单栏主要分为三个区：功能选项卡（主页、绘图和 App）、快速访问工具栏，及主页选项卡展开后的命令面板，如图 1-13 所示。

图 1-13 菜单栏组成

1. 主页部分

主页选项卡包括文件、变量、代码、SIMULINK、环境和资源。具体命令面板名称及功能如表 1-2 所示。

表 1-2 主页命令面板名称及功能

命令面板名称	按钮名称	功　　能
文件	新建脚本	建立新的脚本文件，即 m 文件
	新建实时脚本	创建集代码、输出和格式化文本于一体的可执行实时脚本文档
	新建	建立新的脚本、实时脚本、函数、实时函数、类、System Object、工程、图窗、App、Stateflow Chart 和 Simulink Model 等
	打开	打开脚本文件 m 文件、图窗 fig、数据 mat 文件、应用 App 及安装程序、工具箱、工程 prj、Simulink Model、代码生成器文件和报告生成器文件等
	查找文件	可根据用户提供的具体文件名称（包括文本、文件类型、文件位置等信息）查找目标文件
	比较	对两个文件或文件夹进行文本或二进制的比较
变量	导入数据	从其他文件导入数据（包括音频、数据文件、电子表格、图像、文本、视频等），单击弹出对话框，选择被导入的文件名和位置
	保存工作区	保存工作区中的数据，将 ".mat" 或 ".m" 格式文件存储到用户定义的路径文件中
	新建变量	创建变量进行编辑。单击该选项后工具栏将增加"变量"和"视图"两个新选项卡，可分别对变量和变量编辑窗口进行编辑
	打开变量	打开工作区变量进行编辑
	清空工作区	清空工作区的变量、函数等
代码	收藏夹	新建收藏项，包含收藏命令编辑器、添加到快速访问工具栏、快速访问等
	分析代码	分析当前文件夹中的 MATLAB 代码文件，查找效率低下的编码和潜在的错误，并形成相应的"代码分析器报告"
	运行并计时	用于改善性能的探查器，输入要运行的代码并计时，确定在何处修改代码来改善性能
	清除命令	清除命令行窗口中的命令或清除命令历史记录
SIMULINK	Simulink Library	打开 Simulink 模型库（具体内容在 Simulink 章节介绍）
环境	布局	根据用户使用习惯调整操作界面的布局，包括选择布局、保存布局和整理布局
	预设	指定 MATLAB、Simulink 和 Toolbox 等功能模块的预设项
	设置路径	设置 MATLAB 用于查找文件的搜索路径
	Parallel	设置平行计算的运行环境
	附加功能	获取附加功能、管理附加功能、打包工具箱、App 打包、获取硬件支持包等
资源	帮助	提供不同的帮助系统，以供用户选择。具体包括文档、示例、支持网址、许可、检查更新、辅助功能、使用条款、专利、关于 MATLAB 等帮助系统
	社区	链接到 MATLAB Central，用户可以在线与世界各地的 MATLAB 用户进行互动交流，查看最新最热门的 MATLAB 资讯，及 MATLAB 热门博客
	请求支持	向 MATLAB 官方服务器提交技术支持请求
	了解 MATLAB	按需访问学习资源，包括 MATLAB 和 Simulink 培训课程

2. 绘图部分

绘图选项卡包括所选内容、绘图和选项。所选内容主要是选择变量。绘图主要用于根据选择的变量绘制图形；在未选择变量的情况下，绘图功能按钮呈灰色状态，禁止使用，如图 1-14 所示；当选取变量后绘图功能按钮被激活，如图 1-15 所示。选项包括重用图窗和新建图窗。

图 1-14　绘图功能按钮禁止使用

图 1-15　绘图功能按钮被激活

绘图选项卡（见图 1-15）包含的命令面板及功能如表 1-3 所示。

表 1-3　绘图命令面板名称及功能

命令面板名称	按钮名称	功　能
所选内容	变量 X、Y 等	显示在工作区中选择的变量
绘图	plot	制图二维图形
	area	绘制二维区域图
	bar	绘制二维条形图
	pie	绘制二维饼形图
	histogram	绘制直方图
	contour	绘制等高线图
	surf	绘制曲面图
	mesh	绘制网络图
	semilogx	绘制在 x 轴按对数比例、y 轴按线性比例的二维图形
	semilogy	绘制在 x 轴按线性比例、y 轴按对数比例的二维图形
	loglog	绘制在 x 轴、y 轴按对数比例的二维图形
	stackedplot	绘制堆叠线图
选项	重用图窗	在原图窗口上重新绘图
	新建图窗	在一个新窗口上绘图

若将绘图区域展开，可绘制的图形及函数命令如表 1-4 所示。

表 1-4　绘图区域绘制图形类型及函数命令

类　型	函　数　命　令
线图	plot、semilogx、semilogy、loglog、area、stackedplot
针状图和阶梯图	Stem、stairs
条形图	bar、barh、bar3、bar3h、histogram、plotmatrix
散点图	spy、plotmatrix
饼图	pie、pie3
直方图	histogram
极坐标图	polar、compass
等高线图	contour、contourf、contour3
影像图	image、imagesc、pcolor、imshow、heatmap
三维曲面图	surf、surfc、mesh、meshc、meshz、waterfall、ribbon、contour3
向量场图	feather、compass
分析图	paralleplot

3. APP

APP 即 MATLAB 应用程序部分，使用户既能打包并发布自行设计的具有图形化界面的应用程序，又能支持 MathWorks 或其他用户开发的工具，极大地方便了 MATLAB 用户交流 MATLAB 程序，它包括文件和 APP 两个面板，如图 1-16 所示。其包含的命令面板及功能如表 1-5 所示。

图 1-16 应用程序 APP 组成

表 1-5 APP 命令面板名称及功能

命令面板名称	按钮名称	功　能
文件	设计 App	打开 App 设计工具创建或编辑应用程序
	获得更多 App	链接到 MATLAB Apps 网站，用户可以根据自身需要分别通过 MATLAB 社区、产品，甚至自己开发工具等途径下载或安装更多的应用程序
	安装 App	安装已经下载到用户计算机终端的 MATLAB 应用程序
	App 打包	将文件打包到应用程序中
APP	Curve Fitting	曲线拟合工具箱，进行一次、二次、高次、样条等曲线拟合
	Optimization	最优化工具箱
	PID Tuner	PID 仿真系统
	Analog Input Recorder	模拟输入记录器，为数据采集设备提供图形界面
	Analog Output Generator	模拟输出发生器，为数据输出设备提供图形界面
	Modbus Explorer	Modbus 浏览器，允许通过仪表控制工具箱读取和写入寄存器，而无须编写 MATLAB 脚本
	System Identification	系统辨识工具箱
	Wireless Waveform Generator	无线波形发生器，允许创建、削弱、可视化和导出调制波形
	Signal Analysis	信号分析系统
	Image Acquisition	图像采集工具箱
	Instrument Control	仪表控制工具箱

若将 APP 面板展开，其中还包括机器学习和深度学习，数学、统计和优化，控制系统设计和分析，汽车，信号处理和通信，图形处理和计算机视觉，测试和测量，计算金融学，计算生物学，代码生成，代码验证，应用程序部署，数据库访问和报告，仿真图形和报告等应用程序。

1.3.2 快速访问工具栏

快速访问工具栏各按钮的功能从左到右依次为：保存、剪切、复制、粘贴、撤销、重做、打印、查找文本、切换窗口、帮助和弹出下拉菜单按钮，如图 1-17 所示。

1.3.3 当前文件夹工具栏

图 1-17 快速访问工具栏

1. 当前文件夹工具栏功能

当前文件夹工具栏可显示 MATLAB 当前工作目录，用户通过单击下拉菜单来浏览 MATLAB 的搜索路径。各按钮功能从左到右依次为：后退到上一次打开的目录，前进到上一次打开的目录、返回到当前文件夹的上一级、浏览当前目录所指向的文件夹内容、在当前工作目录下直接搜索指定文件，如图 1-18 所示。

图 1-18　当前文件夹工具栏

2. 当前文件夹窗口弹出菜单功能

当前文件夹窗口显示了当前文件夹的目录,如图 1-19 所示。单击当前文件夹右上角的下拉菜单按钮◉,将弹出如图 1-20 所示的菜单,各菜单命令及功能如表 1-6 所示。

图 1-19　当前文件夹窗口　　　　　　　　图 1-20　当前文件夹窗口右上角菜单

表 1-6　当前文件夹弹出菜单命令及功能

菜单命令	功　　能
新建	新建文件夹,新建脚本、实时脚本、函数、实时函数、示例、类、模型与 Zip 文件等
报告	代码兼容性报告、代码分析器报告、TODO/FIXME 报告、帮助报告、内容报告、依存关系报告、覆盖率报告
比较	对两个文件进行文本或二进制的比较
查找文件	可根据用户提供的具体文件名称(包括文本、文件类型、文件位置等信息)查找目标文件
显示	自定义在当前文件夹窗口中显示文本的大小、修改日期、类型与说明
排序依据	自定义根据文件类型(或名称、大小、修改日期、源代码管理状态)进行升序(或降序)排列
分组依据	包括停止分组和根据文件类型(或大小、修改日期、源代码管理状态)对文件进行分组
最小化	使当前文件夹窗口最小化
最大化	使当前文件夹窗口最大化
取消停靠	取消当前文件夹窗口停靠于 MATLAB 工作环境而成为一个独立的窗口
关闭	关闭当前文件夹窗口

1.3.4　命令行窗口

命令行窗口是进行各种 MATLAB 操作最主要的窗口,在其中可输入任意命令,并可显示结果。

1. 直接输入命令

MATLAB 命令行窗口就像一张演算草纸一样,可进行任意操作和运算,并呈现结果。命令行窗口中的"fx≫"为命令提示符,表示 MATLAB 正处于准备状态。当在该提示符后输入正确的运算式时,只需按〈Enter〉键,命令行窗口中就会直接显示运算结果,如图 1-21 所示。

在命令行窗口输入命令时,可以不必每输入一条命令就按〈Enter〉键执行,可以输入几行后一同运行。注意,换行时,只要按住〈Shift〉键的同时按〈Enter〉键即可,否则 MATLAB 就会执行上面输入的所有语句。但是当需要执行的命令条数过多或涉及嵌套语句时,这种方式并不便利,这时需要用到 M 文件编辑窗口。

2．运行 M 文件

若运行已编好的 M 文件，只需在"fx≫"后输入文件名即可。

3．弹出菜单功能

单击命令行窗口右上角下拉按钮 ⊙，将弹出菜单，如图 1-22 所示，其功能如表 1-7 所示。

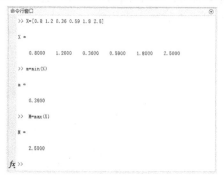

图 1-21　命令行窗口　　　　　图 1-22　命令行菜单

表 1-7　命令行菜单及其功能

菜单命令	功　　能
清空命令行窗口	清空命令行窗口内容
全选	选择命令行窗口里的所有命令行
查找	在命令行窗口内查找特定内容
打印	打印命令行窗口中的内容
页面设置	设置打印页面
最小化	使命令行窗口最小化
最大化	使命令行窗口最大化
取消停靠	取消命令行窗口停靠于 MATLAB 工作环境而成为一个独立的窗口

1.3.5　工作区窗口

1．工作区窗口介绍

工作区窗口显示当前内存中所有的 MATLAB 变量的名称、数据结构、字节数及数据类型等信息。不同的变量类型对应不同的变量名图标。图 1-23 是工作区默认窗口，只含有名称和值两项。

1）选中工作区的变量并右击，弹出的快捷菜单如图 1-24 所示，其功能如表 1-8 所示。

2）单击工作区窗口右上角的下拉按钮 ⊙，弹出如图 1-25 所示的下拉菜单，其功能如表 1-9 所示。

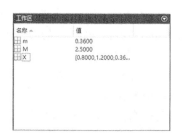

图 1-23　工作区（默认状态）　　　　图 1-24　工作区变量右键菜单

表 1-8　工作区变量快捷菜单命令及功能

快捷菜单命令	功　　能
打开所选内容	打开变量，对变量元素进行编辑
另存为	将所选变量另存为.mat 文件或.m 文件
复制	复制所选变量
生成副本	在当前内存中生成一个所选变量的副本，在工作区中显示该副本并自动将其命名为"所选变量名 Copy"变量
删除	删除所选变量
重命名	重新命名所选变量
编辑值	编辑变量的值
绘图栏	对多维数组 X，给出了快捷绘图命令，对单个数据 M 没有此选项
绘图目录	提供了 MATLAB 中所有的绘图函数以及相应的绘图函数说明

图 1-25　工作区窗口右上角的下拉菜单

表 1-9　工作区下拉菜单命令及功能

下拉菜单命令	功　　能
新建	新建变量
保存	保存工作区内的变量为.mat 文件或.m 文件
清空工作区	清空工作区所有变量
刷新	刷新工作区
选择列	增加或删除工作区显示的条目，包括名称、值、大小、字节、类、最小值、最大值、极差、均值、中位数、众数、方差和标准差
排序依据	对工作区中的变量进行排序，包括名称、值、大小、字节、类、最小值、最大值、极差、均值、中位数、众数、方差和标准差，以及升序和降序
粘贴	粘贴操作
全选	选择工作区中所有变量
打印	打印工作区
页面设置	进行打印页面设置
最小化	使工作区窗口最小化
最大化	使工作区窗口最大化
取消停靠	取消工作区窗口停靠于 MATLAB 工作环境而成为一个独立的窗口
关闭	关闭工作区窗口

3）在图 1-25 中选择"选择列"选项，在其子菜单内选中"最小值""最大值"选项，则工作区显示的内容就增加了最小值、最大值的信息，如图 1-26 所示。

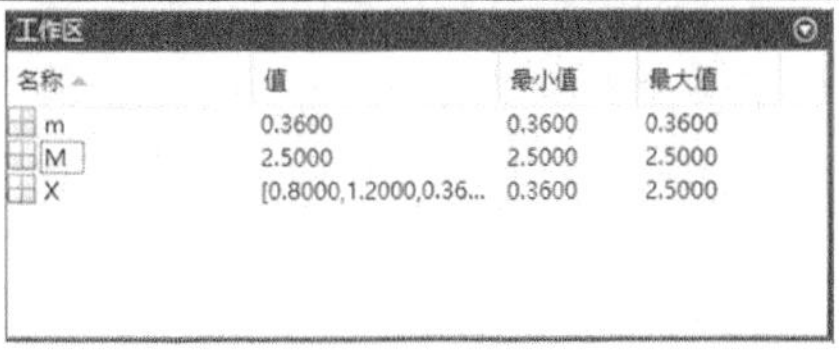

2．工作区中的变量保存

当退出 MATLAB 时，工作区中的变量就会随之清除。若以后想继续使用这些变量，就需要对这些变量进行保存操作。

图 1-26　工作区增加最小值、最大值
后的显示信息

保存工作区所有变量的步骤如下。

1）选择主页中的"保存工作区"选项，弹出"另存为"对话框。

2）指定保存路径和文件名，MATLAB 会自动提供".mat"扩展名的文件。

3）单击"保存"按钮。

3．工作区操作应用

例如，在命令行窗口中输入变量。

```
>> X=1:6;
>> Y=[67 85 90 78 60 83];
```

按〈Enter〉键后，则在"工作区"中显示内存变量 X 和 Y。选中变量 X 和 Y，再选择"绘图"选项卡中的"pie"选项，这时在命令行窗口中自动产生命令：pie(X,Y)，如图 1-27 所示。显示出的饼形图，如图 1-28 所示。

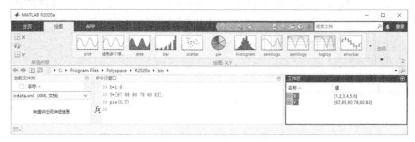

图 1-27　工作区绘图选择

也可直接选择工作区中的变量 Y，右击，在弹出的快捷菜单中选择"pie(Y)"选项，显示出的饼形图如图 1-29 所示。

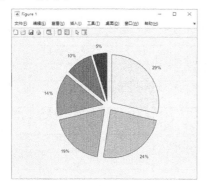

图 1-28　绘图命令面板显示饼形图

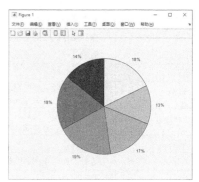

图 1-29　变量弹出菜单显示饼形图

1.3.6　详细信息窗口

详细信息窗口位于操作桌面的左下角，默认状态只显示条形栏，可单击条形栏右侧下拉按钮 ∧，展开详细信息窗口，如图 1-30 所示，该窗口提示"选择文件以查看详细信息"。若将上节工作区操作应用例题中的变量 X、Y，保存在当前文件夹中的数据文件 shuzu1.mat 中，这时选中此文件，其文件详细信息窗口就显示相应的信息，如图 1-31 所示。

图 1-30　详细信息窗口（默认）

图 1-31　选择文件后的详细信息窗口

1.3.7　命令历史记录窗口

1. 打开命令历史记录窗口

命令历史记录窗口在操作界面上没有直接显示，需要将其调出。调出方法为：单击操作桌面主页中的"布局"按钮，从弹出的菜单中选择"命令历史记录"→"停靠"命令，即可打开命令历史记录窗口，如图1-32所示。

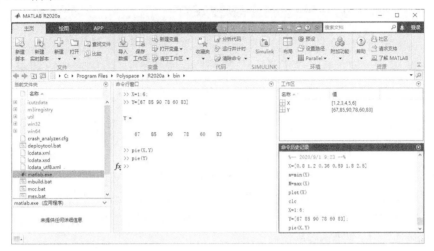

图1-32 命令历史记录窗口内嵌在桌面

2. 命令历史记录窗口功能

命令历史记录窗口记录已经运行过的指令、函数、表达式，及它们运行的日期、时间。该窗口中的所有指令、文字都允许复制、重运行及用于产生M文件。

1.3.8 M文件编辑器窗口

M文件编辑器用来编辑脚本M文件和函数M文件，是MATLAB的程序编制窗口。

1. 建立新的脚本M文件编辑器窗口

单击工具栏上的"新建脚本"按钮 ；或选择工具栏上的"新建" →"脚本"命令；或在命令行窗口输入"edit"命令，都可新建脚本M-文件编辑器。首次打开，编辑器窗口内嵌在操作界面内，如图1-33所示。

图1-33 创建新的脚本编辑器窗口（内嵌）

若将编辑窗口以独立窗口悬浮在桌面上，可单击编辑窗口右上角的下拉按钮 ，从弹出的菜单中选择"取消停靠"命令即可，如图 1-34 所示。若进行此操作，以后打开的编辑窗口都是独立窗口。

图 1-34　创建新的脚本编辑器窗口（独立）

在此窗口可以编写程序，并将程序进行保存。例如，保存名为"abc"，则在命令行窗口中直接输入文件名"abc"即可运行该程序。也可直接单击工具栏中的"运行"按钮 ![运行]，保存并运行该程序。

2．建立新的函数 M 文件编辑器窗口

选择工具栏上的"新建" ![新建] →"函数"命令，可打开带有开头行和结尾行的函数 M 文件编辑器，如图 1-35 所示。

在此窗口可以编写函数程序，并将程序进行保存，文件名是默认设置的函数名。也可以在脚本 M 文件编辑器窗口编写函数 M 文件。

图 1-35　新建函数 M 文件

3．打开已存在的 M 文件编辑器窗口

单击工具栏上的"打开"按钮 ![打开]，打开"打开"对话框，填写所选文件名，单击"打开"按钮，就可打开相应的 M-文件编辑器窗口；或双击当前目录窗口中的 M 文件，可直接打开相应的 M-文件编辑器窗口。

4．M 文件编辑器窗口工具栏功能

M 文件编辑器窗口工具栏包含编辑器、发布和视图三个选项卡，如图 1-36 所示。其中编辑器命令面板和功能如表 1-10 所示。

图 1-36　M 文件编辑器窗口工具栏

表 1-10　M 文件编辑器命令面板及功能

命令面板名称	按钮名称	功　　能
文件	新建	建立新的脚本、实时脚本、函数、实时函数、类、system object
	打开	打开脚本文件、函数文件、fig 文件、mat 文件等
	保存	保存、另存为、保存全部、将副本另存为 M 文件，存储到用户定义的路径文件中
	查找文件	可根据用户提供的具体文件名称（包括文本、文件类型、文件位置等信息）查找目标文件
	比较	对两个文件进行文本或二进制的比较
	打印	打印编辑窗口中选择的程序或全部文档
导航	转至	将鼠标指针移至程序内某行、函数或节，设置或清除当前行的标志
	查找	在编辑窗口中查找并选择替换文本
编辑	插入	插入节、函数、符号等
	注释	将程序行前面加%转成注释行，或将注释行去掉%成为执行的程序行，或将多行注释转成一行注释
	缩进	将程序行向左对齐，或后退、前移几格
断点	断点	清除全部断点，设置或清除当前行的断点，能使用或不能使用的断点
运行	运行	运行已保存的程序，或先保存再运行程序
	运行并前进	运行当前节程序且前进到下一节程序
	运行节	运行当前节程序
	前进	前进到下一节程序
	运行并计时	运行代码文件并测量执行时间以改善性能

1.3.9　实时编辑器窗口

实时编辑器用来创建 MATLAB 脚本、函数、组合代码、输出和格式化文本。

1．建立新的实时脚本编辑器窗口

单击工具栏上的"新建实时脚本"按钮 🗋；或选择工具栏上的"新建" 🗋 →"实时脚本"命令，可新建实时脚本文件编辑器，如图 1-37 所示。

2．建立新的函数 M 文件编辑器窗口

单击工具栏上的"新建"按钮 🗋，选择"实时函数"命令，可打开实时函数文件编辑器，如图 1-38 所示。

图 1-37　新建实时脚本文件

图 1-38　新建实时函数文件

3．实时编辑器窗口工具栏功能

M 文件实时编辑器窗口工具栏包含实时编辑器、插入和视图三个选项卡，如图 1-39 所示。其中实时编辑器命令面板和功能如表 1-11 所示。

图 1-39　实时编辑器窗口工具栏

表 1-11　实时编辑器命令面板及功能

命令面板名称	按钮名称	功　　能
文件	新建	建立新的脚本、实时脚本、函数、实时函数、类、system object
	打开	打开脚本、实时脚本、函数、实时函数等文件
	保存	保存、另存为实时脚本文件，将实时脚本文件导出为 PDF、Word、HTML、LaTeX 等格式
	查找文件	基于名称和文本搜索文件
	比较	比较两个文件或文件夹
	打印	打印实时脚本文件
导航	转至	鼠标指针移至程序中的某行、函数或节
	查找	查找并选择替换文本
文本	文本	插入空的文本行
	普通、B、*I*、U 等	对文本字体、序号、水平对齐等编辑操作
代码	代码、任务、控件、重构	插入空的代码行、插入任务、插入控件、代码重构等操作
节	分节符	插入分节符，将实时脚本或函数分为易于管理的节，以便分别求值
	运行节	运行当前节
	运行并前进	运行当前节并前进到下一节
	运行到结束	从当前节运行到结束
运行	运行	运行所有节
	步进	运行下一节
	停止	退出运行

实时编辑器能够创建可执行的记事本；将代码划分成可以单独运行的管理片段；查看代码所产生的结果和可视化内容；使用格式化文本、标题、图像和超链接增强代码和结果；使用互动式编辑器插入方程，或使用 LaTeX 创建方程；将代码、结果和格式化文本保存到一个可执行文档中。

1.4　MATLAB 操作命令

MATLAB 中提供了各种命令、格式和标点符号，可用来管理变量、函数、文件和窗口，设置显示运算结果的格式。

1.4.1　命令行窗口的显示

1. 运算结果的显示

MATLAB 的运行结果默认显示的是"双精度"数据，数字输出结果由 5 位数字构成。但实际上 MATLAB 的数值数据通常以 16 位有效数字的"双精度"进行运算和输出。若要显示其他有效数字，可采用表 1-12 中的命令进行选择，该表中实现的所有格式设置仅在 MATLAB 的当前执行过程中有效。

表 1-12　数据显示格式的控制命令

指　　令	含　　义	举例说明
format format short	默认显示格式，十进制小数点后 4 位有效；对大于 1000 的实数，使用共 5 位数字的科学计数法显示	314.159 被显示为 314.1590；3141.59 被显示为 3.1416e+03
format long	长固定十进制小数点格式，小数点后 15 位数字表示	3.141592653589793
format short e	短科学计数法，小数点后包含 4 位数	3.1416e+00
format long e	长科学计数法，double 值的小数点后包含 15 位数，single 值的小数点后包含 7 位数	3.141592653589793e+00
format short eng	短工程格式，小数点后包含 4 位数，指数为 3 的倍数	3.1416e+000
format long eng	长工程格式，显示 15 位数，指数为 3 的倍数	3.14159265358979e+000

（续）

指　令	含　义	举例说明
format short g	短固定十进制小数点格式或科学计数法（取更紧凑的一个），总共 5 位	3.1416
format long g	长固定十进制小数点格式或科学计数法（取更紧凑的一个），对于 double 值，共 15 位；对于 single 值，共 7 位	3.14159265358979
format rat	有理数表示，显示分式	355/113
format hex	二进制双精度数字的十六进制表示形式	400921fb54442d18
format +	正/负格式，对正、负和零元素分别显示+、-和空白字符	+
format bank	货币格式，小数点后包含 2 位数（元、角、分）	3.14
format compact	采用紧密行距的短工程格式，上述其他格式都适用于输出行的宽松行距	
format loose	添加空白行以使输出更易于阅读	

2．环境字体的设置

单击操作桌面"主页"选项卡"环境"面板中的"预设"按钮 ⊙预设，在弹出的"预设项"对话框中选择"字体"，它包含两个选项："桌面代码字体"和"桌面文本字体"，其中前者适合命令行、命令历史记录、编辑器等窗口的代码字体的设置，后者适合当前文件夹、工作区、变量和函数浏览器等窗口的文本字体设置。用户可以更改相应的属性进行设置。

选择"字体"→"自定义"选项，即可在右侧找到相应的命令行、命令历史记录、编辑器、当前文件夹、工作区、变量和函数浏览器等窗口设置自定义的字体属性。该设置立即生效，并将被永久保留，不因 MATLAB 关闭和开启而改变，除非用户进行重新设置。

1.4.2 标点符号的作用

在编辑窗口或命令行窗口中编辑程序时，标点符号的地位极其重要，其含义如表 1-13 所示，且标点符号一定要在英文状态下输入。

表 1-13　MATLAB 常用标点的功能

名　称	标　点	作　用
空格		用作输入量之间的分隔符，数组元素的分隔符
逗号	,	用作输入量之间的分隔符，数组元素分隔符；用做要显示计算结果的命令
点	.	数值表示中，用作小数点；用于运算符号前，构成数组运算符；结构数组中，结构变量名与元素名的连接
分号	;	用作矩阵（数组）的行间分隔符；用作不显示计算结果的命令
冒号	:	用以生成一维数值数组（间隔）；用作单下标援引时，表示全部元素构成的长列；用作多下标援引时，表示该维上的全部元素
注释号	%	用作注释，是非执行语句
单引号对	''	用作"字符串"符
圆括号	( )	改变运算次序；在数组援引时用；函数命令输入时使用
方括号	[ ]	输入数组时使用；函数命令输出时使用
花括号	{ }	生成单元（细胞）数组时；图形中被控特殊字符括号
续行号	...	用于构成一个"较长"的完整数组或命令的续行
惊叹号	!	调用 DOS 操作系统命令
等号	=	赋值标识符
"At"号	@	匿名函数前导符；放在函数名前，形成函数句柄；放在目录名前，形成"用户对象"类目录

1.4.3 通用操作命令

常见的通用操作命令如表 1-14 所示。

表 1-14 常见的通用操作命令

指 令	含 义	指 令	含 义
ans	计算结果的默认变量名	edit	打开 M 文件编辑器
cd	设置当前工作目录	disp	显示矩阵和文本
clf	清除图形窗口	help	在命令行窗口中显示帮助信息
clc	清除命令行窗口中显示内容	more	使其后的显示内容分页进行
clear	清除工作区中保存的变量	path	显示搜索目录
save	保存工作区变量到指定文件	pack	收集内存碎片
load	加载指定文件的变量	diary	日志文件命令
dir	列出指定目录下的文件和子目录清单	return	返回到上层调用程序；结束键盘模式
echo	工作窗口信息显示开关	home	将鼠标指针移至命令行窗口的最左上角
type	显示指定 M 文件的内容	exit	退出 MATLAB
doc	在 MATLAB 浏览器中，显示帮助信息	quit	退出 MATLAB

1.4.4 键盘操作和快捷键

在 MATLAB 命令行窗口中，实施命令行编辑的常用操作键，如表 1-15 所示。

表 1-15 实施命令行编辑的常用操作键

键 名	作 用	键 名	作 用
↑	前寻式调回已输入过的命令行	Home	使鼠标指针移到当前行的首端
↓	后寻式调回已输入过的命令行	End	使鼠标指针移到当前行的尾端
←	在当前行中左移鼠标指针	PageUp	前寻式翻阅当前窗口中的内容
→	在当前行中右移鼠标指针	PageDown	后寻式翻阅当前窗口中的内容
Ctrl+R	添加注释，并且对多行有效	F5	运行编辑窗口的程序
Ctrl+T	取消注释，并且对多行有效	Esc	清除当前行的全部内容
Ctrl+Tab	当前窗口之间的切换	Delete	删去鼠标指针右边的字符
Alt+Backspace	恢复上一次删除	Backspace	删去鼠标指针左边的字符

1.5 综合实例

本章实例主要演示在运算式中标点符号的作用，并给出使用工作区窗口菜单功能绘制变量之间的关系图。

【例 1-1】 在命令行窗口中计算式子"1+2+3+4+5+6+7+8+9"的值，观察分号和续行符的使用方法及 ans 变量的用法。

```
>>1+2+3+4+5+6+7+8+9        %计算 1+2+3+4+5+6+7+8+9
ans=                       %变量 ans 保存计算结果，并将计算结果输出在命令行窗口中
    45
>>1+2+3+4+5+6+7+8+9;       %使用了分号后，计算结果不在命令行窗口中输出
>>1+2+3+4+5+6 ...          %使用了续行符"..."，注意，续行符前必须加空格
+7+8+9
ans=
```

45

【例 1-2】 利用工作区窗口，显示内存变量 x 和 y 之间的关系图形，其中变量 x 和 y 是由余弦曲线 y=cosx 形成的数据组。

（1）产生工作区变量

在命令行窗口中输入命令：

```
>> x=-pi:pi/60:pi;        %在区间[-π,π]中插入间隔为 π/60 的点
>> y=cos(x);              %计算对应 x 的点的函数值
```

运行后，在"工作区"中显示内存变量 x 和 y。

（2）变量选定

在"工作区"中，单击所需绘图的变量 x 和 y，则 x 和 y 在工具栏左边显示。

（3）绘图

选中"绘图"选项卡中的"area"选项，绘制区域图。

以上操作过程如图 1-40 所示，运行结果如图 1-41 所示。

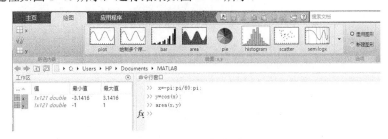

图 1-40　显示操作过程

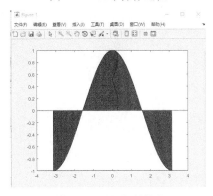

图 1-41　显示区域图

1.6　思考与练习

1. 启动 MATLAB 程序后，MATLAB 会同时打开哪些窗口？其他窗口怎样调出？

2. 在命令行窗口中输入运算式（1-3+5-7+2*6），演示在运算式后端使用不同标点符号（逗号、分号、空格）的作用。

3. 在命令行窗口中输入如下指令，演示按〈Enter〉键后的运行结果。

```
>> S=[1, 2, 3; 4, 5, 6; 7, 8, 9]
>> S=[1 2 3; 4 5 6; 7 8 9]
```

```
>> S=[1, 2, 3; 4, 5, 6; 7, 8, 9]          %整个指令在中文状态下输入
```

4. 在 MATLAB 命令行窗口中输入两个变量 x 和 y。

```
>> x=[1 2 3 4 5 6 7 8 9]
>> y=[10 25 32 45 50 65 79 85 92]
```

试求:

1）观察变量 x 和 y 是怎样出现在工作区中的。

2）以工作区中的变量 x 和 y，选择工具栏绘图命令 plot，绘出 x 和 y 的关系图。

3）选中工作区中的变量 y，打开其数组编辑器窗口，利用工具栏绘图命令 pie，绘出饼形图。

第2章 数值计算

数值计算主要指数值数组及矩阵的运算。数组是 MATLAB 中的一个独立的基本运算量单位，可直接进行类似变量的多种运算而无须进行循环结构编程。一维数组按向量的规则实施运算便是向量，二维数组按矩阵的运算规则实施运算便是矩阵。数组及矩阵的基本运算构成了整个 MATLAB 的语言基础。本章主要介绍向量、矩阵、数组、表达式等基本概念及其运算法则。

本章重点
- 表达式及其运算
- 数组及其操作
- 矩阵及其操作

2.1 表达式

MATLAB 中的表达式是指由多种运算符将常量、变量、函数等多种运算对象连接起来构成的运算式子，它可以直接用来运算，也可以作为编程之用。

2.1.1 常量

1. 数值表示

MATLAB 的数值习惯采用十进制表示，可以带小数点或负号。对很大（或很小）的数，采用科学计数法来表示，使用字母 e 表示以 10 为底的幂次，如 2.5×10^{-5} 在 MATLAB 中表示为 2.5000e-05。虚数使用 i 或 j 作为后缀，如 3+4i 的运行结果为 3.0000+4.0000i，4+5j 的运行结果为 4.0000+5.0000i。

2. 永久常数值

常量是 MATLAB 中取不变值的量，主要有数值常量和字符串常量。其中一类常量是系统默认给定一个符号表示的，称为永久常数值，或称为系统预定义的变量。常用的永久常数值如表 2-1 所示。永久常数值是在 MATLAB 启动时自定义的，它不会被清除内存变量指令 clear 所清除。

表 2-1 永久常数值

常量符号	常量含义
pi	圆周率 π 的双精度表示，为 3.1415926…
Inf	正无穷大的标量表示，当运算结果太大以至于无法表示为浮点数时，如 1/0 或 log(0)，运算会返回 Inf
eps	浮点相对精度，从 1.0 到下一个较大双精度数的距离，即 2^{-52}=2.2204e-16，eps 等效于 eps(1.0)和 eps('double')
i 或 j	虚数单位，表示 $\sqrt{-1}$ =0.0000 + 1.0000i
NaN 或 nan	运行结果都为 NaN，表示不定数，非数值型，如 0/0
realmin	可用的最小正实数值，双精度形式的最小标准正浮点数为 2^{-1022}=2.2251e-308
realmax	可用的最大正实数值，双精度形式的最大有限浮点数为 1.7977e+308

2.1.2 变量与基本函数

1. 变量

变量是 MATLAB 语言的基本元素之一，MATLAB 不要求对使用的变量进行事先说明，也不需要指定变量的类型，系统会根据该变量被赋予的值或对该变量所进行的操作来自动确定变量的类型。变量命名规则如下。

1）变量名区分大小写。

2）变量名最多能包含 63 个字符，其后的字符都被忽略。

3）变量名必须以字母开头，其后可以是任意数量的字母、数字或下划线。

4）不允许出现标点符号。

除上述规则外，MATLAB 中有些关键字（保留字）不能用作变量名，譬如永久常数值不能用作变量名；其次在编写程序中所用到的命令指令，如 for、end、if、while、else、elseif、case、switch、continue、try、catch、break、otherwise、return、global、function 等也不能用作变量名。用户可使用函数 isvarname('teststring')验证字符串'teststring'是否为合法的 MATLAB 变量名，若合法则函数返回 1（True），否则返回 0（False）。

2. 常用函数

MATLAB 中的基本部分、各种工具箱等都由函数构成，从某种意义上说，函数就代表了 MATLAB，MATLAB 全靠函数来解决问题。常用的基本函数如表 2-2 所示。

表 2-2 常用的基本函数

函数符号	含 义	函数符号	含 义
sin(x)	正弦（变量为弧度）	sind(x)	正弦（变量为度数）
cos(x)	余弦（变量为弧度）	cosd(x)	余弦（变量为度数）
tan(x)	正切（变量为弧度）	tand(x)	正切（变量为度数）
cot(x)	余切（变量为弧度）	cotd(x)	余切（变量为度数）
asin(x)	反正弦（返回弧度）	asind(x)	反正弦（返回度数）
acos(x)	反余弦（返回弧度）	acosd(x)	反余弦（返回度数）
atan(x)	反正切（返回弧度）	atand(x)	反正切（返回度数）
acot(x)	反余切（返回弧度）	acotd(x)	反余切（返回度数）
exp(x)	e 的指数	log(x)	以 e 为底对数，即自然对数 lnx
pow2(x)	2 的指数	log2(x)	以 2 为底对数，即 $\log_2 x$
abs(x)	取绝对值	log10(x)	以 10 为底对数，即 $\log_{10} x$
sqrt(x)	平方根	realsqrt(x)	返回非负根
rat(x)	将实数 x 化为分数表示	sign(x)	符号函数，取值-1，0，1
fix(x)	向零取整	floor(x)	向下取整
round(x)	四舍五入取整	ceil(x)	向上取整
gcd(x,y)	整数 x 和 y 的最大公因数	lcm(x,y)	整数 x 和 y 的最小公倍数
mod(x,y)	返回 x/y 的正余数	rem(x,y)	返回 x/y 有正负号的余数

说明：余数函数 rem 与 mod 区别如下。

1）当 $y \neq 0$ 时，rem(x,y)=x-y.*fix(x./y)，mod(x,y)=x-y.*floor(x./y)。

2）$y=0$，rem(x,0)=NaN，mod(x,0)=x。

3）当 x,y 同号时，rem(x,y)与 mod(x,y)相等。

4）rem(x,y)的符号与 x 相同，mod(x,y) 的符号与 y 相同。

【例 2-1】 弧度和度数的正弦函数值。

```
>>sin(pi/2)
ans =
    1
>>sind(90)
ans =
    1
```

【例 2-2】 余数函数的比较。

```
>>rem(7,3)
ans =
    1
>>rem(-7,3)
ans =
    -1
>>mod(7,3)
ans =
    1
>> mod(-7,3)
ans =
    2
```

3. 运算符

MATLAB 使用的算术运算符为：加（+）、减（-）、乘（*）、除（/）、左除（\）、幂（^），优先规则为小括号（），表示指定的运算顺序。

2.1.3 表达式及运算

1. MATLAB 书写表达式的规则

1）表达式由变量名、运算符和函数名组成。

2）表达式将按与常规相同的优先级自左至右执行运算。

3）优先级的规定是：指数运算级别最高，乘除运算次之，加减运算级别最低。

4）括号可以改变运算的次序。

书写表达式时，赋值符 "=" 和运算符两侧允许有空格，以增加可读性。但在复数或符号表达式中要尽量避免 "装饰性" 空格，以防出错。

2. 表达式的运算

（1）直接输入法

在 MATLAB 中进行基本数学运算，只需将运算式直接输入命令行窗口提示号 ≫ 之后，并按〈Enter〉键即可。MATLAB 会将运算结果直接存入变量 ans（默认）中，代表 MATLAB 运算后的答案（answer），并显示其数值。

（2）存储变量法

存储变量法是为变量赋予变量名的方法，在命令行窗口显示其数值，并暂存在工作区内。当关闭 MATLAB 或关机时，这些变量都会自动消失。

【例 2-3】 表达式的计算结果。

```
>> 1-sin(pi/2)+100*(1-3^2)
```

```
ans =
    -800
```

【例 2-4】 运算结果的赋值。

```
>>s=1-1/2+1/3-1/4+1/5-1/6+1/7-1/8
s =
    0.6345
```

2.1.4 复数

复数的处理十分简单，无须进行其他任何的附加操作。

1. 复数的表示方法

【例 2-5】 复数的书写形式。

```
>>z1=3+4*i
z1 =
    3.0000 + 4.0000i
>> z2=3+4j
z2 =
    3.0000 + 4.0000i
>> z3=1+sin(pi)*i
z3 =
    1.0000 + 0.0000i
>> z4=1+sin(pi)i
Error: Unexpected MATLAB expression.
```

说明：只有数字才能与字符 i 和 j 直接相连，而表达式则不可以。例如，sin(pi)i 是没有意义的，但可使用 sin(pi)*i。

2. 复数的运算

【例 2-6】 复数的乘法运算。

```
>> z1=2+5*i
>> z2=2*exp(i*pi/6)
>> z=z1*z2
```

运行结果如下。

```
z1 =
    2.0000 + 5.0000i
z2 =
    1.7321 + 1.0000i
z =
    -1.5359 +10.6603i
```

2.2 一维数值数组及其操作

一维数值数组即为向量。在实际应用中的大量数据都可以看成是一个数值向量，可对向量进行分析、运算等处理。

2.2.1 数组创建

创建简单的一维数值数组的常用方法如下。

格式：x=[a b c d]　　　　%包含指定元素的行向量，元素之间使用空格或逗号相隔

```
x=first: last              %创建从 first 开始，加 1 计数，到 last 结束的行向量
x=first:increment:last     %创建从 first 开始，加 increment 计数（间隔数），
                           %到 last 结束的行向量
x=linspace(a,b,n)          %创建从 a 到 b，有 n 个元素（等间隔）的行向量
x=logspace(a,b,n)          %创建从 10ᵃ 到 10ᵇ 以对数刻度分布的 n 个元素（等间隔）
                           %的行向量
```

说明：若要创造列向量，只需将行向量进行转置，使用命令 "'"，如 x'表示 x 的转置。

【例 2-7】 使用 linspace 命令产生 0～π 之间的 10 个等距数组。

```
>> x=linspace(0,pi,10)
x =
 0  0.3491  0.6981  1.0472  1.3963  1.7453  2.0944  2.4435  2.7925  3.1416
```

【例 2-8】 使用 logspace 命令产生 10～100 之间的 8 个等距数组。

```
>>x= logspace(1,2,8)          %10=10¹, 100=10²
x =
 10.0000  13.8950  19.3070  26.8270  37.2759  51.7947  71.9686  100.0000
```

2.2.2 数组的保存和装载

1. 在命令行窗口保存数组

```
格式：save                 %在 MATLAB 命令行窗口，使用 save 命令保存工作区中
                          %的所有变量，文件名为 matlab.mat
      save filename        %在文件 filename.mat 中保存工作区中的所有变量
      save filename v1 v2   %在文件 filename.mat 中保存工作区中的变量 v1、v2
```

2. 利用存取数据文件的方式保存数组

先建立一个 M 文件，名称为 abc.m，其程序代码如下。

```
A=[12.8  15.6  16.5  14.5  15.8  16.7  18  19.2  20.4];
B=[1  3  6  8  10  13. 17  19  21];
save xyz A B
```

这样就将数组 A、B 保存在文件名为 xyz 的数据文件（即 xyz.mat 文件）中了。

3. 利用工作区菜单保存数组

若工作区内存变量中已有数组 A、B，可单击操作桌面"主页"选项卡下的按钮，在打开的对话框中进行保存操作。

4. 数组的装载

若要调用数组 A、B，只需在 MATLAB 命令行窗口使用如下命令：

```
>>load xyz
```

即可将数组 A、B 导入工作区中。

2.2.3 数组寻址和赋值

1. 数组寻址

由于数组由多个元素组成，因此在访问数组中单个或多个元素时，有必要对数组进行寻址运算。

1）访问一个元素：x(i)表示访问数组 x 的第 i 个元素。

2）访问一块元素：x(a:b:c)表示访问数组 x 的从第 a 个元素开始，以步长为 b，到第 c 个元素（但不超过 c），b 可以为负数，b 默认值为 1。

3）直接使用元素编址序号：x([a b c d]) 表示提取数组 x 的第 a、b、c、d 个元素构成一个新的数组[x(a) x(b) x(c) x(d)]。

4）使用 end 参数表示数组的结尾，如 x(5:end)。

5）利用索引函数 find 寻址，如 x(find(x>c))。

【例 2-9】 查找数组位置及对应的值。

```
>>x=[2  5  3  16  1  27  39  4  48]
>>a=find(x>5)
a =
     4     6     7     9
>>b=x(find(x>5))
b =
     16    27    39    48
```

注：a 表示数组所处的位置，b 为所处位置 a 对应的值。

2．数组赋值

通过数组赋值，可以修改原始数组中的数据。例如，对例 2-9 中的数组 x，输入如下命令：

```
>> x(2)=0
x =
     2     0     3    16     1    27    39     4    48
>> x(a)=10
x =
     2     0     3    10     1    10    10     4    10
```

2.2.4 数组排序及维数

1．数组排序

对任意一个数组，其元素大小没有规律，在实际应用中，往往需要对数组元素进行排序。对数组排序的命令是 sort 函数。

格式：sort(x)　　　　　　%将数组 x 中的元素按升序排列

　　　sort(x,direction)　%按 direction 指定的顺序对数组 x 排序，其中，'ascend'

　　　　　　　　　　　　%表示升序（默认值），'descend'表示降序

　　　sort(x,Name,Value)　%使用一个或多个名称/值对数组排序

说明：对复数向量排序：Name 选取'ComparisonMethod'，Value 取'abs'表示按模排序、取'real'表示按实部排序。对于具有相等实部的元素，sort 将基于其虚部进行排序。

例如，对例 2-9 中的原始数据 x，输入如下命令：

```
>>x=[2  5  3  16  1  27  39  4  48]
>> sort(x)
ans =
     1     2     3     4     5    16    27    39    48
>> sort(x,'descend')
ans =
    48    39    27    16     5     4     3     2     1
```

【例 2-10】 对复数向量进行排序。

```
>>x = [1+2i,  3+i,  i,  0,  -i];
```

```
>>a = sort(x,'ComparisonMethod','real')
a =
    0.0000 - 1.0000i   0.0000 + 0.0000i   0.0000 + 1.0000i   1.0000 + 2.0000i
3.0000 + 1.0000i
>>b = sort(x,'ComparisonMethod','abs')
b =
    0.0000 + 0.0000i   0.0000 - 1.0000i   0.0000 + 1.0000i   1.0000 + 2.0000i
3.0000 + 1.0000i
```

2. 数组维数

数组维数是指数组包含元素的个数。向量中元素的数量是向量的长度，可使用函数 length 求得。例如，对例 2-9 中的原始数据 x，输入如下命令：

```
>> m=length(x)
m =
    9
```

2.2.5 数组运算

1. 数组运算指令

数组运算法则如表 2-3 所示。

表 2-3　数组运算指令及含义

运算指令	含　义	运算指令	含　义
a+b	对应元素相加	a-b	对应元素相减
a.*b	对应元素相乘	k.*b	标量 k 与 b 中每一个元素相乘
a./b	a 的元素被 b 的对应元素相除	k./b	标量 k 被 b 中每一个元素相除
a.\b	b 的元素被 a 的对应元素相除	k.\b	b 中每一个元素被标量 k 相除
a.^k	a 的每个元素的 k 次方	log(a)	a 的每个元素取自然对数

2. 标量—数组运算

数组对标量的加、减、乘、除、乘方是数组的每个元素对该标量施加相应的加、减、乘、除、乘方运算。

设 a=[a1, a2, …, an]，　c=标量

则 a+c=[a1+c, a2+c, …, an+c]

　　a.*c=[a1*c, a2*c, …, an*c]　　（点乘）

　　a./c=[a1/c, a2/c, …, an/c]　　（右点除）

　　a.\c=[c/a1, c/a2, …, c/an]　　（左点除）

　　a.^c=[a1^c, a2^c, …, an^c]　　（点幂）

　　c.^a=[c^a1, c^a2, …, c^an]

3. 数组—数组运算

当两个数组有相同维数时，加、减、乘、除、幂运算可按元素对元素方式进行，不同大小或维数的数组是不能进行运算的。

设 a=[a1, a2, …, an], b=[b1, b2, …, bn]

则 a+b= [a1+b1, a2+b2, …, an+bn]

　　a.*b=[a1*b1, a2*b2, …, an*bn]

　　a./b=[a1/b1, a2/b2, …, an/bn]

a.\b=[b1/a1, b2/a2, …, bn/an]

a.^b=[a1^b1, a2^b2, …, an^bn]

4．向量的常用函数

关于一维数组（向量）的常用函数如表 2-4 所示。

表 2-4　向量的常用命令及含义

函　数	含　义	函　数	含　义
min(x)	向量 x 的元素的最小值	mean(x)	向量 x 的元素的平均值
max(x)	向量 x 的元素的最大值	median(x)	向量 x 的元素的中位数
bounds(x)	向量 x 的最小值和最大值	range(x)	极差，向量 x 的最大值与最小值之差
sum(x)	向量 x 的元素总和	cumsum(x)	向量 x 的累计元素和，结果为向量
diff(x)	向量 x 的相邻元素的差	cumprod(x)	向量 x 的累计元素积，结果为向量
length(x)	向量 x 的元素个数(n 个)	size(x)	显示向量 x 的大小为 1 行和 n 列
std(x)	向量 x 的元素标准差	sort(x)	对向量 x 的元素进行从小到大排序

2.2.6　向量点积和叉积

1．向量的点积

向量的点积，也称内积，是两个向量对应元素积的和。

格式：dot(x,y)　　　　%返回向量 x 和 y 的点积，x 和 y 的维数必须相同

说明：若 x、y 是两个维数相同的行向量，也可利用表达式 sum(x.*y)或矩阵乘法 x*y'求点积。

2．向量的叉积

向量的叉积，也称向量的外积。

格式：cross(x,y)　　　　%返回向量 x 和 y 的叉积，x 和 y 的维数必须是 3

3．向量的混合积

利用向量的外积和内积可以计算向量的混合积。

格式：dot(x,cross(y,z))　　%先计算 y 和 z 的外积，再计算 x 与此外积的内积

【例 2-11】求三维向量 x=(1　2　3)、y=(1　3　5)和 z=(2　5　8)的混合积。

```
>> x=[1 2 3];
>> y=[1 3 5];
>> z=[2 5 8];
>> a=cross(y,z)
a =
    -1    2    -1
>> b=dot(x,a)
b =
     0
>> c=sum(x.*a)
c =
     0
>> d=x*a'
d =
     0
```

2.3　矩阵及其操作

MATLAB 是基于矩阵运算的一款软件，所有数据均以矩阵形式存储。最基本的数据结构是二维的 $m×n$

矩阵（1×1 的矩阵为标量、1×*n* 的矩阵为向量），矩阵的创建及操作非常灵活、简便。

2.3.1 矩阵的创建

1．数值矩阵的生成

矩阵可直接按行方式输入每个元素来生成：同一行中的元素使用逗号（，）或空格符来分隔，且空格个数不限；不同的行使用分号（；）分隔；所有元素在同一方括号（[ ]）内。

例如：

```
>> A=[1 2 3 4; 5 6 7 8; 9 10 11 12]
A =
    1    2    3    4
    5    6    7    8
    9   10   11   12
>>M=[ ]                      %表示空阵
```

2．特殊矩阵的生成

（1）全零矩阵

格式：X = zeros(n)　　　　　　　%生成 n×n 全零矩阵

　　　X = zeros(m,n)　　　　　　%生成 m×n 全零矩阵

　　　X = zeros([m n])　　　　　%生成 m×n 全零矩阵

　　　X = zeros(size(A))　　　　%生成与矩阵 A 相同大小的全零矩阵

（2）全 1 矩阵

格式：X = ones(n)　　　　　　　%生成 n×n 全 1 矩阵

　　　X= ones(m,n)　　　　　　%生成 m×n 全 1 矩阵

　　　X = ones([m n])　　　　　%生成 m×n 全 1 矩阵

　　　X = ones(size(A))　　　　%生成与矩阵 A 相同大小的全 1 矩阵

（3）单位矩阵

格式：X = eye(n)　　　　　　　%生成 n×n 单位矩阵

　　　X = eye(m,n)　　　　　　%生成 m×n 单位矩阵

　　　X = eye(size(A))　　　　%生成与矩阵 A 相同大小的单位矩阵

（4）产生以输入元素为对角线元素的矩阵

格式：X = diag(v,k)　　　　　　%v 是对角线为元素的向量 v=[a,b,c,d]

说明：将向量 v 写入矩阵 X 的主对角线上，而矩阵其他元素为 0。k 表示上移或下移行数，正数表示上移，负数表示下移，0（默认值）表示在对角线上。

例如：

```
>> v=[1 2 3 4]
>> diag(v)
ans =
    1    0    0    0
    0    2    0    0
    0    0    3    0
    0    0    0    4
>> diag(v,1)
ans =
    0    1    0    0    0
    0    0    2    0    0
```

```
             0       0       0       3       0
             0       0       0       0       4
             0       0       0       0       0
>> diag(v,-1)
ans =
             0       0       0       0       0
             1       0       0       0       0
             0       2       0       0       0
             0       0       3       0       0
             0       0       0       4       0
```

（5）创建分块对角矩阵

格式：X = blkdiag(A1,…,An) 　　%通过沿 X 的对角线对齐输入矩阵 A1,...,An 创建
　　　　　　　　　　　　　　　　　　%的分块对角矩阵

例如：

```
>> A1 = ones(2,2);
>>A2 = 2*ones(3,2);
>>A3 = 3*ones(2,3);
>>X = blkdiag(A1,A2,A3)
X =
     1     1     0     0     0     0     0
     1     1     0     0     0     0     0
     0     0     2     2     0     0     0
     0     0     2     2     0     0     0
     0     0     2     2     0     0     0
     0     0     0     0     3     3     3
     0     0     0     0     3     3     3
```

（6）Magic（幻方）矩阵

格式：M = magic(n) 　　　%产生由 $1 \sim n^2$ 的整数构成且总行数和总列数相等的
　　　　　　　　　　　　　　%n×n 矩阵。阶次 n 必须为大于或等于 3 的标量

例如：

```
>>M=magic(3)
M =
     8     1     6
     3     5     7
     4     9     2
```

2.3.2　矩阵元素操作

1）矩阵 A 的第 r 行：A（r,:）。

2）矩阵 A 的第 r 列：A（:,r）。

3）依次提取矩阵 A 的每一列，将 A 拉伸为一个列向量：A（:）。

4）取矩阵 A 的第 $i_1 \sim i_2$ 行、第 $j_1 \sim j_2$ 列构成新矩阵：A(i_1:i_2, j_1:j_2)。

5）以逆序提取矩阵 A 的第 $i_1 \sim i_2$ 行，构成新矩阵：A(i_2:-1:i_1,:)。

6）以逆序提取矩阵 A 的第 $j_1 \sim j_2$ 列，构成新矩阵：A(:,j_2:-1:j_1)。

7）删除 A 的第 $i_1 \sim i_2$ 行，构成新矩阵：A(i_1:i_2,:)=[ ]。

8）删除 A 的第 $j_1 \sim j_2$ 列，构成新矩阵：A(:,j_1:j_2)=[ ]。

9）将矩阵 A 和 B 拼接成新矩阵(A 和 B 的维数要适当)：[A,B]；[A;B]。

2.3.3 矩阵的维数

对于 $m×n$ 的矩阵 A，可以使用函数 size 获得 A 的维数。

格式：d=size(A)   %返回一个行向量 d=[m，n]，m 是行数，n 是列数

        [m，n]=size(A)   %返回 A 的维数（行数 m 和列数 n），两个标量

        m=size(A,1)，n=size(A,2) %分别显示行数 m 或列数 n

例如：

```
>>A =[ 8     10     16     20     26
        3      5      7      9     11
        4      9     12     16     18]
>> d=size(A)
d =
   3     5
>> [m,n]=size(A)
   m = 3
   n = 5
>> m=size(A,1)
   m = 3
>> n=size(A,2)
   n = 5
```

2.3.4 矩阵赋值与扩展

MATLAB 允许用户对一个矩阵的单个元素进行赋值和操作。例如，如果要将矩阵 A 内第 2 行第 3 列的元素赋为 10，则可以通过下面的语句来完成：

```
>> A(2,3)=10
```

这时将只改变该元素的值，而不影响其他元素的值。如果给出的行下标或列下标大于原矩阵的行数和列数，则 MATLAB 将自动扩展原来的矩阵，并将扩展后未赋值的矩阵元素置为 0。例如：

```
>> A=[1 2 3;4 5 6;7 8 9]
A =
   1     2     3
   4     5     6
   7     8     9
>> A(2,3)=10
A =
   1     2     3
   4     5    10
   7     8     9
>> A(5,5)=10
A =
   1     2     3     0     0
   4     5    10     0     0
   7     8     9     0     0
   0     0     0     0     0
   0     0     0     0    10
```

2.3.5 矩阵元素及重排

1. 矩阵元素

在 MATLAB 中，也可以采用矩阵元素的序号来引用矩阵元素。矩阵元素的序号就是相应元素在内存中的排列顺序。在 MATLAB 中，矩阵元素按列存储，先第一列，再第二列，依此类推。例如：

```
>>A =[ 1      2      3
       4      5      6
       7      8      9];
>> A(3)
ans =
     7
>> A(7)
ans =
     3
```

这与常用的取法 A(3,1)，A(1,3)的结果相同。

2．矩阵重排

当向量的元素个数能表示成 $m×n$ 的形式，可将其排为矩阵形式。

格式：A=reshape(x,m,n)   %将向量 x 重新排成 m×n 的矩阵 A

例如：

```
>> x=1:12
x =
   1   2   3   4   5   6   7   8   9   10   11   12
>> A=reshape(x,3,4)
A =
     1      4      7     10
     2      5      8     11
     3      6      9     12
```

注意

1）A(:)将矩阵 A 每一列元素堆叠起来，成为一个列向量，产生一个 12×1 的矩阵，等价于 reshape(A,12,1)，其转置 A(:)'就是行向量 x。

2）reshape 也可将矩阵 X 重构为具有指定的列数。

例如，将一个 4×4 幻方方阵 **X** 重构为一个 2 列矩阵，其中第一个维度指定为[]，以便 reshape 自动计算合适的行数。

```
>>X = magic(4)
X =
    16     2     3    13
     5    11    10     8
     9     7     6    12
     4    14    15     1
>>A = reshape(X,[],2)
A =
    16     3
     5    10
     9     6
     4    15
     2    13
    11     8
     7    12
    14     1
```

2.3.6 矩阵复制

矩阵的阶次在 4 阶以下，矩阵元素的输入可以逐个写入。但当矩阵阶次较大且结构相同时，使用逐个输入的方法太费时间，这时可使用矩阵复制的方法加快输入的速度，常用函数 repmat 来进行矩阵复制。

格式：repmat(A,m,n)　　% A 为待复制的向量或矩阵，m、n 为需要复制的行数和列数

【例 2-12】 已知向量 A=(1 3 6 9 12)，写出矩阵 B，要求复制 6 行向量 A。

```
>> A=[1  3  6  9  12]
>> B=repmat(A,6,1)
B =
     1     3     6     9    12
     1     3     6     9    12
     1     3     6     9    12
     1     3     6     9    12
     1     3     6     9    12
     1     3     6     9    12
>> C=repmat(A,6,2)
C =
     1     3     6     9    12     1     3     6     9    12
     1     3     6     9    12     1     3     6     9    12
     1     3     6     9    12     1     3     6     9    12
     1     3     6     9    12     1     3     6     9    12
     1     3     6     9    12     1     3     6     9    12
     1     3     6     9    12     1     3     6     9    12
```

若向量 A 只有一个元素，则 repmat 函数可用这个元素值对矩阵进行初始化。

例如，对 3×5 阶矩阵的每一个元素的初始值都设为 6。

```
>> A = repmat(6,3,5)
A =
     6     6     6     6     6
     6     6     6     6     6
     6     6     6     6     6
```

2.3.7 矩阵拼接

使用 cat 命令对维数相符的矩阵进行拼接。

格式　cat(dim,A,B)　　% dim=1 表示垂直方向拼接 A 和 B

　　　　　　　　　　　% dim=2 表示水平方向拼接 A 和 B

例如：

```
>> A = ones(3);
>> B = zeros(3);
>> C=cat(1,A,B)
C =
     1     1     1
     1     1     1
     1     1     1
     0     0     0
     0     0     0
     0     0     0
>> D=cat(2,A,B)
D =
     1     1     1     0     0     0
     1     1     1     0     0     0
     1     1     1     0     0     0
```

也可直接使用[A, B]进行水平方向拼接，使用[A; B]进行垂直方向拼接。

2.3.8 矩阵元素的查找

使用 find 命令查找矩阵元素所在的位置及其对应的值。

格式　k=find(A)　　　　　%查找矩阵中非零数所在的单下标序数 k

　　　k=find(A>=a)　　　　%查找矩阵中大于等于 a 的元素单下标序数 k，a 为某个具体数值

　　　k=find(A==a)　　　　%查找矩阵中等于 a 的元素单下标序数 k，a 为某个具体数值

　　　[i,j]=find(A)　　　　%查找矩阵中非零数所在的双下标 i 和 j

　　　[i,j,v]=find(A)　　　%查找矩阵中非零数所在的行数 i、列数 j，及其对应的非零数值 v

【例2-13】已知 $A = \begin{pmatrix} 10 & 0 & 0 & 0 \\ 20 & 30 & 0 & 0 \\ 0 & 0 & 0 & 40 \end{pmatrix}$，分别找出矩阵中大于0、等于20、大于等于30的位置。

```
>> A=[10 0 0 0; 20 30 0 0; 0 0 0 40];
>> k=find(A)
k' =                          %程序显示 k，是一列，为节省篇幅，这里用它的转置 k'表示
    1    2    5    12
>> [i,j]=find(A)
i' =                          %程序显示 i，是一列，为节省篇幅，这里用它的转置 i'表示
    1    2    2    3
j' =                          %程序显示 j，是一列，这里用它的转置 j'表示成一行
    1    1    2    4
>>k=find(A==20)
k =
    2
>> [i,j]=find(A==20)
i =
    2
j =
    1
>> k=find(A>=30)
k =
    5
    12
>> [i,j]=find(A>=30)
i =
    2
    3
j =
    2
    4
```

2.3.9 稀疏矩阵

当矩阵的大部分元素是零，只有少数元素为非零元素时，这种矩阵称为稀疏矩阵。

格式：S=sparse(A)　　　　　%A 为原全矩阵，返回稀疏矩阵 S

　　　S = sparse(m,n)　　　　%生成 m×n 全零稀疏矩阵

　　　S = sparse(i,j,v)　　　　%根据 i、j 和 v 三元组生成稀疏矩阵 S，并将 v 中下标重复

　　　　　　　　　　　　　　%（在 i 和 j 中）的元素加到一起

　　　S = sparse(i,j,v,m,n)　%将 S 的大小指定为 m×n

full(S)	%将稀疏矩阵转化为全矩阵函数
nnz(S)	%非零个数的计数函数
spy(S)	%对应的稀释矩阵图

例如，对例 2-13 给定的矩阵 **A**，试求出其稀疏矩阵 **B**，再转换成全矩阵 **C**，并绘制稀疏矩阵 **B** 的标示图。

```
>>A=[10 0 0 0; 20 30 0 0; 0 0 0 40];
>> [i,j,v]=find(A)          %查找非零元素的位置及大小
>>B=sparse(i,j,v)          %稀疏矩阵的产生
B =
    (1,1)       10
    (2,1)       20
    (2,2)       30
    (3,4)       40
>>C=full(B)                %返回原矩阵
C =
    10     0     0     0
    20    30     0     0
     0     0     0    40
>> spy(B)                  %显示稀释矩阵图，如图 2-1 所示。
>> spy(B,'*',16)          %显示稀释矩阵标示图，如图 2-2 所示。
>>D=nnz(B)                 %非零个数
 D =
     4
```

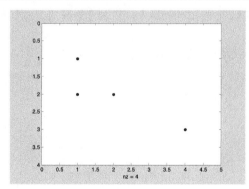

图 2-1　稀释矩阵图

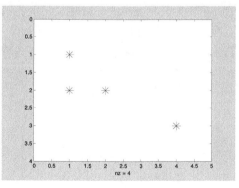

图 2-2　稀释矩阵标示图

使用重复的下标将值累加到单一稀疏矩阵中。
例如：

```
>> i = [1 1 2 5 6 6 6 ]';
>> j = [1 1 2 4 5 5 8]';
>> v = [60 72 63 35 80 55 83]';
>> S = sparse(i,j,v)
S =
    (1,1)      132
    (2,2)       63
    (5,4)       35
    (6,5)      135
    (6,8)       83
```

2.4 矩阵的运算

MATLAB 矩阵运算法则，既要符合一维数组运算法则，又要符合线性代数运算规则。只需使用简单的几个函数，即可求解线性代数大部分问题。

2.4.1 矩阵的运算指令

MATLAB 矩阵的运算指令及含义如表 2-5 所示。

表 2-5 矩阵运算指令与含义

运算指令	含　义	运算指令	含　义
A+B	矩阵相加	A-B	矩阵相减
k+B	标量 k 与 B 中每一个元素相加	k-B	标量 k 与 B 中每一个元素相减
A*B	矩阵相乘	k*B	标量 k 与 B 中每一个元素相乘
A/B	A 右除 B	A\B	A 左除 B
A'	矩阵 A 的转置	inv(A)	求逆矩阵
A.^k	A 的 k 次幂	rank(A)	求矩阵秩
det(A)	求方阵 A 的行列式	trace(A)	求矩阵迹
f(A)	求 A 的每个元素的函数值	eig(A)	求矩阵特征值和特征向量

2.4.2 矩阵的加减法

两个同型矩阵加减法的运算规则是对应元素相加减。若行数和列数不同的两个矩阵进行相加和相减，则显示出错。标量可以同任意矩阵相加减。

【例 2-14】 若 A、B 分别为 3 阶全为 1 方阵和幻方矩阵，标量 k 为 6，试运行加减运算。

```
>>A=ones(3,3), B=magic(3), k=6
>> C1=A+B
C1 =
     9     2     7
     4     6     8
     5    10     3
>> C2=B-A
C2 =
     7     0     5
     2     4     6
     3     8     1
>> C3=k+A
C3 =
     7     7     7
     7     7     7
     7     7     7
```

2.4.3 矩阵的乘法

1. 两个矩阵相乘

按线性代数中矩阵乘法运算进行，即前面矩阵的各行元素，分别与后面矩阵的各列元素对应相乘并相加。

2. 矩阵的数乘

数乘矩阵是数与矩阵每一个元素相乘。

3．两矩阵点乘

按数组运算规则，即 A.*B 表示 A 与 B 对应元素相乘。

【例 2-15】 若 *A*、*B*、*k* 取值同例 2-14，试运行乘法运算。

```
>>A=ones(3), B=magic(3), k=6
>> D1=A*B
D1 =
    15    15    15
    15    15    15
    15    15    15
>> D2=k*B
D2 =
    48     6    36
    18    30    42
    24    54    12
>> D3=A.*B
D3 =
     8     1     6
     3     5     7
     4     9     2
```

2.4.4 矩阵的左除和右除

1．除法运算

除法运算有左除（\）和右除（/）两种。若 AB=C，则 B=A\C，即 B 等于 A 左除 C；A=C/B，即 A 等于 C 右除 B。这两种运算常用于解线性方程组，即 X=A\B 是方程组 AX=B 的解，X=B/A 是方程组 XA=B 的解。

2．两矩阵点除

按数组运算规则，即 A./B 表示 A 中元素与 B 中元素对应相除。

【例 2-16】 对例 2-15 中的结果 D2、D3 运行除法运算。

```
>>E1=D2/D3
E1 =
    6.0000         0         0
         0    6.0000    0.0000
         0         0    6.0000
>>E2=D2\D3
E2 =
    0.1667         0         0
         0    0.1667         0
         0         0    0.1667
>>E3=D2./D3
E3 =
     6     6     6
     6     6     6
     6     6     6
```

2.4.5 逆矩阵

1．逆矩阵函数

对于 *n* 阶方阵 *A*，如果存在 *AB=BA=I*（单位矩阵），则称 *B* 为 *A* 的逆矩阵。使用函数 inv 求逆矩阵。

格式：B = inv(A)　　%计算方阵 A 的逆矩阵

说明：也可直接使用矩阵的左除、右除和幂方运算求逆矩阵，即 A\eye(n)、eye(n)/ A 和 A^(-1)。

若 A 为奇异阵，将给出警告信息。

【例 2-17】 对例 2-15 中的结果 D3 求逆矩阵。

```
>>inv(D3), D3^(-1), D3\eye(3), eye(3)/D3
```

上述 4 种命令运行结果相同，结果如下：

```
ans =
    0.1472   -0.1444    0.0639
   -0.0611    0.0222    0.1056
   -0.0194    0.1889   -0.1028
>> format rat       %有理分式显示
>> inv(D3)
ans =
    53/360        -13/90        23/360
   -11/180          1/45        19/180
    -7/360         17/90       -37/360
```

2. 广义逆矩阵函数

广义逆矩阵又称为伪逆矩阵。当矩阵 A 的行数与列数不等，或矩阵 A 的行列式为 0 时，则不存在逆矩阵。但存在广义逆矩阵 P，满足 $APA=A$，$PAP=P$，$(AP)^T=AP$，$(PA)^T=PA$。广义逆矩阵的函数为 pinv。

格式：B = pinv(A)　　　　　%返回矩阵 A 的 Moore-Penrose 伪逆

　　　B = pinv(A,tol)　　　　%指定容差的值，将 A 中小于容差的奇异值视为零

其用法可参见本章 2.5.4 超定方程组部分。

2.4.6 方阵的行列式

方阵 A 的行列式，使用 det(A)函数计算。

格式：d = det(A)　　%返回方阵 A 的行列式

【例 2-18】 已知矩阵 $A = \begin{pmatrix} 3 & 8 & 17 \\ 6 & 13 & 26 \\ 5 & 12 & 15 \end{pmatrix}$，求矩阵 A 的行列式。

```
>> A=[3 8 17; 6 13 26; 5 12 15]
>> d=det(A)
d =
    88
```

2.4.7 矩阵的特征值和特征向量

对于 n 阶方阵 A，其特征值和特征向量可使用函数 eig(A)求解。

格式：e=eig(A)　　　　　　%返回矩阵 A 的特征值 e

　　　[V,D]=eig(A)　　　　%V 的每一列向量对应于特征值的（右）特征向量，A*V=V*D;

　　　　　　　　　　　　%D 是以特征值为元素组成的对角矩阵

　　　[V,D,W] = eig(A)　　% W 每一列向量对应特征值的左特征向量，W'*A = D*W'

【例 2-19】 求矩阵 $A = \begin{pmatrix} 1 & 1 & 0 \\ 0 & 2 & 3 \\ 0 & 0 & 5 \end{pmatrix}$ 的特征值及其对应的左、右特征向量。

```
>> A=[1 1 0; 0 2 3; 0 0 5]
>> d =eig(A)
d =
     1
     2
     5
>> [V,D,W] = eig(A)
V =
    1.0000    0.7071    0.1741
         0    0.7071    0.6963
         0         0    0.6963
D =
     1     0     0
     0     2     0
     0     0     5
W =
    0.6247         0         0
   -0.6247    0.7071         0
    0.4685   -0.7071    1.0000
```

故求得矩阵 A 的特征值分别为 1、2、5，且其对应的（右）特征向量分别为 $(1\ \ 0\ \ 0)^T$、$(1\ \ 1\ \ 0)^T$ 和 $(1\ \ 4\ \ 4)^T$，对应的左特征向量为 $(4\ \ -4\ \ 3)^T$、$(0\ \ 1\ \ -1)^T$ 和 $(0\ \ 0\ \ 1)^T$。

2.4.8 矩阵元素的求和

对矩阵的元素按列或按行求和，或求所有元素的总和，可使用函数 sum 来进行。

格式：S=sum(A)　　　　%返回矩阵 A 各列元素的和

S = sum(A,'all')　　%返回 A 的所有元素的总和

S=sum(A,dim)　　　%返回矩阵 A 给定的维数上元素的和。当 dim=1，计算 A 各列

%元素的和；当 dim=2，计算 A 各行元素的和

例如，对例 2-19 中的矩阵 A，分别按列和行求出其和，以及求出矩阵所有元素的总和。

```
>> A=[1 1 0; 0 2 3; 0 0 5]
>> S=sum(A)
S =
     1     3     8
>> S=sum(A,2)
S =
     2
     5
     5
>> S = sum(A,'all')
S =
    12
```

2.4.9 矩阵元素的求积

对矩阵的元素按列或按行求积，或所有元素的乘积，可使用函数 prod 来进行。

格式：P=prod(A)　　　　%返回矩阵 A 各列元素的积

P = prod(A,'all')　　%返回 A 的所有元素的乘积

P=prod(A,dim)　　　%返回矩阵 A 给定的维数上元素的积。当 dim=1，计算 A 各列

%元素的积；当 dim=2，计算 A 各行元素的积

例如，对例 2-18 中的矩阵 A，分别按列和行求出其积，以及求出所有元素的乘积。

```
>> A=[3 8 17; 6 13 26; 5 12 15];
>> P=prod(A)
P =
        90        1248        6630
>> P=prod(A,2)
P =
       408
      2028
       900
>> P = prod(A,'all')
P =
   744681600
```

2.4.10 矩阵元素的差分

对矩阵的元素按列或按行计算差分，可使用函数 diff 来处理。

格式：D=diff(A)   %返回矩阵 A 各列元素的一次差分

       D=diff(A,n)   %返回矩阵 A 各列元素的 n 次差分

       D=diff(A,n,dim)   %返回矩阵 A 给定的维数上各元素的 n 次差分。当 dim=1，

                       %计算 A 各列元素的 n 次差分；当 dim=2，计算 A 各行元素

                       %的 n 次差分

例如，对例 2-18 中的矩阵 A，分别按列和行求出各元素的一次、二次差分。

```
>> A=[3 8 17; 6 13 26; 5 12 15];
>> D=diff(A)
D =
     3     5     9
    -1    -1   -11
>> D=diff(A,2)
D =
    -4    -6   -20
>> D=diff(A,1,2)
D =
     5     9
     7    13
     7     3
```

2.5 利用矩阵解线性方程组

一般的线性方程组使用矩阵形式表示，利用矩阵运算及函数可以很容易地解决线性齐次、非齐次方程的有解、无解、无穷多解等问题。

2.5.1 线性方程组的唯一解

线性方程组的矩阵形式为 $AX = b$（A 为系数矩阵，b 为常数项列向量，X 为未知数列向量），其唯一解为 $X = A^{-1}b$。

格式：X=inv(A)*b   %利用可逆阵法

       X=A\b   %利用左除法

       X=sym(A)\sym(b)   %左除法的符号表示

2.5.2 齐次线性方程组的通解

齐次线性方程组矩阵形式：$AX=0$

格式：Z=null(A)　　　　　　　%返回 A 的零空间的标准正交基

　　　　Z=null(A,'r')　　　　%返回 A 的零空间的"有理"基

说明：Z 的列向量是方程 AX=0 的有理基础解系。

【例 2-20】 求方程组 $\begin{cases} x_1 + 2x_2 + 2x_3 + x_4 = 0 \\ 2x_1 + x_2 - 2x_3 - 2x_4 = 0 \\ x_1 - x_2 - 4x_3 - 3x_4 = 0 \end{cases}$ 的通解。

解：求基础解系的程序如下：

```
A=[1  2  2  1;2  1  -2  -2;1  -1  -4  -3];
format  rat                %以有理分式显示
Z=null(A,'r')              %求解空间的有理基础解系
```

运行结果如下：

```
Z =
       2              5/3
      -2             -4/3
       1              0
       0              1
```

通解表示的程序如下：

```
syms  k1  k2
X=k1*Z(:,1)+k2*Z(:,2)      %写出方程组的通解
```

运行结果如下：

```
X =
       2*k1 + (5*k2)/3
     - 2*k1 - (4*k2)/3
               k1
               k2
```

2.5.3 非齐次线性方程组的通解

对于非齐次线性方程组，需先判断方程组是否有解，若有解，再去求通解。求通解的步骤如下。

1）判断 $AX=b$ 是否有解，若有解则进行第 2）步。

2）求 $AX=b$ 的一个特解。

3）求 $AX=0$ 的通解。

4）$AX=b$ 的通解 = "$AX=0$"的通解 + "$AX=b$"的一个特解。

2.5.3

【例 2-21】 求方程组 $\begin{cases} x_1 - 2x_2 + 3x_3 - x_4 = 1 \\ 3x_1 - x_2 + 5x_3 - 3x_4 = 2 \\ 2x_1 + x_2 + 2x_3 - 2x_4 = 3 \end{cases}$ 的解。

解：在 MATLAB 中建立 M 文件如下：

```
A=[1  -2  3  -1;3  -1  5  -3;2  1  2  -2];  %系数矩阵
b=[1  2  3]';                               %常数列向量
B=[A b];                                    %增广矩阵
n=4;                                        %未知数个数
```

```
    rA=rank(A)                          %系数矩阵的秩
    rB=rank(B)                          %增广矩阵的秩
    format rat                          %解的有理分式显示
    if rA==rB&rA==n                     %判断有唯一解
        X=A\b                           %求唯一解
      elseif rA==rB&rA<n                %判断有无穷解
        X0=A\b                          %求特解
        Z=null(A,'r')                   %求 AX=0 的基础解系
      else X='equition no solve'        %判断无解
    end
```

运行结果如下：

```
    rA =
         2
    rB =
         3
    X =
       'equition no solve'
```

说明该方程组无解。

【例 2-22】 求方程组 $\begin{cases} x_1 + x_2 - 3x_3 - x_4 = 1 \\ 3x_1 - x_2 - 3x_3 + 4x_4 = 4 \\ x_1 + 5x_2 - 9x_3 - 8x_4 = 0 \end{cases}$ 的通解。

解：在 MATLAB 中建立 M 文件如下：

```
    A=[1  1  -3  -1;3  -1  -3  4;1  5  -9  -8];
    b=[1 4 0]';
    B=[A b];
    n=4;
    rA=rank(A)
    rB=rank(B)
    format rat
    if rA==rB&rA==n
        X=A\b
      elseif rA==rB&rA<n
        X0=A\b
        Z=null(A,'r')
      else X='Equation has no solves'
    end
```

运行结果如下：

```
    rA =
         2
    rB =
         2
    X0 =
         0
         0
        -8/15
         3/5
    Z =
         3/2        -3/4
         3/2         7/4
         1           0
         0           1
```

所以原方程组的通解为

$$X=k_1\begin{pmatrix}3/2\\3/2\\1\\0\end{pmatrix}+k_2\begin{pmatrix}-3/4\\7/4\\0\\1\end{pmatrix}+\begin{pmatrix}0\\0\\-8/15\\3/5\end{pmatrix}$$

2.5.4 超定方程组

超定方程组是指方程的个数大于未知数的个数的线性方程组，通常无精确解，但存在近似的最小二乘解。其解法不需要检查系数矩阵的秩是否小于行数或列数，而直接利用广义逆矩阵函数 pinv 计算即可。

格式　X=pinv(A)*b　%A 为超定方程组的系数矩阵，b 为常数项列向量

【例 2-23】　求方程组 $\begin{cases}x_1-2x_2+3x_3=1\\5x_1+8x_2+6x_3=3\\9x_1+7x_2-6x_3=5\\4x_1-5x_2+x_3=2\end{cases}$ 的解。

解：在 MATLAB 中建立 M 文件如下：

```
A=[1 -2 3; 5 8 6; 9 7 -6 ; 4 -5 1];
b=[1 3 5 2]';
X=pinv(A)*b
```

运行结果如下：

```
X =
    0.5550
    0.0155
    0.0306
```

2.6　综合实例

在企业安排生产计划、研究各项指标之间的关系时，经常把这些实际问题转换为求解线性方程组等的问题，这时可使用矩阵对其进行求解。

2.6.1

2.6.1 求解企业生产产品数量

【例 2-24】　某企业生产甲、乙、丙三种产品，每种产品都需要 A、B、C 三项工序。每种产品的加工时间和企业的生产能力如表 2-6 所示，如果充分利用企业生产能力，问每月能生产甲、乙、丙产品各多少件？

表 2-6　加工时间和企业的生产能力　　　　　　　　　　（单位：小时）

加工时间　　　产品 工序	甲	乙	丙	每月可用时间
A	1.0	1.2	1.4	4450
B	0.52	0.55	0.6	2100
C	0.5	0.75	0.8	2600

1）将所求问题表示成线性方程组：

设生产甲、乙、丙产品的数量分别为 x_1、x_2 和 x_3 件，则有

$$\begin{cases} 1.0x_1 + 1.2x_2 + 1.4x_3 = 4450 \\ 0.52x_1 + 0.55x_2 + 0.6x_3 = 2100 \\ 0.5x_1 + 0.75x_2 + 0.8x_3 = 2600 \end{cases}$$

2）MATLAB 程序如下：

```
A=[1.0 1.2 1.4;0.52 0.55 0.6;0.50 0.75 0.8];      %系数矩阵A
b=[4450 2100 2600]';                              %常数项b
X=A\b                                             %左除求解
Y=fix(X)                                          %取整得产品数
```

运行结果如下：

```
X =
    1.0e+003 *
    1.2288
    2.2542
    0.3686
Y =
    1228
    2254
    368
```

即每月能生产甲、乙、丙三种产品的数量分别为 1228、2254 和 368 件。

2.6.2 利用超越方程求解投资额与 GDP 线性关系

2.6.2

【例 2-25】 我国 2012—2018 年全社会固定资产投资额与国内生产总值 GDP 的数据如表 2-7 所示，试建立两者之间的关系式。

表 2-7 投资额与 GDP 数据 （单位：万亿元）

年份	2012 年	2013 年	2014 年	2015 年	2016 年	2017 年	2018 年
投资额	37.50	44.63	51.20	56.20	60.65	64.12	64.57
GDP	53.73	58.81	64.44	68.63	74.34	83.14	91.43

从表 2-7 中数据可知，投资额与 GDP 有很强的线性关系。设 x 为投资额，y 为 GDP，则可建立的直线方程为

$$y = c_1 + c_2 x$$

将 x、y 数值代入上式，得一个超定方程组，即

$$\begin{cases} c_1 + 37.50c_2 = 53.73 \\ c_1 + 44.63c_2 = 58.81 \\ c_1 + 51.20c_2 = 64.44 \\ c_1 + 56.20c_2 = 68.63 \\ c_1 + 60.65c_2 = 74.34 \\ c_1 + 64.12c_2 = 83.14 \\ c_1 + 64.57c_2 = 91.43 \end{cases}$$

则此方程组的系数矩阵和常数向量为

$$A = \begin{pmatrix} 1 & 37.50 \\ 1 & 44.63 \\ 1 & 51.20 \\ 1 & 56.20 \\ 1 & 60.65 \\ 1 & 64.12 \\ 1 & 64.57 \end{pmatrix}, \quad b = \begin{pmatrix} 53.73 \\ 58.81 \\ 64.44 \\ 68.63 \\ 74.34 \\ 83.14 \\ 91.43 \end{pmatrix}$$

则方程组 $AC=b$ 的解为 C=pinv(A)*b，其中，C=[c_1; c_2]。

MATLAB 程序如下：

```
x=[37.50  44.63  51.20  56.20  60.65  64.12  64.57]';
y=[53.73  58.81  64.44  68.63  74.34  83.14  91.43]';
A=[ones(7,1), x];
b=y;
C=pinv(A)*b
```

运行结果如下：

```
C =
    4.2835
    1.2261
```

故投资额与 GDP 的线性关系为

$$y = 4.2835 + 1.2261x$$

2.7 思考与练习

1. 设 $A = \begin{pmatrix} 2 & 6 \\ -1 & 5 \end{pmatrix}$，$B = \begin{pmatrix} 1 & -3 \\ 2 & 7 \end{pmatrix}$，求下列运算：

（1）A+B；（2）5×A；（3）A*B；（4）A.*B；（5）A\B；（6）A/B；（7）A./B；（8）A.^B。

2. 求矩阵 $A = \begin{pmatrix} 8 & 1 & 6 \\ 3 & 5 & 7 \\ 4 & 9 & 2 \end{pmatrix}$ 的行列式、逆矩阵、特征值和特征向量。

3. 求矩阵 $A = \begin{pmatrix} 5 & 0 & 1 \\ -1 & 6 & 0 \\ -2 & 3 & 1 \end{pmatrix}$ 及其向量 x=A(:)的各种类型范数。

4. 判断下列线性方程组是否有解？有唯一解？有无穷多解？若有解，求出其解。

（1）$\begin{cases} 3x_1 + 2x_2 + 6x_3 = 6 \\ 3x_1 + 5x_2 + 9x_3 = 9 \\ 6x_1 + 4x_2 + 15x_3 = 6 \end{cases}$ （2）$\begin{cases} x_1 - 2x_2 + 3x_3 - x_4 = 1 \\ 3x_1 - x_2 + 5x_3 - 3x_4 = 2 \\ 2x_1 + x_2 + 2x_3 - 2x_4 = 3 \end{cases}$

第3章 单元数组与结构数组

单元数组和结构数组是 MATLAB 中两种特殊的数据类型，用户可以将不同数据类型但彼此相关的数据集成在一起，进行数据组织和访问，使数据的管理更简便、容易。单元数组可用于任意数据混合使用，结构数组常用于各种不一致的数据，以不同的域进行区分。而 Map 是可以存储数值、字符、字符串、单元数组、结构数组等任何类型的数据。本章将介绍字符串、单元数组、结构数组、Map 容器和表数组的创建，及其类似数据库的应用。

本章重点

● 字符串生成及查找
● 单元数组创建及显示
● 结构数组创建及访问
● Map 容器创建及编辑
● 表数组创建

3.1 字符串

字符串包括字符向量和字符串数组。字符向量是存储在一个行向量中的文本，行向量中的每一个元素代表一个字符；而字符串数组的每个元素存储一个字符序列，可视为一个标量。MATLAB 提供了很多字符串操作，包括字符串的创建、大小、查找以及与数值之间转换等。

3.1.1 字符串的生成

MATLAB 中创建字符串的方法有以下 4 种。

1. 直接输入法

直接使用单引号创建字符向量、双引号创建字符串数组（或标量）。例如，在命令行窗口输入：

```
>> Book1='MATLAB 9.8 基础教程'
Book1 =
    'MATLAB 9.8 基础教程'
>> Book2="MATLAB R2020a 基础教程"
Book2 =
    "MATLAB R2020a 基础教程"
```

2. 利用命令 disp 法

格式：disp(S)   %S 是字符串，显示出 S 的文本

例如：

```
>>disp(Book1)
    MATLAB 9.8 基础教程
>> disp(Book2)
MATLAB R2020a 基础教程
```

3. 利用命令 char 法

格式：char(S)　　%创建字符向量

例如：

```
>>char('MATLAB 工具箱')
ans =
    'MATLAB 工具箱'
```

4. 在字符串中使用两个单引号来表示一个单引号

例如：

```
>> 'It''s a reference book.'
ans =
    'It's a reference book.'
```

3.1.2 多行字符串的创建

1. 多行字符串的直接输入

字符串数组可以是多行多列，由于字符串数组的每个元素存储一个字符序列，序列可以具有不同的长度，无须填充。只需使用方括号将字符串串联成数组，就像将数字串联成数值数组一样。例如：

```
>> S=["This string array";"has two rows."]
S =
  2×1 string 数组
    "This string array"
    "has two rows."
```

⚠ 注意

字符向量要求每行具有相同长度，若长度不同，则需要填充成等长度。

2. 利用函数创建多行字符串

利用函数 char、strvcat 创建多行字符串，每行的字符串长度可以不同。例如：

```
>>S1=char('This string array','has two rows.')
S1 =
  2×17 char 数组
    'This string array'
    'has two rows.    '
>> S2=strvcat('单引号创建','多行','字符向量')
S2 =
  3×5 char 数组
    '单引号创建'
    '多行　　'
    '字符向量'
>>S3=strvcat("双引号创建","多行","字符串数组")
S3 =
  3×5 char 数组
    '双引号创建'
    '多行　　'
    '字符串数组'
```

3.1.3 字符串的访问和大小

1. 字符串的访问

字符串的存储是按其中字符逐个顺序单一存放的，且存放的是字符的内部 ASCII 码。当在屏幕上显示字符变量的值时，显示出来的是文本，而不是 ASCII 数字。若字符串是向量形式，则可以通过它的下标对字符串中的任何一个元素进行访问。例如，对上面定义的字符向量 Book1，输入命令：

```
>> Book1(8:10)
ans =
    '9.8'
```

2. 字符串的长度

一个字符向量的长度可使用 length、strlength 和 size 函数来确定大小。例如：

```
>> length(Book1)
ans =
    15
>> size(Book1)
ans =
    1    15
```

对由双引号生成的字符串数组，因其是一个标量，所以不能使用 length 和 size 命令计算其长度大小，而是需要使用 strlength 查找长度。例如，对 Book2 使用此命令：

```
>> length(Book2)
ans =
    1
>> size(Book2)
ans =
    1    1
>> strlength(Book2)
ans =
    18
```

3.1.4 字符串的查找和逻辑判断

1. 字符串的查找

在字符串中寻找某个字符串可使用函数 strfind 或 findstr 来实现。

格式：k=strfind(str,pattern)　　%在 str 中查找出现的 pattern，输出 k 是 str 中每次出现
　　　　　　　　　　　　　　%的 pattern 的起始位置

　　　　k = findstr(str1, str2)　　%在一个较长的字符串中查找另一个较短的字符串

例如，在上面定义的字符串 Book1 和 Book2 中查找 A 所在的位置：

```
>> k = strfind(Book1,'A')
k =
    2    5
>> k = findstr(Book2,'A')
k =
    2    5
```

2. 字符串查找的逻辑判断

判断一个字符串中是否包含某一个指定字符串，可使用函数 contains 来确定。

格式：TF=contains(str,pattern)   %在 str 中确定是否包含 pattern，若包含则返回 1（true），
                                   %否则返回 0（false）

　　　TF=contains(str,pattern,'IgnoreCase',true)   %查找时将忽略大小写

说明：使用 str(TF)可显示出包含的字符串。

例如，使用单引号创建一个字符向量，判断是否包含指定的字符串：

```
>> str = 'peppers, onions, and mushrooms';    %辣椒、洋葱和蘑菇
>>TF = contains(str,'onion')                  %查找洋葱
TF =
  logical
   1
>> TF = contains(str,'pineapples')            %查找菠萝
TF =
  logical
   0
```

例如，使用双引号创建一个字符串数组，确定哪些字符串包含 Ann 或 Paul：

```
>> str = ["Mary Ann Jones","Christopher Matthew Burns","John Paul Smith"]
str =
  1×3 string 数组
    "Mary Ann Jones"    "Christopher Matthew …"    "John Paul Smith"
>> pattern = ["Ann","Paul"];
TF = contains(str,pattern)
TF =
  1×3 logical 数组
   1  0  1
>> str(TF)            %显示包含 Ann 或 Paul 的字符串
ans =
  1×2 string 数组
    "Mary Ann Jones"    "John Paul Smith"
```

3.1.5　字符串的转换

1．矩阵与字符串的转换

利用函数 mat2str 和 eval 实现矩阵与字符串的相互转换。

格式：Y=mat2str(X)   %将数值矩阵 X 转换为表示矩阵的字符向量 Y

　　　A=eval(Y)   %使用 eval 函数将字符向量 Y 转回数值矩阵 A(=X)

例如：

```
>> X=[1.86 2.35 3.58; 5.71 6.04 7.22]
>> Y = mat2str(X)
Y =
    '[1.86 2.35 3.58; 5.71 6.04 7.22]'
>> A = eval(Y)
A =
    1.8600    2.3500    3.5800
    5.7100    6.0400    7.2200
```

2．字符串与数值的转换

利用函数 str2num 和 num2str 实现字符串与数值的相互转换。

格式：Y=str2num(X)   %将字符向量或字符串数组转换为数值矩阵

　　　[Y,tf]=str2num(X)   % tf 为第二个输出参数，如果成功转换，返回 1（true）；
                           %否则返回 0（false）

```
    S=num2str(X)          %将数值数组转换为字符向量
```
例如，将字符向量转换为数值矩阵：

```
>> X='1.2e-3 19e-3 -6.1e-3 2.56e-3; 5.6 12 15.9 32';
>>[Y,tf]=str2num(X)
Y =
    0.0012    0.0190   -0.0061    0.0026
    5.6000   12.0000   15.9000   32.0000
tf =
  logical
   1
```

例如，将数值数组转换为表示数字的字符向量：

```
>> X=1:9;
>> S=num2str(X)
S =
    '1 2 3 4 5 6 7 8 9'
```

3. 数据变量转换为字符串数组
使用 string 函数将不同数据类型的变量转换成字符串数组。
格式：S=string(X)   %将输入数组 X 转换为字符串数组 S
例如，将输入数值数组转换为字符串数组：

```
>> X = [77  65  84  76  65  66]
>> S= string(X)
S =
  1×6 string 数组
    "77"    "65"    "84"    "76"    "65"    "66"
```

例如，将输入字符向量转换为字符串数组：

```
>> X='命令行窗口'
>> S = string(X)
S =
    "命令行窗口"
```

4. 其他数据类型转换为字符向量
字符向量是一个字符序列,就像数值数组是一个数字序列一样。其他数据类型的数组可以使用 char 函数将其转换为字符向量。
格式：C=char(X)   %将数组 X 转换为字符向量 C
      C=char(X1,...,Xn)   %将数组 X1，…，Xn 转换为单个字符向量 C
      C=char(S)   %将字符串数组 S 转换为字符向量 C
例如，将数值数组转换为字符向量：

```
>> X= [77  65  84  76  65  66];
>> C = char(X)
C =
    'MATLAB'
```

注意

从 32～127 的整数对应于 ASCII 字符。从 0～65535 的整数对应于 Unicode®字符。可使用 char 函数将整数转换为对应的 Unicode 表示形式。

例如，数字 8451 对应于摄氏度符号，可使用 char 转换：

```
>> C = char(8451)
C =
    '℃'
```

例如，将多个数组转换为单个字符向量：

```
X1 = [65 66; 67 68];
X2 = 'abcd';
C = char(X1,X2)
C =
  3×4 char 数组
    'AB  '
    'CD  '
    'abcd'
```

例如，将字符串数组转换为字符向量：

```
>> char("MATLAB 工具箱")
ans =
    'MATLAB 工具箱'
```

3.2 单元数组

单元数组又称元胞数组（Cell Array），其基本元素是元胞，每个元胞可存储不同类型、不同维数的数据。

3.2.1 单元数组的创建

单元数组中不同位置可有不同数据类型，包含字符向量、文本和数字的组合或者不同大小的数值数组，其创建方法有以下 3 种。

1. 使用大括号 { } 直接创建

例如：

```
>> A={'Command window ','Workspace';'Current Folder','Command History'}
A =
2×2 cell 数组
    {'Command window '}    {'Workspace'       }
    {'Current Folder' }    {'Command History'}
```

2. 对元胞元素直接赋值创建

【例 3-1】 创建一个学生的各科成绩单元数组。

```
>> B{1,1}='语文'; B{1,2}='数学'; B{1,3}='外语'; B{1,4}='物理'; B{1,5}='化学';
B{1,6}='生物';
>> B{2,1}=102; B{2,2}=125; B{2,3}=130; B{2,4}=86; B{2,5}=82; B{2,6}= 80;
>> B
```

运行结果如下。

```
B =
  2×6 cell 数组
    {'语文'}    {'数学'}    {'外语'}    {'物理'}    {'化学'}    {'生物'}
    {[ 102]}    {[ 125]}    {[ 130]}    {[  86]}    {[  82]}    {[  80]}
```

3．利用函数 cell 创建一个大小合适的空矩阵

使用函数 cell 预分配一个单元数组，稍后再为其分配数据。

格式：C=cell(m,n)　%创建一个 m×n 的空元胞矩阵，矩阵所有行必须要有相同的元胞数

【例 3-2】　利用函数 cell 创建 2×3 的单元数组。

```
>> C=cell(2,3)
C =
  2×3 cell 数组
    {0×0 double}    {0×0 double}    {0×0 double}
    {0×0 double}    {0×0 double}    {0×0 double}
>> C{1,1}='MATLAB'
>> C{1,2}='Matrix'
>>C{1,3}='Laboratory'
>> C{2,1}=['12','34';'56','78']
>> C{2,2}=[12,34;56,78]
>> C{2,3}='矩阵实验室'
C =
  2×3 cell 数组
    {'MATLAB'}    {'Matrix' }    {'Laboratory'}
    {2×4 char}    {2×2 double}    {'矩阵实验室' }
```

该方法首先使用 cell()函数定义一个单元数组。此时，数组的各元素还没有定义，因此所显示的单元数组中元素都用空阵[]来表示，然后，依次输入单元数组中各元素的值，每输入一个值，使用相应的值代替空阵。

3.2.2　单元数组的显示

1．celldisp 函数

格式：celldisp(C)　%逐个显示 C 中每个元素的值

例如，对例 3-2 中的单元数组 C，执行如下命令。

```
>> celldisp(C)
```

显示的结果如下。

```
C{1,1} =
     MATLAB
C{2,1} =
     1234
     5678
C{1,2} =
     Matrix
C{2,2} =
     12    34
     56    78
C{1,3} =
     Laboratory
C{2,3} =
     矩阵实验室
```

2．cellplot 函数

以图形方式显示单元数组的结构体。

格式：cellplot(C)　%显示一个以图形方式表示 C 的内容的图窗窗口，填充的矩形表示
　　　　　　　　　%向量和数组的元素，而标量和短字符向量显示为文本

cellplot(C,'legend')   %在所标记的绘图旁边放置一个表示 C 中数据类型的颜色栏

例如，对例 3-2 中的单元数组 C，继续执行如下命令。

```
>> cellplot(C,'legend')
```

显示结果如图 3-1 所示。

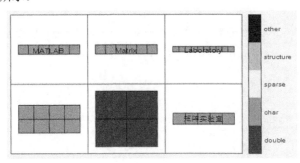

图 3-1   单元型变量的结构

3.2.3   单元数组的内容获取

为了获取单元数组中某个单元的值，只需使用大括号。如对例 3-2 中的数组 C，执行如下命令。

```
>> C{1}
ans =
    'MATLAB'
>> C{2}
ans =
    2×4 char 数组
     '1234'
     '5678'
>> C{3}
ans =
    'Matrix'
```

实际上，C{1}相当于 C{1,1}；C{2}相当于 C{2,1}；C{3}相当于 C{1,2}，等等。注意使用大括号与小括号的不同，大括号用于标示单元而不考虑这些单元的值，而小括号用于寻址单元的值。例如：

```
>> C(1)
ans =
1×1 cell 数组
{'MATLAB'}
>>C(2)
ans =
1×1 cell 数组
    {2×4 char}
```

3.2.4   单元数组的数据处理

MATLAB 的单元数组在进行统计分析时，不能直接使用计算统计量的函数，而必须将单元数组中单元的数值转化成数值向量，随后进行数值计算。

例如，对例 3-1 中形成的数组，计算这个学生考试的总分。

由于数组 B 的显示结果为

```
B =
```

```
2×6 cell 数组
  {'语文'}    {'数学'}    {'外语'}    {'物理'}    {'化学'}    {'生物'}
  {[ 102]}   {[ 125]}   {[ 130]}   {[  86]}   {[  82]}   {[  80]}
```

若直接对 B 的第 2 行求和，命令行窗口显示出错。这时需将单元数组转化成数值数组，具体程序如下：

```
for i=1:6
X(i)=B{2,i};        %将单元数组 B 的第二行第 i 列的内容赋予数值数组 X
end
X, sum(X)           %显示数组 X 及考试总分
```

运行结果如下：

```
X =
  102   125   130    86    82    80
ans =
  605
```

3.2.5 单元数组与字符串的转换

函数 cellstr 可将字符串数组中的每个元素转换为字符向量，并将其赋给某个元胞。string 函数又可将单元数组转回字符串数组。

格式：C=cellstr(A) %将字符串数组 A 转换为字符向量表示的单元数组 C

　　　　B=string(C) %将字符向量表示的单元数组 C 转换为字符串数组 B(=A)

例如：

```
>> A = ["Past","Present","Future"]
A =
 1×3 string 数组
   "Past"    "Present"    "Future"
>> C = cellstr(A)
C =
 1×3 cell 数组
   {'Past'}    {'Present'}    {'Future'}
>> B=string(C)
B =
 1×3 string 数组
   "Past"    "Present"    "Future"
```

3.3 结构数组

结构数组（Structure Array）是把一组彼此相关、数据结构相同但类型不同的数据组织在一起，便于管理和引用。类似于数据库，但其数值组织形式更灵活。

3.3.1 结构数组的创建

1. 直接输入法

在为结构数组中元素直接赋值的同时定义该元素的名称，并使用"."将结构变量名与元素名连接。

格式：structname.fieldname=data   %创建将数据 data 直接赋值给变量名为 structname

　　　　　　　　　　　　　　　　　　　　　%和元素名为 fieldname 的结构数组

【例 3-3】 建立学生档案的小型数据库。

```
>> student.test=[90 86 82 88 92 75 80];
>> student.name='zhaohua';
>> student.sex='F';
>> student.age=20;
>> student.num=20110501;
>> student.add='qd uinversity';
>> student.tel='13905329191';
>> student
```

运行结果如下：

```
student =
  包含以下字段的 struct:
  test: [90 86 82 88 92 75 80]
  name: 'zhaohua'
   sex: 'F'
   age: 20
   num: 20110501
   add: 'qd uinversity'
   tel: '13905329191'
```

可以继续添加其他学生数据的结构变量，只需在变量名后加记录号即可。

```
>> student(2).test=[92 87 85 81 90 78 82];
>> student(2).name='yangping';
>> student(2).sex='M';
>> student(2).age=22;
>> student(2).num=20110502;
>> student(2).add='qd uinversity';
>> student(2).tel='13905329697';
```

此时输入 student，将只得到该结构的成员变量名而不显示内容。

```
>> student
student =
包含以下字段的 1×2 struct 数组:
    test
    name
    sex
    age
    num
    add
    tel
```

可以继续在命令行窗口中查询 student 的具体内容。

```
>> student(1)              %系统将开始的 student 默认为 student(1)
ans =
     包含以下字段的 struct:
     test: [90 86 82 88 92 75 80]
     name: 'zhaohua'
     sex: 'F';
     age: 20;
     num: 20110501
     add: 'qd uinversity'
     tel: '13905329191'
>> student(2)
ans =
     包含以下字段的 struct:
     test: [92 87 85 81 90 78 82]
```

```
name: 'yangping'
sex: 'M';
age: 22;
num: 20110502
add: 'qd uinversity'
tel: '13905329697'
```

2. 使用 struct 函数生成结构数组

格式：S=struct(field1,value1,...,fieldN,valueN) %创建一个包含多个字段的结构数组

说明：如果 value 的所有输入都不是单元数组，或者 value 中作为单元数组的所有输入都是标量，则 S 是标量结构。

如果任一值（value）输入是非标量单元数组，则 S 具有与该单元数组相同的维度。如果两个或多个值（value）输入是非标量单元数组，则它们必须都具有相同的维度。

【例 3-4】 使用 struct 函数创建结构数组变量。

```
>> S =struct('city',{'beijing','shanghai'},'renkou',[1500,1300])
```

运行结果如下：

```
S =
    包含以下字段的 1×2 struct 数组:
    city
    renkou
>>S.city
ans =
    'beijing'
ans =
    'shanghai'
>> S.renkou
ans =
    1500        1300
```

3.3.2 结构数组的操作

1. 在结构数组中添加项

如果用户想在一个结构数组中添加其他项，直接按照生成格式输入即可。

【例 3-5】 在例 3-3 的学生数据库 student 中，若要添加元素项 height 和 weight，只需输入：

```
>> student(1).height=1.62
>> student(1).weight=54;
>> student(2).height=1.82;
>> student(2).weight=75;
>> student                    %显示 student 的结构
```

运行结果如下。

```
student =
    包含以下字段的 1×2 struct 数组:
    test
    name
    sex
    age
    num
    add
    tel
    height
```

```
        weight
```

从上面的输出结果可知，在 student 中新添加了 height 和 weight 两项记录，进而可显示：

```
>> student(1)
ans =
  包含以下字段的 struct:
     test: [90 86 82 88 92 75 80]
     name: 'zhaohua'
      sex: 'F'
      age: 20
      num: 20110501
      add: 'qd uinversity'
      tel: '13905329191'
   height: 1.6200
   weight: 54
>> student(2)
ans =
     包含以下字段的 struct:
     test: [92 87 85 81 90 78 82]
     name: 'yangping'
     sex: 'M';
     age: 22;
     num: 20110502
     add: 'qd uinversity'
     tel: '13905329697'
     height: 1.8200
     weight: 75
```

2．在结构数组中删除项

格式：S=rmfield(S,fields)   %将结构数组 S 中的 fields 项删去，仍使用数组名 S 表示

说明：当 fields 是字符串或单元数组变量时，将一次性删除多项。

【例 3-6】 对例 3-5 的结果 student，输入如下语句。

```
>> student=rmfield(student,'weight')
```

运行结果如下。

```
student =
  包含以下字段的 1×2 struct 数组:
   test
   name
   sex
   age
   num
   add
   tel
   height
>> student(1)
ans =
  包含以下字段的 struct:
    test: [90 86 82 88 92 75 80]
  name: 'zhaohua'
    sex: 'F'
    age: 20
  num: 20110501
    add: 'qd uinversity'
      tel: '13905329191'
```

```
        height: 1.6200
>> student(2)
ans =
        包含以下字段的 struct:
        test: [92 87 85 81 90 78 82]
        name: 'yangping'
        sex: 'M';
        age: 22;
        num: 20110502
        add: 'qd uinversity'
        tel: '13905329697'
        height: 1.8200
```

3. 在结构数组中调用元素项

结构数组中的任何信息，可通过"结构体名称+元素项名称"的格式取出。

例如，对例 3-6 中的结果 student，输入以下语句：

```
>> student(1).test
ans =
    90    86    82    88    92    75    80
>> student(1).test (4)
ans =
    88
>> student(2).test
ans =
    92    87    85    81    90    78    82
>> student(2).test(4)
ans =
    81
```

也可直接取出所有同学的姓名和分数，如执行如下命令：

```
>>student.name
ans =
    zhaohua
ans =
    yangping
>>student.test
ans =
    90    86    82    88    92    75    80
ans =
    92    87    85    81    90    78    82
```

3.3.3 结构数组与单元数组的转换

1. 结构数组转化为单元数组

格式：C=struct2cell(S)   %将结构数组 S 转化为单元数组 C

例如，对例 3-4 中创建的结构数组 S，执行如下命令，转化为单元数组。

```
>> C=struct2cell(S)
 2×1×2 cell 数组
 C(:,:,1) =
   {'beijing' }
   {1×2 double}
 C(:,:,2) =
   {'shanghai'}
   {1×2 double}
```

```
>> C=[C(:,1),C(:,2)]
C =
  2×2 cell 数组
    {'beijing' }    {'shanghai'}
    {1×2 double}    {1×2 double}
```

2. 单元数组转化为结构数组

格式：S=cell2struct(C, fields, dim)   %将单元数组转化为结构数组

说明：利用单元数组 C 中包含的信息创建一个结构数组 S。fields 指定结构数组的字段名称；dim 指定单元数组的维度，取 1 为垂直方向维度，取 2 为水平方向维度。

【例 3-7】 现给出某学院公共课程任课教师的工作信息，包括教师姓名、教龄年限和讲授课程，如表 3-1 所示。试求：

1）创建一个单元数组 S。

2）将单元数组 S 转换为沿维度 1（课程名称）的结构数组 C1。

3）将单元数组 S 转换为沿维度 2（教龄数）的结构数组 C2。

表 3-1 公共课程任课教师教龄信息表

	10 年	20 年	30 年
高等数学	李雪明，孙佳	王凯，汪洋，程娜	孙腾飞
大学英语	王丽，孙宁	李丽美，张伟	刘丽辉
思想政治课	刘惠娜	王梅	赵勤
计算机基础	孙智胜	刘杰，姜智瀚	杨振华

1）创建单元数组。

```
>>Mathematics = {{'李雪明','孙佳'}, {'王凯','汪洋','程娜'},{'孙腾飞'}};
>>English = {{'王丽','孙宁'}, {'李丽美','张伟'}, {'刘丽辉'}};
>>Politics ={{'刘惠娜'}, {'王梅'}, {'赵勤'}};
>>Computer= {{'孙智胜'}, {'刘杰','姜智瀚'}, {'杨振华'}};
>>S = [Mathematics; English; Politics; Computer]
S =
  4×3 cell 数组
    {1×2 cell}    {1×3 cell}    {1×1 cell}
    {1×2 cell}    {1×2 cell}    {1×1 cell}
    {1×1 cell}    {1×1 cell}    {1×1 cell}
    {1×1 cell}    {1×2 cell}    {1×1 cell}
```

2）将单元数组转换为沿维度 1 的结构数组。

```
>>rowHeadings = {'Mathematics', 'English', 'Politics', 'Computer'};
>>C1 = cell2struct(S, rowHeadings, 1)
C1 =
  包含以下字段的 3×1 struct 数组:
    Mathematics
    English
    Politics
    Computer
```

3）将单元数组转换为沿维度 2 的结构数组。

```
>> colHeadings ={'TenYears','TwentyYears', 'ThirtyYears'};
>>C2 = cell2struct(S, colHeadings, 2)
C2 =
  包含以下字段的 4×1 struct 数组:
```

```
        TenYears
        TwentyYears
        ThirtyYears
```

4）显示三个时间段每门课程的教师姓名。

```
>>for k=1:3
>>   C1(k,:)
>>end
ans =
   包含以下字段的 struct:
     Mathematics: {'李雪明'  '孙佳'}
         English: {'王丽'  '孙宁'}
        Politics: {'刘惠娜'}
        Computer: {'孙智胜'}
ans =
   包含以下字段的 struct:
     Mathematics: {'王凯'  '汪明'  '程娜'}
         English: {'李丽美'  '张伟'}
        Politics: {'王梅'}
        Computer: {'刘杰'  '姜智瀚'}
ans =
   包含以下字段的 struct:
     Mathematics: {'孙腾飞'}
         English: {'刘丽辉'}
        Politics: {'赵勤'}
        Computer: {'杨振华'}
```

3.4 Map 容器

Map 本意是映射，即可将一个量映射到另一个量，如将一个字符串映射为一个数值，字符串就是 Map 的关键字（key），值就是该关键字的值（value），满足一一对应关系，用户通过键来快速寻访与其绑定的值。

3.4.1 Map 对象属性

Map 是 MATLAB 类的一个对象，可存储数值、字符、字符串、单元数组、结构数组等任何类型的数据，并具有三种属性，如表 3-2 所示。

表 3-2　Map 对象的属性

属　　性	含　　义	默认值
Count	无符号 64 位整数（范围在 $0 \sim 2^{64}-1$ 之间），表示 Map 对象中存储的 key-value 对的总数	0
KeyType	字符串，表示 Map 对象中包括的 key 的类型	char
ValueType	字符串，表示 Map 对象中包括的 value 的类型	any

3.4.2 Map 对象的创建

1. 创建 Map 对象的格式

格式：M = containers.Map(keySet,valueSet)　　%创建一个 Map 对象

说明：keySet 中每个键都映射到 valueSet 中的一个对应值，参数 keySet 和 valueSet 必须具有相同数量的元素，而 keySet 中的元素必须唯一。

格式：M = containers.Map   %先创建一个空 Map 对象，然后使用 keySet 和 valueSet

                                     %方法对其内容进行补充

【例 3-8】 创建一个 Map 对象。

```
>> keySet={'Mon','Tus','Wed','Thur','Fri'};
>> valueSet={1,2,3,4,5};
>> M1=containers.Map(keySet,valueSet)
M1 =
  Map - 属性:
        Count: 5
      KeyType: char
    ValueType: double
```

【例 3-9】 创建一个 Map 对象存储表 3-3 所示的学生安排计划表。

表 3-3 学生安排计划表

星期一	星期二	星期三	星期四	星期五
高等数学	大学英语	计算机基础	机械制图	体育锻炼

```
>> M2= containers.Map
M2 =
  Map - 属性:
        Count: 0
      KeyType: char
    ValueType: any
>> M2('星期一')='高等数学';
>> M2('星期二')='大学英语';
>> M2('星期三')='计算机基础';
>> M2('星期四')='机械制图';
>> M2('星期五')='体育锻炼';
>> M2
M2 =
  Map - 属性:
        Count: 5
      KeyType: char
    ValueType: any
```

2. 查看创建的 Map 对象

若要查看创建的 Map 对象内容，可利用 keys 函数查看 Map 对象中包含的所有键，利用 values 函数查看所有的值。例如，查看例 3-8 创建的 Map 对象只需输入如下命令：

```
>> keys(M1)
ans =
  1×5 cell 数组
    {'Fri'}    {'Mon'}    {'Thur'}    {'Tus'}    {'Wed'}
>> values(M1)
ans =
  1×5 cell 数组
    {[5]}    {[1]}    {[4]}    {[2]}    {[3]}
```

查看例 3-9 创建的 Map 对象，只需输入如下命令：

```
>> keys(M2)
ans =
  1×5 cell 数组
    {'星期一'}    {'星期三'}    {'星期二'}    {'星期五'}    {'星期四'}
>> values(M2)
```

```
ans =
  1×5 cell 数组
    {'高等数学'}    {'计算机基础'}    {'大学英语'}    {'体育锻炼'}    {'机械制图'}
```

3. 调用 Map 对象中的内容

调用创建的 Map 对象，可在 Map 名称后加上需要调用的键名。

例如，调用例 3-8 创建的 Map 对象，只需输入如下命令：

```
>> M1('Mon')
ans =
    1
```

例如，调用例 3-9 创建的 Map 对象，只需输入如下命令：

```
>> M2('星期一')
ans =
    '高等数学'
```

3.4.3 Map 对象的编辑

1. 添加 keySet/valueSet 对组

在一个 Map 对象中添加新元素时，其格式如下。

格式：existingMapObj(newKeyName) = newValue   %新键类型与其他键类型一致

例如，在例 3-8 的 Map 对象中添加键 "Sat" 和 "Sun"，其对应的值为 6 和 7，只需输入如下命令：

```
>>M1('Sat')=6
>>M1('Sun')=7
M1 =
  Map - 属性:
       Count: 7
     KeyType: char
   ValueType: double
>> keys(M1)
ans =
  1×7 cell 数组
    {'Fri'}    {'Mon'}    {'Sat'}    {'Sun'}    {'Thur'}    {'Tus'}    {'Wed'}
>> values(M1)
ans =
  1×7 cell 数组
    {[5]}    {[1]}    {[6]}    {[7]}    {[4]}    {[2]}    {[3]}
```

2. 删除 keySet/valueSet 对组

从 Map 对象中删除 keySet/valueSet 对组，使用 remove 函数来完成，其格式如下。

格式：remove(M,keySet)   %从输入 Map 对象中删除指定的键及其关联的值

例如，在例 3-8 的 Map 对象中添加键 "Sat" 和 "Sun" 之后，再删除键 "Sun" 的命令如下。

```
>> remove(M1,'Sun')
ans =
  Map - 属性:
       Count: 6
     KeyType: char
   ValueType: double
>> keys(M1)
ans =
```

```
   1×6 cell 数组
     {'Fri'}    {'Mon'}    {'Sat'}    {'Thur'}    {'Tus'}    {'Wed'}
>> values(M1)
ans =
   1×6 cell 数组
     {[5]}    {[1]}    {[6]}    {[4]}    {[2]}    {[3]}
```

3．修改键 keys

如果要在保持键值不变的情况下修改键名，就要先删除键名及其对应的值，然后加入更改后的新键名及其对应的值。例如，在例 3-9 的 Map 对象中将"体育锻炼"由"星期五"改为"星期六"，这时在命令行窗口下只需输入如下命令：

```
>> remove(M2,'星期五');
>>M2('星期六')='体育锻炼';
>> keys(M2)
ans =
   1×5 cell 数组
     {'星期一'}    {'星期三'}    {'星期二'}    {'星期六'}    {'星期四'}
>> values(M2)
ans =
   1×5 cell 数组
     {'高等数学'}    {'计算机基础'}    {'大学英语'}    {'体育锻炼'}    {'机械制图'}
```

4．修改值 values

保留键名，修改键值，直接对需要更改的键值修改即可。

例如，继续将例 3-9 的 Map 对象中"星期三"对应的"计算机基础"改为"C 语言"，这时在命令行窗口下只需输入如下命令：

```
>>M2('星期三')='C 语言';
>>keys(M2)
ans =
   1×5 cell 数组
     {'星期一'}    {'星期三'}    {'星期二'}    {'星期六'}    {'星期四'}
>>values(M2)
ans =
   1×5 cell 数组
     {'高等数学'}    {'C 语言'}    {'大学英语'}    {'体育锻炼'}    {'机械制图'}
```

3.5 表数组

表数组用于存储列向数据或表格数据。例如，存储文本文件或电子表格中的列，是将每一列数据存储在一个变量中。表变量具有不同的数据类型和大小，所有变量具有相同的行数。表变量可以是名称，类似结构数组的字段名称。

3.5.1 表数组的创建

使用 table 函数并利用现有的电子表格变量来创建一个表。

格式：T = table(var1,...,varN)   %利用变量 var1,…,varN 创建表，变量的大小和
                                        %数据类型可以不同，但所有变量的行数必须相同

    T = table(___,'RowNames',rowNames)   %指定输出表中每行的名称

【例 3-10】 创建使用工作区变量名称作为表变量名称的个人信息表。

```
>>Name = {'张天岐';'李光';'王大勇';'赵一狄';'杨娜'};
>>Age = [28;36;38;42;37];
>>Height = [176;163;182;156;162];      %身高 cm
>>Weight = [72;68;76;52;56];           %体重 kg
>>T = table(Name,Age,Height,Weight)
T =
  5×4 table
      Name        Age     Height     Weight

    {'张天岐'}     28       176        72
    {'李光' }      36       163        68
    {'王大勇'}     38       182        76
    {'赵一狄'}     42       156        52
    {'杨娜' }      37       162        56
```

【例 3-11】 利用例 3-10 中变量创建指定表的行名称的个人信息表。

```
>>Name = {'张天岐';'李光';'王大勇';'赵一狄';'杨娜'};
>>Age = [28;36;38;42;37];
>>Height = [176;163;182;156;162];      %身高 cm
>>Weight = [72;68;76;52;56];           %体重 kg
>> T2 = table(Age,Weight,Height,'RowNames',Name)
T2 =
  5×3 table
            Age     Weight     Height

    张天岐     28       72        176
    李光      36       68        163
    王大勇     38       76        182
    赵一狄     42       52        156
    杨娜      37       56        162
```

3.5.2 表数组的访问与添加

1. 以矩阵形式访问所有表数据

使用表的第二个维度的名称，默认名称是 Variables，以矩阵形式访问表中的所有数据。

【例 3-12】 创建一个变量只包含数值型数据的表，并将数值使用矩阵表示。

```
>> Age = [28;36;38;42;37];
>> Height = [176;163;182;156;162];      %身高 cm
>> Weight = [72;68;76;52;56];           %体重 kg
>> T3 = table(Age,Weight,Height)
T3 =
  5×3 table
    Age     Weight     Height

    28       72        176
    36       68        163
    38       76        182
    42       52        156
    37       56        162
```

由于第二个维度的默认名称是 Variables，所以使用如下命令可访问表中数据：

```
>> T3.Variables
ans =
    28    72   176
    36    68   163
```

```
     38      76     182
     42      52     156
     37      56     162
```

或直接对例 3-11 创建的表 T2，使用第二个维度名称，也可访问表中数据。

```
>> T2.Variables
ans =
     28      72     176
     36      68     163
     38      76     182
     42      52     156
     37      56     162
```

2. 工作区变量名称作为表变量名称的访问与添加

使用工作区变量名称作为表变量名称的表数组，只需使用圆点语法来访问或添加表变量。例如，在例 3-10 创建的个人信息表中，使用 T.Height 的值计算平均身高，并添加性别一列。

```
>> meanHeight = mean(T.Height)
meanHeight =
  167.8000
>> T.SEX={'男';'男';'男';'女';'女'}
T =
  5×5 table
    Name        Age     Height    Weight     SEX

   {'张天岐'}     28      176       72      {'男'}
   {'李光' }      36      163       68      {'男'}
   {'王大勇'}     38      182       76      {'男'}
   {'赵一狄'}     42      156       52      {'女'}
   {'杨娜' }      37      162       56      {'女'}
```

3. 指定表的行名称的访问与添加

使用指定表的行名称对表数组进行访问。例如，在例 3-11 中可按名称对 T2 的行进行访问。

```
>> T2('王大勇',:)
ans =
  1×3 table
          Age     Weight    Height

   王大勇    38       76       182
```

若要指定多行，使用单元数组进行访问。

```
>> T2({'张天岐','赵一狄'},:)
ans =
  2×3 table
          Age     Weight    Height

   张天岐    28       72       176
   赵一狄    42       52       156
```

使用 T2.Row 在单元数组形式下访问 T2 的所有行名称，默认情况下 Row 是表的第一个维度的名称。

```
>> T2.Row
ans =
  5×1 cell 数组
    {'张天岐'}
```

```
        {'李光'  }
        {'王大勇'}
        {'赵一狄'}
        {'杨娜'  }
```

同样对指定表的行名称的表数组，可使用圆点语法来添加变量。

```
>> T2.SEX={'男';'男';'男';'女';'女'}
T2 =
  5×4 table
             Age     Weight     Height     SEX

    张天岐     28       72        176      {'男'}
    李光       36       68        163      {'男'}
    王大勇     38       76        182      {'男'}
    赵一狄     42       52        156      {'女'}
    杨娜       37       56        162      {'女'}
```

3.5.3 分类数组

分类数组可用来有效存储并处理非数值数据，同时还为数值赋予有意义的名称。分类数组通过指定构成表的各组行来创建。

格式：B=categorical(A)　　%由数组 A 创建分类数组，B 的类别是 A 的唯一值且经过排序

　　　B=categorical(A,valueset)　　　%给 valueset 中每个值创建一个类别，其中可含有 A 中
　　　　　　　　　　　　　　　　　　%不存在的值

　　　B=categorical(A,valueset,catnames)　　%创建由 valueset 类别值与 catnames 名称
　　　　　　　　　　　　　　　　　　　　　%匹配并指定类别名称的分类数组

　　　B = categorical(A,___,Name,Value)　　%指定一个或多个 Name/Value 对组参数
　　　　　　　　　　　　　　　　　　　　　%选项来创建分类数组

【例 3-13】 创建一个分类数组，并生成表数组。

1）先创建温度、日期和气象站标签的数组。

```
>>Temps = [32; 30; 26; 31; 29];
>>Dates = {'2020-07-15';'2020-06-18';'2020-05-30';'2020-07-01';'2020-06-21'};
>>Stations = {'气象站1';'气象站2';'气象站1';'气象站3';'气象站2'};
```

2）将 Stations 转换为分类数组。

```
>>Stations = categorical(Stations)
Stations =
  5×1 categorical 数组
     气象站1
     气象站2
     气象站1
     气象站3
     气象站2
```

3）创建温度、日期和气象站标签的表。

```
>>T = table(Temps,Dates,Stations)
T =
  5×3 table
    Temps        Dates          Stations


     32      {'2020-07-15'}      气象站1
```

```
30      {'2020-06-18'}      气象站 2
26      {'2020-05-30'}      气象站 1
31      {'2020-07-01'}      气象站 3
29      {'2020-06-21'}      气象站 2
```

【例 3-14】 将数组转换为分类数组并指定类别名称。

```
>>A = [1 2 3; 2 3 1; 3 1 2];
>>B = categorical(A,[1 2 3],{'红色' '绿色' '蓝色'})
B =
  3×3 categorical 数组
     红色      绿色      蓝色
     绿色      蓝色      红色
     蓝色      红色      绿色
```

3.6 综合实例

单元数组和结构数组具有类似数据库的功能，因此本章综合实例将建立一个学生班级档案数组。由于对字符串也可以进行查找和计算长度，所以这里给出一个计算转移概率的方法，进行一些市场预测。

3.6.1 建立学生班级档案数组

【例 3-15】 现给出某学院机械班第一学期考试课程的任课教师和学生信息，如表 3-4 和表 3-5 所示。

表 3-4 机械班学生信息

学号（number）	姓名（name）	学习课程（course）	成绩（score）
20110103001	赵凯	高等数学，大学英语，计算机基础，机械制图	86 80 92 79
20110103002	王菲	高等数学，大学英语，计算机基础，机械制图	78 85 90 82
20110103003	刘洋	高等数学，大学英语，计算机基础，机械制图	88 80 95 90

表 3-5 机械班任课教师信息

姓名（name）	孙天宇	刘梅芳	王海涛	杨一凡
开设课程（course）	高等数学	大学英语	计算机基础	机械制图

试求：建立任课教师和学生的结构数组 teacher 和 student；以建立的结构数组 teacher 和 student 为基础，再创建班级的单元数组，并显示教师和学生的信息。

解题过程如下。

（1）创建学生结构数组

```
clear
student(1).number='20110103001';
student(1).name='赵凯';
student(1).course={'高等数学','大学英语','计算机基础','机械制图'};
student(1).score=[86 80 92 79];
student(2).number='20110103002';
student(2).name='王菲';
student(2).course={'高等数学','大学英语','计算机基础','机械制图'};
student(2).score=[78 85 90 82];
student(3).number='20110103003';
```

```
student(3).name='刘洋';
student(3).course={'高等数学','大学英语','计算机基础','机械制图'};
student(3).score=[88 80 95 90];
```

（2）创建教师结构数组

```
teacher(1).name='孙天宇';
teacher(1).course='高等数学';
teacher(2).name='刘梅芳';
teacher(2).course='大学英语';
teacher(3).name='王海涛';
teacher(3).course='计算机基础';
teacher(4).name='杨一凡';
teacher(4).course='机械制图';
```

（3）创建班级单元数组

```
class=cell(1,2);
class{1,1}=student;
class{1,2}=teacher;
```

（4）显示单元数组结构

```
celldisp(class)
```

运行结果如下：

```
class{1} =
    1x3 struct array with fields:
    number
    name
    course
    score
class{2} =
    1x4 struct array with fields:
    name
    course
```

（5）查询第一个学生信息

```
class{1}(1).name          %查询第一个学生的姓名
class{1}(1).course        %查询第一个学生学习课程
class{1}(1).score         %查询第一个学生成绩
class{2}.name             %查询开课教师姓名
```

运行结果如下：

```
ans =
    赵凯
ans =
    '高等数学'      '大学英语'      '计算机基础'      '机械制图'
ans =
    86    80    92    79
ans =
    孙天宇
ans =
    刘梅芳
ans =
    王涛
ans =
    杨一凡
```

3.6.2 股票价格走势预测

3.6.2

在股票市场中,人们通常关注股票的价格,并将当日的价格与前一日价格比较,看是升高还是降低,进而预测下一个交易日价格的变化。

【例 3-16】 某人打算购买股票,选定某一只股票并观察其价格变动情况,然后进行记录。若当日收盘价格高于上一日的收盘价格,记为 1,表示上升;否则记为 0,表示下降。连续观察该种股票 69 天,得如下数据。

```
100101000110100001110011000110100011 0011
0001011001010100110110 00010110
```

试问:

1)该股票今日上升,明日还上升的概率。

2)该股票今日上升,明日下降的概率。

3)该股票今日下降,明日上升的概率。

4)该股票今日下降,明日还下降的概率。

求解本题的 MATLAB 程序如下。

(1)将观测数据表示为字符串向量形式

```
A='100101000110100001110011000110100011 0011'
B='0001011001010100110110 00010110'
C=[A B]                           %C 为本题给的全部数据(字符串)
```

(2)查找字符串,再求其出现的次数

```
N00=length(strfind (C,'00'))      %今天下降明天还下降出现的次数
N01=length(strfind (C,'01'))      %今天下降明天上升出现的次数
N10=length(strfind (C,'10'))      %今天上升明天下降出现的次数
N11=length(strfind (C,'11'))      %今天上升明天还上升出现的次数
```

(3)所求概率使用频数来估计

```
p00=N00/(N00+N01)
p01=N01/(N00+N01)
p10=N10/(N10+N11)
p11=N11/(N10+N11)
```

运行结果如下:

```
N00 =
    18
N01 =
    19
N10 =
    20
N11 =
    11
p00 =
    0.4865
p01 =
    0.5135
p10 =
    0.6452
p11 =
    0.3548
```

故该股票今日上升，明日还上升的概率为 0.3548；今日上升，明日下降的概率为 0.6452；今日下降，明日上升的概率为 0.5135；今日下降，明日还下降的概率为 0.4865。

可以继续对下一个交易日股票升降进行预测。

实际上，所求出的四个概率组成的矩阵即是一步转移概率矩阵：

$$P = \begin{pmatrix} 0.4865 & 0.5135 \\ 0.6452 & 0.3548 \end{pmatrix}$$

由于观察到的最后一个数据是 0，表示下降，以这一个交易日为起点，初始分布可表示为 $P0=(1, 0)$，根据随机过程马氏链基本理论，可知下一个交易日的概率分布为

$$P1=P0*P=(1, \ 0) \begin{pmatrix} 0.4865 & 0.5135 \\ 0.6452 & 0.3548 \end{pmatrix}=(0.4865, \ 0.5135)$$

由此可知，下一个交易日的股票价格是上升的。

3.7 思考与练习

1. 单元数组与结构数组常用来存储哪种类型的数据？
2. 如何访问单元数组和结构数组中存储的数据，说明单元数组大括号和圆括号的区别。
3. 创建一个名为 S，内容为 "matlab programming for engineers." 的字符串，并查找字符串 S 中字母 "g" 出现的位置及出现的次数。
4. 创建一个大小为 2×2 的单元数组，其元素分别为：字符向量（'Sun Yang', 'Liu Wen'）、字符串数组转换字符向量（char("2020"), char("2021")）、数值矩阵（[85 89 90;80 87 88]）和单元数组（'Maths', 'English', 'Matlab'）。
5. 创建一个数组名为 student 结构数组，其内容如表 3-6 所示。

表 3-6 学生档案

ID	Name	Age	Sex	Score
3001	zhao	20	F	90
3002	wang	21	M	86
3003	yang	18	F	88
3004	liu	19	F	80

6. 利用表 3-6 给出的数据，创建一个数组表。要求：使用全部变量名称作为表变量名称；指定表的行名称。

第4章 符 号 计 算

MATLAB 为符号计算提供了一种引入符号对象的数学运算工具箱，包含函数的极限、导数、积分、泰勒展开式、级数求和，及求解代数方程和微分方程等函数命令。其运算推理以解析的形式进行，与数学的演算结果一致。计算指令的调用也比较简单，基本上与数学函数表示法相同。有了符号运算后，MATLAB 几乎可以解决一切常见的数学问题。本章给出符号对象的创建及 MATLAB 符号运算在微积分中的应用。

本章重点
- 符号对象的创建
- 符号极限
- 符号导数
- 符号积分
- 方程求解
- 级数求和

4.1 符号对象的创建

MATLAB 数值运算的对象是数值，而符号运算的对象则是非数值的符号对象，即非数值的符号字符串。对所有包含字母变量的函数、表达式及矩阵等进行计算，都需要先定义符号对象，再对其进行相应的运算处理。

在 MATLAB 程序中，符号对象一般包括符号常量、符号变量、符号矩阵和符号表达式，可使用函数命令 sym、syms 对符号对象加以规定和创建。

格式：x=sym('x')　　　　　　　%创建一个符号变量 x
A = sym('a',[n1,...,nM])　　　%创建一个自动生成元素的 n1×···×nM 阶的符号矩阵
A = sym('a',n)　　　　　　　%创建一个自动生成元素的 n 阶符号方阵
sym(num)　　　　　　　　　%将数字或数字矩阵转换为符号数字或符号矩阵
sym(strnum)　　　　　　　　%将字符向量或字符串数组转换为精确的符号数字
syms x y z　　　　　　　　　%创建多个符号变量，建立符号表达式

【例4-1】 sym 创建法举例。

```
>> A = sym('a',[1 5])
A =
    [ a1, a2, a3, a4, a5]
>> B = sym('a',3)
B =
    [ a1_1, a1_2, a1_3]
    [ a2_1, a2_2, a2_3]
    [ a3_1, a3_2, a3_3]
>> C= sqrt(sym(3))
C =
```

```
      3^(1/2)
>> D = exp(sym(pi))
D=
      exp(pi)
>> num=1:6;
>> E=sym(num)
E =
  [ 1, 2, 3, 4, 5, 6]
>> F= sym(111111111111111111111)
F =
   111111111111111110656
>> S= sym('111111111111111111111')
S =
   111111111111111111111
```

当创建具有 15 位或更多位数的符号数时，使用字符向量来准确地表示数字。

【例 4-2】 syms 创建法举例。

```
>> syms a b c d
>> A=[a b; c d]
A =
    [ a,  b]
    [ c,  d]
>> syms x y
>> B=x^2-2*y+1
B =
    x^2 - 2*y + 1
```

4.2 符号极限

在 MATLAB 中，可使用函数 limit 来求表达式的极限。

格式： limit(f,x,a)　　　%当 x→a 时，计算符号表达式 f=f(x)的极限值

limit(f,a)　　　　%可使用命令 symvar(f)确定 f 中的自变量，设为变量 x，再计算
　　　　　　　　%f 的极限值，当 x→a 时

limit(f)　　　　　%可使用命令 symvar(f)确定 f 中的自变量，设为变量 x，再计算
　　　　　　　　%f 的极限值，当 x→0 时

limit(f,x,a,'right')　%当 x→a⁺时，计算符号函数 f 的右极限

limit(f,x,a,'left')　%当 x→a⁻时，计算符号函数 f 的左极限

【例 4-3】 求极限 $\lim\limits_{x\to 0}\dfrac{\sqrt[n]{1+x}-1}{x}$。

```
>> syms x n
>> limit(((1+x)^(1/n)-1)/x)
ans =
    1/n
```

【例 4-4】 求极限 $\lim\limits_{h\to 0}\dfrac{\ln(x+h)-\ln x}{h}$。

```
>> syms x h
>>L=limit((log(x+h)-log(x))/h,h,0)
L =
    1/x
```

【例 4-5】 求函数 $y = \dfrac{\cos 2x}{\sqrt{1-\sin 2x}}$ 在 $x = \dfrac{\pi}{4}$ 时的左极限和右极限。

```
>> syms x
>> y=cos(2*x)/sqrt(1-sin(2*x));
>> L=limit(y,x,pi/4,'left')
L=
    2^(1/2)
>> R=limit(y,x,pi/4,'right')
R =
    -2^(1/2)
```

【例 4-6】 求极限 $\lim\limits_{n \to \infty}\left(1+\dfrac{1}{n+1}\right)^{\frac{n}{2}}$。

```
>> syms n
>> L=limit((1+1/(n+1))^(n/2),n,inf)
L =
    exp(1/2)
```

4.3 符号导数

当创建了符号表达式后，就可以利用函数 diff 进行导数运算。

格式：diff(f,'x')   %计算表达式 f 中指定符号变量 x 的 1 阶导数

diff(f,'x',n)   %计算表达式 f 中指定符号变量 x 的 n 阶导数

diff(f)   %计算表达式 f 中符号变量 x 的 1 阶导数，其中 x= symvar(f,1)

diff(f,n)   %计算表达式 f 中符号变量 x 的 n 阶导数，其中 x= symvar(f,1)

若要计算函数 f 在某一点 a 的导数，只需将上述求导结果中变量 x 代入数值 a，再使用函数 eval 即可。

【例 4-7】 已知 $y = x^3 + x^2 + x + 1$，求 $\dfrac{\mathrm{d}y}{\mathrm{d}x}$，$\dfrac{\mathrm{d}y}{\mathrm{d}x}\big|_{x=1}$ 和 $\dfrac{\mathrm{d}^4 y}{\mathrm{d}x^4}$。

```
>>syms x
>> y=x^3+x^2+x+1
>> D1=diff(y)
D1=
    3*x^2+2*x+1
>> x=1
>>D2=eval(D1)
D2=
    6
>> D3=diff(y,4)
D3 =
    0
```

【例 4-8】 已知 $f(x,y) = y^2 \sin x + 1$，求 $\dfrac{\partial f}{\partial x}$，$\dfrac{\partial f}{\partial y}$，$\dfrac{\partial^2 f}{\partial x^2}$ 和 $\dfrac{\partial^2 f}{\partial y^2}$。

```
>>syms x y
>> D1=diff(y^2*sin(x)+1)            %对主符号变量 x 求 1 阶导数
D1 =
    y^2*cos(x)
>> D2=diff(y^2*sin(x)+1,'y')        %对符号变量 y 求 1 阶导数
```

```
D2 =
    2*y*sin(x)
>> D3=diff(y^2*sin(x)+1,2)        %对主符号变量 x 求 2 阶导数
D3 =
    -y^2*sin(x)
>> D4=diff(y^2*sin(x)+1,'y',2)    %对符号变量 y 求 2 阶导数
D4 =
    2*sin(x)
```

4.4　符号积分

可使用函数 int 求符号表达式的积分，也可使用函数 quad 计算数值积分。

格式：R=int(f,x)　　　　%计算符号表达式 f 中指定符号变量 x 的不定积分，只求函数
　　　　　　　　　　　　%f 的一个原函数，后面没加任意常数 C

　　　R=int(f)　　　　　%计算符号表达式 f 中符号变量 x 不定积分，其中 x= symvar(f,1)

　　　R=int(f,x,a,b)　　%计算符号表达式 f 中指定符号变量 x 从 a 到 b 的定积分

　　　R=int(f,a,b)　　　%计算符号表达式 f 中符号变量 x 从 a 到 b 的定积分，其中
　　　　　　　　　　　　% x= symvar(f,1)

　　　R= int(___,Name,Value)　　%使用一个或多个名称/值对组参数，计算积分
　　　　　　　　　　　　　　　　%的柯西主值时将其设置为'PrincipalValue'/true

　　　R=quad('f', a,b)　　%计算函数表达式 f 中指定变量 x 从 a 到 b 的数值积分

多重积分可以对被积函数采用累次单变量积分来实现。若 Z 是 x、y 的函数，积分限分别为[xa,xb]
和[ya,yb]，则先对 x 后对 y 的二次积分为

```
S=int(int(Z,x,xa,xb),y,ya,yb)
```

【例 4-9】　计算不定积分 $\int \ln x \, \mathrm{d}x$。

```
>>syms x
>> R1=int(log(x))
R1=
    x*(log(x) - 1)
```

①注意

不定积分显示的结果省略常数项。

【例 4-10】　计算定积分 $\int_0^1 x \, \mathrm{e}^x \mathrm{d}x$ 的值。

```
>>syms x
>> R=int(x*exp(x),x,0,1)
R =
    1
```

【例 4-11】　计算变限积分 $\int_{\sin t}^1 \sqrt{x} \mathrm{d}x$ 的值。

```
>>syms x t;
>> R=int(sqrt(x), sin(t), 1)
R =
```

```
2/3 - (2*sin(t)^(3/2))/3
```

【例 4-12】 计算数值积分 $\int_0^1 x\ln(1+x)\mathrm{d}x$ 。

```
>>quad('x.*log(1+x)',0,1)
ans =
    0.2500
```

若使用 int 命令，则有

```
>> syms x
>> int(x.*log(1+x),0,1)
 ans =
    1/4
```

数值积分 quad 显示的是近似数值，而 int 显示的是有理分式。

【例 4-13】 计算广义积分 $I_1 = \int_{-\infty}^{+\infty} \mathrm{e}^{-x^2}\mathrm{d}x$ 的值，及积分 $I_2 = \int_0^1 \mathrm{e}^{-x^2}\mathrm{d}x$ 的近似值。

```
>> syms x
>> I1=int(exp(-x*x),x,-inf,inf)
I1=
    pi^(1/2)
>>I2=int(exp(-x*x),x,0,1)
I2=
    (pi^(1/2)*erf(1))/2
>> vpa(I2)
ans =
    0.74682413281242702539946743613185
>>vpa(I2,8)
ans =
    0.74682413
```

注意

$\mathrm{erf}(x) = \dfrac{2}{\sqrt{\pi}} \int_0^x \mathrm{e}^{-t^2} \mathrm{d}t$ ；

vpa 是变量的计算精度，简单说是控制变量计算结果的显示位数。

【例 4-14】 计算二次积分 $S = \int_0^1 \left[\int_0^1 \mathrm{e}^{-(x^2+y^2)}\mathrm{d}x \right]\mathrm{d}y$ 。

```
>>syms x y
>> S=int(int(exp(-x^2-y^2),x,0,1),y,0,1)
S =
    (pi*erf(1)^2)/4
>> vpa(S,6)
ans =
    0.557746
```

【例 4-15】 求椭圆 $\dfrac{x^2}{a^2} + \dfrac{y^2}{b^2} = 1$ 的面积。

只需计算积分 $S = 4\int_0^a \dfrac{b}{a}\sqrt{a^2-x^2}\mathrm{d}x$ 即可。

```
>> syms a b x
```

```
>> S=4*int(b/a*sqrt(a^2-x^2),x,0,a)
S =
    pi*a*b
```

【例 4-16】 求由两个圆柱面 $x^2 + y^2 = R^2$， $x^2 + z^2 = R^2$ 所围成的立体的体积。

只需将所求体积问题表示成二重积分： $V = 8\iint\limits_{D} \sqrt{R^2 - x^2}\,\mathrm{d}\sigma$， $D: 0 \leqslant x \leqslant R$， $0 \leqslant y \leqslant \sqrt{R^2 - x^2}$，

再转化为二次积分为 $\int_0^R \left[\int_0^{\sqrt{R^2 - x^2}} \sqrt{R^2 - x^2}\,\mathrm{d}y \right] \mathrm{d}x$ 。

```
>> syms x y R
>> V=8*int(int(sqrt(R^2-x^2),y,0,sqrt(R^2-x^2)),x,0,R)
V =
    (16*R^3)/3
```

【例 4-17】 计算函数 $f(x) = \dfrac{1}{1-x}$ 在区间[0,2]上的积分（$x=1$ 为奇异点）。

```
>> syms x
>>f(x) = 1./(x-1);
>>R = int(f,[0 2])
R =
    NaN
```

使用函数 poles 求函数式的奇异点，再求积分的柯西主值。

```
>> poles(f(x),x,0,2)
ans =
    1
>> F = int(f,[0 2],'PrincipalValue',true)
F =
    0
```

由于$x=1$是奇异点，函数$f(x)$为无穷大，所以在[0,2]上的定积分是不存在的（NaN），但积分的Cauchy主值是存在的，值为0。

4.5 符号级数

符号工具箱提供了将函数展开为泰勒级数或将级数进行求和的命令。

1. 泰勒级数

格式： T=taylor(f)　　　　%返回符号表达式 f 中符号变量 x=0 的 5 阶 Maclaurin 多项式
　　　　　　　　　　　　　%其中 x= symvar(f,1)
　　　　 T=taylor(f,x)　　　%返回符号表达式 f 中指定符号变量 x=0 的 5 阶的 Maclaurin
　　　　　　　　　　　　　%多项式
　　　　 T=taylor(f,x,a)　　%返回符号表达式 f 中指定符号变量 x=a 点的 5 阶的 Taylor
　　　　　　　　　　　　　%级数
　　　　 T = taylor(___,Name,Value)　%使用一个或多个名称/值对组参数

说明：Name/Value 可以选择：'ExpansionPoint'（展开点为一个数值，或一个向量）；'Order'（阶数 n，表示展开成 $n-1$ 阶泰勒级数，默认值 $n=6$）；'OrderMode'[阶数模式，可选'Relative' 或'Absolute'（默认值）]。

【例 4-18】 将函数 $y = \sin x$ 展开成 x 的幂级数。

```
>>syms x
>>T1= taylor(sin(x))
T1=
    x^5/120 - x^3/6 + x
```

阶数 n 默认值为6，展开成变量 x 的 5 阶 Maclaurin 多项式，其结果等同于：

```
>> taylor(sin(x),'Order',6)
 ans =
   x^5/120 - x^3/6 + x
```

另外，此函数在 $x=\pi/2$ 处的泰勒展开式可利用如下命令。

```
>> taylor(sin(x),x,pi/2)
>> taylor(sin(x),x,pi/2,'Order',6)
>>taylor(sin(x),x,'ExpansionPoint',pi/2,'Order',6)
```

运行结果都为。

```
ans =
    (pi/2 - x)^4/24 - (pi/2 - x)^2/2 + 1
```

【例 4-19】 将函数 $y = (x+1)\mathrm{e}^x$ 展开成 4 阶 Maclaurin 多项式。

```
>>syms x
>>T2=taylor((x+1)*exp(x),'Order',5)
T2 =
    (5*x^4)/24 + (2*x^3)/3 + (3*x^2)/2 + 2*x + 1
```

【例 4-20】 将函数 $y = \dfrac{1}{1+x^2}$ 分别在 $x = 0$，$x = 1$ 处展开成 6 阶幂级数。

```
>> T3=taylor(1/(1+x^2),'Order',7)
 T3 =
   - x^6 + x^4 - x^2 + 1
>> T4=taylor(1/(1+x^2),x,1,'Order',7)
T4 =
    (x - 1)^2/4 - x/2 - (x - 1)^4/8 + (x - 1)^5/8 - (x - 1)^6/16 + 1
```

2. 级数和

格式：S=symsum(f)　　　　　%对符号表达式 f 中的符号变量 k（由命令 symvar(f)确定的）
　　　　　　　　　　　　　%从 0 到 k-1 求级数和

　　　S=symsum(f,x)　　　　%对符号表达式 f 中指定的符号变量 x 从 0 到 k-1 求级数和

　　　S=symsum(f,a,b)　　　%对符号表达式 f 中的符号变量 k（由命令 symvar(f)确定的）
　　　　　　　　　　　　　%从 a 到 b 求级数和

　　　S=symsum(f,x,a,b)　　%对符号表达式 f 中指定的符号变量 x 从 a 到 b 求级数和

【例 4-21】 求有限项和 $\displaystyle\sum_{k=1}^{100} k^2$ 的值。

```
>>syms k
>> S=symsum(k^2,1,100)
 S =
    338350
```

求和的项数是默认值，表示从 0 到 k-1 求和，观察下面命令显示结果：

```
>>syms k
>> S1=symsum(k^2)
```

```
>> S2=symsum(k^2,0,k-1)
>> S3=expand(S2)
```

显示结果为:

```
S1 =
    k^3/3 - k^2/2 + k/6
S2 =
    (k*(2*k - 1)*(k - 1))/6
S3 =
    k^3/3 - k^2/2 + k/6
```

【例 4-22】 求无穷级数 $\displaystyle\sum_{k=0}^{\infty} \dfrac{x^k}{k!}$ 的和。

```
>>syms k
>> S= symsum(x^k/factorial(k),k,0,Inf)
S =
    exp(x)
```

$k!$在较早版本中使用 sym(k!)来表示,新版本中使用 factorial(k)。

【例 4-23】 求无穷级数 $1-\dfrac{1}{2}+\dfrac{1}{3}-\dfrac{1}{4}+\cdots+\dfrac{(-1)^{n+1}}{n}+\cdots$ 的和。

```
>> syms n
>>S=symsum((-1)^(n+1)/n,1,inf)
S =
    log(2)
>> eval(S)                    %转换为数值
ans =
    0.6931
```

4.6 代数方程的符号解

　　一般代数方程包括线性、非线性和超越方程等,求解函数是 solve。当方程组不存在符号解时,若又无其他自由参数,则函数 solve 可给出数值解。

　　格式: X=solve(eq)　　　　　　　　% eq 是方程的符号表达式
　　　　　X=solve(eq,var)　　　　　　% 指定变量 var 的方程
　　　　　X=solve(eq,var,Name,Value)　%使用一个或多个名称/值对组参数
　　　　　S=solve(eqs, vars)　　　　　%对方程组求解,返回值 S 是解的结构对象
　　　　　[x1,x2,…,xn]= solve(eqs, vars)　%返回解的具体值 x1, x2, …, xn
　　说明:函数 solve 能求解一般的线性、非线性或超越代数方程。对于单个的方程或方程组,若不存在符号解,则返回方程(组)的数值解。

　　【例 4-24】 求二次方程 $ax^2+bx+c=0$ 的两个根。

```
>> syms a b c x
>>eq = a*x^2 + b*x + c == 0
eq =
a*x^2 + b*x + c == 0
>> X1 = solve(eq)
X1 =
-(b + (b^2 - 4*a*c)^(1/2))/(2*a)
 -(b - (b^2 - 4*a*c)^(1/2))/(2*a)
```

若指定变量，则把此变量当作未知数，其他量当常数，例如：

```
>>X2=solve(eq,b)
X2 =
    -(a*x^2+c)/x
```

【例 4-25】 求线性方程组 $\begin{cases} 5x+2y=10 \\ 3x-4y=5 \end{cases}$ 的解。

```
>> syms x y
>> eqs=[5*x+2*y==10, 3*x-4*y==5]
eqs =
[ 5*x + 2*y == 10, 3*x - 4*y == 5]
>> S = solve(eqs,[x y])
S =
  包含以下字段的 struct:
    x: [1×1 sym]
    y: [1×1 sym]
```

上述显示的是解的结构，若要查看 x、y 的值，只需输入如下命令：

```
>> S.x
ans =
    25/13
>> S.y
ans =
    5/26
```

也可使用下述格式直接显示解的值。

```
>> [x,y]= solve(eqs,[x y])
x =
    25/13
y =
    5/26
```

【例 4-26】 求方程组 $\begin{cases} x^2+2x=-1 \\ x+3z=4 \\ yz=-1 \end{cases}$ 的解。

```
>> syms x y z
>> eqs=[x^2+2*x==-1, x+3*z==4,y*z==-1]
>> S = solve(eqs,[x y z])
S =
  包含以下字段的 struct:
    x: [1×1 sym]
    y: [1×1 sym]
    z: [1×1 sym]
>>[x y z] = solve(eqs,[x y z])
x =
    -1
y =
    -3/5
z =
    5/3
```

【例 4-27】 求三次方程 $x^3=27$ 的实根。

```
>>syms x
>> eqn = x^3==27;
```

```
>> S = solve(eqn,x)
S =
                          3
     - (3^(1/2)*3i)/2 - 3/2
       (3^(1/2)*3i)/2 - 3/2
>> S = solve(eqn,x,'Real',true)
S =
     3
```

对单变量非线性方程求解也可使用函数 fzero 命令，是求局部解。

格式：z=fzero('f',x0)   %函数可能有多个根，只求出离 x0 最近的那个根

【例 4-28】 求 $f(x) = e^{-x} - x + 1 = 0$ 在 $x_0 = 0$ 附近的根。

```
>> z=fzero('exp(-x)-x+1',0)
z =
    1.2785
```

4.7　常微分方程的符号解

函数 dsolve 用来求常微分方程的符号解。

格式：S = dsolve(eqn)   %给定一个符号方程 eqn，求解微分方程

　　　 S = dsolve(eqn,cond)   %给定边界条件 cond，求解微分方程

　　　 S = dsolve(___,Name,Value)   %使用一个或多个名称/值对组参数

　　　 [y1,...,yN] = dsolve(___)   %将微分方程的解赋给变量 y1，…，yN

说明：现使用 diff(y,x)表示一阶导数 dy/dx，diff(y,x,2)表示二阶导数 d^2y/dx^2，而较早版本使用微分算子 D：D=d/dx，D2=d2/dx2，其中 D、D2 后面的字母表示因变量，即待求解的未知数。初始和边界条件由字符串表示：y(a)=b，Dy(c)=d，D2y(e)=f。

【例 4-29】 求微分方程 $\dfrac{dy}{dt} = ay$ 的通解，并求出边界条件为 $y(0)=6$ 的特解。

```
>> syms y(t)  a
>>eqn = diff(y,t) == a*y;
>>S = dsolve(eqn)
S =
    C1*exp(a*t)
>> cond = y(0) == 6;
>> T= dsolve(eqn,cond)
T =
    6*exp(a*t)
```

【例 4-30】 求微分方程 $\begin{cases} y'' + 2y' = x^2 \\ y(0) = 1, y'(0) = 0 \end{cases}$ 的解。

```
>> syms y(x)
>>eqn = diff(y,x,2) +2*diff(y,x)== x^2;
>>cond = [y(0)==1, Dy(0)==0];
>>T= dsolve(eqn,cond)
T =
    x/4 + exp(-2*x)/8 - x^2/4 + x^3/6 + 7/8
```

【例 4-31】 求微分方程 $xy'' - 3y' = x^2$，在 $y(1) = 0$，$y(5) = 0$ 两点的边值解。

```
>> syms y(x)
>>eqn =x* diff(y,x,2) -3*diff(y,x)== x^2;
```

```
>>cond = [y(1)==0, y(5)==0];
>>T= dsolve(eqn,cond)
T =
      (31*x^4)/468 - x^3/3 + 125/468
```

注意

求两个初始条件都不含导数的边值解。

【例 4-32】 求微分方程 $\begin{cases} \dfrac{\mathrm{d}x}{\mathrm{d}t} = -y \\ \dfrac{\mathrm{d}y}{\mathrm{d}t} = x \end{cases}$ 的通解。

```
>>syms  x(t)  y(t)
>>eqns = [diff(x,t)==-y,diff(y,t)==x];
>> [x(t),y(t)] = dsolve(eqns)
x(t) =
    - C2*cos(t) - C1*sin(t)
y(t) =
    C1*cos(t) - C2*sin(t)
```

如果函数 dsolve 无法解析地找到微分方程的显式解，则返回一个空符号数组，这时可使用数值求解器（如 ode45）来求解微分方程。

【例 4-33】 求微分方程 $\dfrac{\mathrm{d}y}{\mathrm{d}x} = \dfrac{x - \mathrm{e}^{-x}}{y + \mathrm{e}^{y}}$ 的解。

```
>> syms y(x)
eqn = diff(y) == (x-exp(-x))/(y+exp(y));
S = dsolve(eqn)
警告: Unable to find symbolic solution.
S =
    [ empty sym ]
```

将"implicit"选项指定为 true 来寻找微分方程的隐式解。

```
>> S = dsolve(eqn,'Implicit',true)
S =
    exp(y(x)) + y(x)^2/2 == C1 + exp(-x) + x^2/2
```

注意

隐式解的形式为 $F(y(x))=g(x)$。

4.8 综合实例

本章实例将首先给出求圆周率近似值的方法，再介绍一个求解产品市场占有率预测问题，并引入一个符号变量，观察企业采取的市场策略是否达到预期效果。

4.8.1 求圆周率的近似值

1. 利用幂级数展开式求 π 的近似值

设函数 $f(x)$ 是以 2π 为周期的周期函数，其在 $[-\pi,\pi)$ 上的表达式为

$$f(x) = \begin{cases} -\pi, & -\pi \leqslant x < 0 \\ \pi, & 0 \leqslant x < \pi \end{cases}$$

由于 $f(x)$ 是奇函数，所以将其展开为正弦级数，即

$$f(x) = 4\sum_{n=1}^{+\infty}\frac{1}{2n-1}\sin(2n-1)x$$

当 $x = \dfrac{\pi}{2}$ 时，则有 $\pi = 4\sum_{n=1}^{+\infty}\dfrac{(-1)^{n-1}}{2n-1}$，求其前 n 项部分和 $S_n = 4\sum_{k=1}^{n}\dfrac{(-1)^{k-1}}{2k-1}$，显然有

$$\lim_{n \to +\infty} S_n = \pi$$

下面分别取 n 为 10000、50000、100000 等值来求 π 的近似值。

```
>> syms k
>> s=4*symsum((-1)^(k-1)/(2*k-1),1,10000);
>> S=vpa(s,20)
 S =
 3.1414926535900432385
>> s=4*symsum((-1)^(k-1)/(2*k-1),1,50000);
>> S=vpa(s,20)
 S =
   3.1415726535897952385
>> s=4*symsum((-1)^(k-1)/(2*k-1),1,100000);
>> S=vpa(s,20)
 S =
   3.1415826535897934885
```

2. 利用积分求 π 的近似值

利用定积分 $\displaystyle\int_0^1 \frac{1}{1+x^2}\mathrm{d}x = \frac{\pi}{4}$ 和定积分的定义，只要将 $[0,1]$ 等分 n 份和取中点，则可写为

$$\int_0^1 \frac{1}{1+x^2}\mathrm{d}x = \lim_{\lambda \to 0}\sum_{i=1}^{n} f(\xi_i)\Delta x_i = \lim_{n \to \infty}\sum_{i=1}^{n}\frac{1}{1+\left(\dfrac{2i-1}{2n}\right)^2}\cdot\frac{1}{n}$$

故 π 可近似为

$$\pi \approx 4\sum_{i=1}^{n}\frac{1}{1+\left(\dfrac{2i-1}{2n}\right)^2}\cdot\frac{1}{n}$$

下面分别取 n 为 100、500、1000 值来求 π 的近似值。

```
>> syms k
>> s=4*symsum(1/(1+((2*k-1)/(2*100))^2)*1/100,1,100);
>> S=vpa(s,20)
 S =
   3.1416009869231246497
>> s=4*symsum(1/(1+((2*k-1)/(2*500))^2)*1/500,1,500);
>> S=vpa(s,20)
 S =
   3.1415929869231265717
>> s=4*symsum(1/(1+((2*k-1)/(2*1000))^2)*1/1000,1,1000);
>> S=vpa(s,20)
 S =
   3.1415927369231265718
```

在求 π 近似值时，积分法比幂级数展开法收敛得更快。

4.8.2 市场占有率预测

4.8.2

市场占有率表示某产品品牌的销售量占总行业销售量的比率，可直接反映出企业的竞争力。若产品在市场上长期销售，其市场占有率基本上处于稳定状态，企业可根据此市场占有率安排生产计划。在销售量不受影响的情况下，减少库存量，可保证企业利润最大化。

市场长期稳定下去的市场占有率可利用随机过程中马氏链原理来讨论，实际上其具体计算方法就是解线性方程组，其解就是所要求的市场占有率。

【例 4-34】 设有甲、乙、丙 3 家企业在市场上销售同一种生活必需品，顾客购买这 3 家生活用品的倾向如表 4-1 所示，试求当顾客流如此长期稳定时，市场占有率的分布。

表 4-1　用户可能流动情况表

概　率　　　下次购买 上次购买	甲	乙	丙
甲	0.6	0.15	0.25
乙	0.24	0.5	0.26
丙	0.12	0.18	0.7

从表 4-1 中可知，一步转移概率矩阵为

$$\boldsymbol{P} = \begin{pmatrix} 0.6 & 0.15 & 0.25 \\ 0.24 & 0.5 & 0.26 \\ 0.12 & 0.18 & 0.7 \end{pmatrix}$$

根据马氏链遍历性定理，得知长期稳定状态下的市场占有率就是方程组

$$\begin{cases} x_1 = 0.6x_1 + 0.24x_2 + 0.12x_3 \\ x_2 = 0.15x_1 + 0.5x_2 + 0.18x_3 \\ x_3 = 0.25x_1 + 0.26x_2 + 0.7x_3 \\ x_1 + x_2 + x_3 = 1 \end{cases}$$

的唯一解。

解方程组的 MATLAB 程序如下。

```
syms  x1  x2  x3
P=[0.6 0.15 0.25; 0.24  0.5  0.26; 0.12  0.18  0.7];
eq1= x1-[x1  x2  x3]*P(:,1);
eq2= x2-[x1  x2  x3]*P(:,2);
eq3= x3-[x1  x2  x3]*P(:,3);
eq4=x1+x2+x3-1;
eqs=[ eq1,eq2,eq3,eq4];
[x1,x2,x3]= solve(eqs,[x1 x2 x3])
```

运行结果如下。

```
x1 =
    258/893
x2 =
    225/893
```

```
x3 =
   410/893
```

即[x1，x2，x3]=[0.2889，0.2520，0.4591]

故甲、乙、丙 3 家企业市场长期稳定下去的占有率分别为 28.89%、25.2%和 45.91%。

从结果来看，甲企业发现市场占有率仅为 28.89%，而丙企业为 45.91%，所以甲企业采用了保留策略（例如采取连续购买两期以上产品的顾客给予打折优惠），即保留了原来买甲的流向买丙的部分客户。假设一步转移概率变为

$$P = \begin{pmatrix} 0.6+a & 0.15 & 0.25-a \\ 0.24 & 0.5 & 0.26 \\ 0.12 & 0.18 & 0.7 \end{pmatrix}$$

其中，a（$0<a<0.25$）为甲企业阻止流向丙企业的概率。

这时甲、乙、丙 3 家企业计算市场占有率的 MATLAB 程序为

```
syms  x1  x2  x3  a
P=[0.6+a  0.15  0.25-a; 0.24  0.5  0.26; 0.12  0.18  0.7];
eq1= x1-[x1 x2 x3]*P(:,1);
eq2= x2-[x1 x2 x3]*P(:,2);
eq3= x3-[x1 x2 x3]*P(:,3);
eq4=x1+x2+x3-1;
eqs=[ eq1,eq2,eq3,eq4];
[x1,x2,x3]= solve(eqs,[x1 x2 x3])
```

运行结果如下：

```
x1 =
   -258/(1700*a - 893)
x2 =
   (225*(2*a - 1))/(1700*a - 893)
x3 =
    (10*(125*a - 41))/(1700*a - 893)
```

若取 a=0.1，则[x1，x2，x3]=[0.3568，0.2490，0.3942]

若取 a=0.15，则[x1，x2，x3]=[0.4044，0.2469，0.3487]

若取 a=0.2，则[x1，x2，x3]=[0.4665，0.2441，0.2893]

从结果来看，针对甲企业采取的策略（阻止流向丙企业的概率 a），可以算出市场占有率的变化情况，从而判断企业采取的策略是否达到预期效果。

4.9 思考与练习

1. 求下列极限：（1）$\lim\limits_{x \to 0} \dfrac{\sin \pi x}{x}$，（2）$\lim\limits_{x \to +\infty} x(\sqrt{x^2+1}-x)$。

2. 计算 $y = \cos 2x\sqrt{1-\sin 2x}$ 在 $x = \dfrac{\pi}{4}$ 时的左极限和右极限。

3. 求 $y = \mathrm{e}^{-x}\sin x$ 的二阶导数。

4. 计算 $y = |\sin t|$ 的导数，并求 $\dfrac{\mathrm{d}y}{\mathrm{d}t}\Big|_{t=0^-}$ 和 $\dfrac{\mathrm{d}y}{\mathrm{d}t}\Big|_{t=\frac{\pi}{2}}$。

5. 已知参数方程 $x = a\cos^3 t$，$y = b\sin^3 t$，求 $\dfrac{\mathrm{d}y}{\mathrm{d}x}$。

6. 计算不定积分：（1）$\int e^{-x^2} \ln x \, dx$，（2）$\int e^{ax} \cos bx \, dx$。

7. 计算定积分：（1）$\int_0^1 \dfrac{1+x^2}{1+x^4} dx$，（2）$\int_0^\infty \dfrac{\cos x}{\sqrt{x}} dx$，（3）$\int_0^{\frac{\pi}{2}} \sqrt{1-\sin 2x} \, dx$。

8. 计算二重积分：$\int_1^2 \int_1^{x^2} (x^2+y^2) dy \, dx$。

9. 求函数 $f = \sin\left(x+\dfrac{\pi}{3}\right)$ 在 $x=0$，$x=\pi$ 处的 5 阶、6 阶泰勒展开式。

10. 求下列级数前 n 项之和。

（1）$S_1 = 1+2+3+\cdots+n$，　　　　（2）$S_2 = 1^2+2^2+3^2+\cdots+n^2$，

（3）$S_3 = 1^3+2^3+3^3+\cdots+n^3$。

11. 求无穷级数 $S = 1 - \dfrac{1}{3} + \dfrac{1}{5} - \dfrac{1}{7} + \cdots + (-1)^{n+1} \dfrac{1}{2n-1} + \cdots$ 之和。

12. 求微分方程 $y'' + y = \cos 2x$ 在初始条件 $y'(0)=0$，$y(0)=1$ 的解。

13. 求边值问题 $\dfrac{dy}{dt} = 3y+4x$，$\dfrac{dx}{dt} = -4y+3x$，$y(0)=0$，$x(0)=1$ 的解。

14. 求解方程组：$\begin{cases} x_1 - 2x_2 = -2 \\ 2x_1 + x_2 + x_3 = 3 \\ 4x_1 + 5x_2 + 7x_3 = 0 \\ x_1 + x_2 + 5x_3 = -5 \end{cases}$

15. 求代数方程 $\begin{cases} ax^2 + by + c = 0 \\ x + y = 0 \end{cases}$ 关于 x、y 的解。

16. 已知抛物线椭圆函数 $z = 10 - \dfrac{x^2}{4} - \dfrac{y^2}{9}$，试求在区域 D：$-3 \leqslant x \leqslant 3$，$-3 \leqslant y \leqslant 3$ 上曲面 z 与 x、y 平面所围的体积。

17. 利用例 4-34 的市场占有率调查数据和预测结果，假设乙企业也采取类似甲企业的策略，试讨论市场占有率的变化情况。

第5章　绘图及可视化

MATLAB 不仅具有强大的数值运算功能，同时还具备非常便利的绘图功能。尤其擅长将数据、函数等各种科学运算结果可视化，使枯燥乏味的数字变成赏心悦目的图片。MATLAB 包含很多用来显示各种图形的函数，提供了丰富的修饰方法，可绘制出更加美观、精确、用户需要的各种图形。本章介绍二维、三维和特殊图形绘制的常用函数，以及控制这些图形的线型、色彩、标记、坐标和效果等修饰方法。

本章重点
- 二维图形绘制
- 三维图形绘制
- 特殊图形绘制

5.1　二维图形绘制

5.1.1

二维图形的绘制是 MATLAB 语言图形处理的基础。本节较全面地介绍二维绘图函数的种类和格式，以及如何设置线条属性和标注图形等方法。

5.1.1　基本绘图函数

MATLAB 中最常用的绘图函数为 plot，根据不同的坐标参数可以在二维平面上绘制出不同的曲线。

格式：plot(X,Y)　　　　　%X、Y 为同维向量时，绘制以 X、Y 元素为横、纵坐标的一条曲线；

　　　　　　　　　　　　%X 为列向量，Y 为矩阵时，按 Y 列绘出多条不同颜色的曲线，

　　　　　　　　　　　　%X 为这些曲线共同的横坐标

　　plot(X,Y,LineSpec)　　　　%参数 LineSpec 指出线条的类型、点标记和颜色

　　plot(X1,Y1,...,Xn,Yn)　　　　%在同一坐标区绘制多个 X、Y 对组的线条

　　plot(X1,Y1,LineSpec1,...,Xn,Yn,LineSpecn)　　%绘制多条不同线型的线条

　　plot(___,Name,Value)　　　　%使用一个或多个名称/值对组参数指定线条属性

　　plot(ax,___)　　　　　　　%在由 ax 指定的坐标区中创建线条

　　h = plot(___)　　　　　　%返回由图形线条对象组成的列向量

说明：允许用户对线条定义的属性有以下几种。

1）线型、颜色和标记类型：参数 LineSpec 使用字符串表示，定义线条的线型、标记符号和颜色三个属性，如表 5-1 所示。使用时可以任意选择一个、多个或不选，三类字符不分前后次序。

2）线条宽度（LineWidth）：指定线条的宽度，取值为整数（单位为像素）。

3）标记大小（MarkerSize）：指定标记符号的大小尺寸，取值为整数（单位为像素）。

4）标记面填充颜色（MarkerFaceColor）：指定用于填充标记符面的颜色。

5）标记周边颜色（MarkerEdgeColor）：指定标记符颜色或者是标记符周边线条的颜色。

表 5-1　线型、颜色和标记类型

符号	线类型	符号	颜色	符号	点类型	符号	点类型
-	实线（默认值）	r	红色	+	加号	d	菱形
		g	绿色	o	小圆圈	^	向上三角
--	虚线	b	蓝色	*	星号	v	向下三角
:	点线	y	黄色	.	实点	>	向右三角
-.	点划线	k	黑色	x	叉号	<	向左三角
（空白）	不划线或实线	w	白色	p	五角星		
		c	青色	h	六角星		
		m	品红色	s	正方形		

【例 5-1】　绘制指数函数 $y = 1 + e^x$ 在 $x \in [0, 2]$ 的图形。要求使用实线（−），在数据点 (x, y) 处绘制出加号 "+"，线和点标志都使用蓝色。

```
x=0:0.1:2;
y=1+exp(x);
plot(x,y,'-+b')
```

运行结果如图 5-1 所示。

【例 5-2】　绘制正弦曲线族 $y = k \sin t$（$t \in [-\pi, 2\pi]$，$k = 1, 2, \cdots, 6$）的图形。

```
t=[-pi:pi/100:2*pi]';
k=1:6;
y=sin(t)*k;
plot(t,y)          %y 是矩阵形式
```

运行结果如图 5-2 所示。

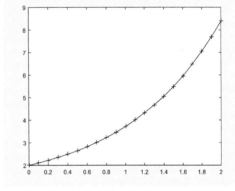

图 5-1　指数函数图

【例 5-3】　绘制余弦曲线 $y = \cos x$，$x \in [0, 2\pi]$，要求线型加宽、标记符号为五星形（填充颜色为黄色，周边颜色为红色）。

```
x=0:pi/20:2*pi;
y=cos(x);
plot(x,y,'-p','linewidth',2,'markersize',12,'markerfacecolor','y','markeredgecolor',
'r')
```

运行结果如图 5-3 所示。

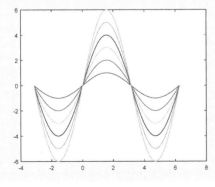

图 5-2　正弦曲线族

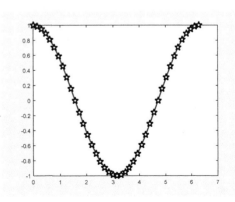

图 5-3　余弦曲线标记图

5.1.2 图形标注

1．坐标轴名

格式：xlabel(txt)   %为当前坐标区或图的 x 轴添加标签

    xlabel(target,txt)   %为指定的目标对象添加标签

    xlabel(___,Name,Value) %使用一个或多个名称/值对组参数修改标签

说明：将 xlabel 换成 ylabel，相应地对 y 轴添加标签处理。

【例 5-4】 使用字符向量元胞数组创建多行标签。

```
X=1:12;
Y=[62 46 53 47 59 56 59 65 78 85 70 87];
plot(X,Y,'-o')
xlabel({'月份','(2019年)'})
ylabel('销售量')
```

运行结果如图 5-4 所示。

2．图名

格式：title(txt)   %为当前坐标区或图添加标题

    title(target,txt)   %为指定的目标对象添加标题

    title(___,Name,Value) %使用一个或多个名称/值对组参数修改标题

【例 5-5】 创建包含变量值的标题。

```
x=1:10;
y=x.^2;
plot(x,y)
f = 90;
c = (f-32)/1.8;
title(['温度为',num2str(c),'° '])
```

运行结果如图 5-5 所示。

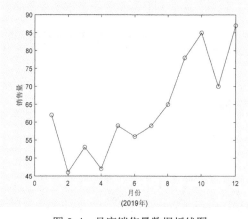
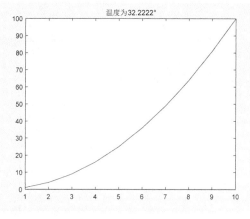

图 5-4　月度销售量数据折线图   图 5-5　包含变量值的标题

3．图例

格式：legend(label1,...,labelN) %设置图例标签，以字符向量或字符串数组形式指定标签

    legend(subset,___) %设置包含部分图形对象的图例，subset 以图形对象向量

                %的形式指定

legend(target,___)	%在指定的坐标区或图上添加图例，target 作为第一个输入参数
legend(___,'Location',lcn)	%用字符串 lcn 指定图例放置的位置（如表 5-2 所示）
legend(___,'Orientation',ornt)	%ornt 指定图例排列方向，取'vertical'为垂直方向
	%（默认值）、取'horizontal'为水平方向
legend(___,Name,Value)	%使用一个或多个名称/值对组参数来设置图例属性，设置
	%属性时必须使用单元数组（或空元胞数组）指定标签
legend(bkgd)	%bkgd 取'boxoff'删除图例背景和轮廓；取'boxon'，显示
	%图例背景和轮廓（默认值）
legend(vsbl)	%控制图例的可见性，vsbl 取'hide'、'show' 或 'toggle'
legend('off')	%从当前图形中清除图例

表 5-2 位置字符

指定字符	位置	指定字符	位置
North	图形内侧顶端	NorthOutside	图形外侧顶端
South	图形内侧底端	SouthOutside	图形外侧底端
East	图形内侧右端	EastOutside	图形外侧右端
West	图形内侧左端	WestOutside	图形外侧左端
NorthEast	图形内侧右上角	NorthEastOutside	图形外侧右上角
NorthWest	图形内侧左上角	NorthWestOutside	图形外侧左上角
SouthEast	图形内侧右下角	SouthEastOutside	图形外侧右下角
SouthWest	图形内侧左下角	SouthWestOutside	图形外侧左下角
Best	放在图形窗口内不与图冲突的最佳位置	BestOutside	放在图形外使用最小空间的最佳位置

【例 5-6】 绘制信号 $y = \sin t \sin 5t$ 及其包络线 $y = \pm \sin t$ 在 $t \in [0, \pi]$ 上的图形。

```
t=0:pi/100:pi;
y1=sin(t);  y2=-sin(t);
y3=sin(t).*sin(5*t);
plot(t,y1,'-.r',t,y2,'-.k',t,y3,'-bo')
xlabel('时间'); ylabel('幅度')
title('波形及包络线')
legend('y=sint','y=-sint','y=sintsin5t')
```

5.1.2

运行结果如图 5-6 所示。

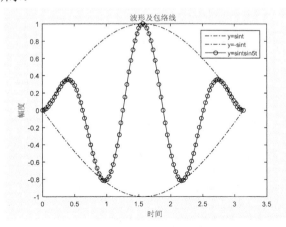

图 5-6 波形与包络线图

4．文字注释

格式：text(x,y,txt)　　　　　%在图形指定的位置(x,y)上添加一个或多个文字注释

　　　　text(___,Name,Value)　%使用一个或多个名称/值对组参数指定 Text 对象的属性

　　　　text(ax,___)　　　　　%在 ax 指定的笛卡儿坐标、极坐标或地理坐标区中创建文字注释

在图形上可以添加希腊字母、数学符号、公式等内容，只需要采用 Tex 字符集，如表 5-3 所示。

表 5-3　Tex 字符集

命令	字符	命令	字符	命令	字符	命令	字符
\alpha	α	\omega	ω	\Omega	Ω	\eta	η
\beta	β	\psi	ϕ	\Psi	Ψ	\rho	ρ
\gamma	γ	\Gamma	Γ	\epsilon	ε	\tau	τ
\delta	δ	\Delta	Δ	\chi	χ	\mu	μ
\theta	θ	\Theta	Θ	\Pi	Π	\pi	π
\sigma	σ	\Sigma	Σ	\zeta	ζ	\xi	ξ
\phi	φ	\Phi	Φ	\oslash	ϕ	\nu	υ
\lambda	λ	\Lambda	Λ	\copyright	@	\infty	∞
\forall	$\forall$	\leq	$\leq$	\pm	$\pm$	\oplus	$\oplus$
\exists	$\exists$	\geq	$\geq$	\times	$\times$	\otimes	$\otimes$
\in	$\in$	\neq	$\neq$	\div	$\div$	\wedge	$\wedge$
\partial	∂	\equiv	$\equiv$	\mid	$\mid$	\surd	$\surd$
\int	$\int$	\rangle	$>$	\sim	$\sim$	\0	$\varnothing$
\rfloor	$\oint$	\langle	$<$	\ldots	$\cdots$	\o	$\bigcirc$
\cap	$\cap$	\cup	$\cup$	\supset	$\supset$	\subset	$\subset$
\leftrightarrow	$\leftrightarrow$	\perp	$\perp$	\supseteq	$\supseteq$	\subseteq	$\subseteq$
\leftarrow	$\leftarrow$	\uparrow	$\uparrow$	\rightarrow	$\rightarrow$	\downarrow	$\downarrow$

字符串也可以使用各种字体，如黑体（\bf）、斜体（\it）、倾斜体（\sl）、正体字符（\rm），或使用 \fontname{fontname} 选定使用的字体，\fontsize{fontsize} 选定使用的字体尺寸。例如，要显示 $\sin(\omega t+\theta)$，只需输入以下命令：

```
text(3,5,'sin({\it\omegat}+{\it\theta})')
```

在某个字符后面加上一个上标或下标，可以分别采用"^""_"来实现，若要把多个字符作为指数或下标，则应该使用大括号。如 e^{tx} 对应的标注效果为 e^{tx}，X_{11} 对应的标注效果为 X_{11}。

【例 5-7】 绘制出函数 $y_1=e^{-2x}$ 和 $y_2=e^{-2x}\sin 2\pi x$ 的图形，并在图形中标注这两个函数。

```
x=0:pi/100:pi;
y1=exp(-2*x);   y2=exp(-2*x).*sin(2*pi*x);
plot(x,y1,'-r',x,y2,'-bo')
xlabel('自变量 x');   ylabel('因变量 y')
txt={'y_1=e^{-2x}', 'y_2=e^{-2x}sin(2{\pi}x)'}
text([0.7,1],[0.3,-0.1],txt)
legend('y1','y2','Location','best','Orientation','horizontal')
```

运行结果如图 5-7 所示。

5．图形窗口的标注

上面的图形标注都是使用标注函数直接写在程序中，当执行程序后，图形中自动添加图形标注。用户也可以利用图形菜单直接标注：打开图形窗口（Figure）菜单栏中的"插入"菜单，显示的子菜单有"X 标签""Y 标签""Z 标签""标题""图例""颜色栏""线""箭头""文本箭头""双箭头""文本框""矩形""椭圆""坐标区"和"灯光"等。按照要求，选取上述子菜单选项，便可添加图形标注。

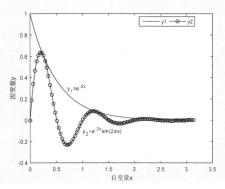

图 5-7　文字标注图

5.1.3　图形添加垂直或水平线

1．添加垂直线

格式：xline(xvalue)　　　　　　　　%指定在 x 值处创建一条常量垂直线

　　　xline(xvalue,LineSpec)　　　　%指定线型、线条颜色或同时指定两者

　　　xline(xvalue,LineSpec,label)　%将指定的标签添加到该线

　　　xline(＿＿,Name,Value)　　　　%使用一个或多个名称/值对组参数指定常量线属性

2．添加水平线

格式：yline(yvalue)　　　　　　　　%指定在 y 值处创建一条常量水平线

　　　yline(yvalue,LineSpec)　　　　%指定线型、线条颜色或同时指定两者

　　　yline(yvalue,LineSpec,label)　%将指定的标签添加到该线

　　　yline(＿＿,Name,Value)　　　　%使用一个或多个名称/值对组参数指定常量线属性

【例 5-8】　绘制函数 $y=1-\dfrac{1}{3-x}$ 的曲线，并使用水平线和垂直线标明其界限。

```
x=-2.5:0.01:10;
y=1-1./(3-x);
plot(x,y);
xlim([-2.5, 10]); ylim([-10, 12]);
xline(3,'-','垂直线界限'); yline(1,'-',
'水平线界限');
```

运行结果如图 5-8 所示。

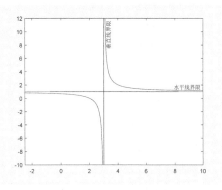

图 5-8　添加水平线和垂直线图

5.1.4　图形控制命令

1．坐标控制

（1）范围设置

在绘制图形时，MATLAB 可以自动根据要绘制曲线数据的范围选择合适的坐标刻度，使得曲线尽可能清晰地显示出来。若要改变坐标轴的刻度，可使用下面的格式。

格式：axis(limits)　　　%指定当前坐标区的范围，使用 4 个（二维）、6 个（三维）

　　　　　　　　　　　　%或 8 个(设置颜色)元素的向量形式指定范围

　　　axis auto　　　　　%自动设置坐标轴，使图像显示最佳（默认状态）

　　　axis square　　　　%使用正方形坐标系

axis equal	%纵、横坐标轴采用等长刻度
axis tight	%将坐标轴设置在数据点范围之内
axis manual	%保持当前坐标轴刻度范围
axis normal	%使用默认矩形坐标系，取消单位刻度的限制
axis fill	%在 manual 方式下有效，使坐标充满整个绘图区
axis ij	%把坐标原点设置在左上角，坐标轴 i 垂直向下，坐标轴 j %水平向右
axis xy	%使用直角坐标；坐标原点在左下角，恢复默认状态
axis on	%打开坐标轴标签、刻度及背景
axis off	%取消坐标轴标签、刻度及背景

（2）坐标轴刻度设置

用户可以自己选择刻度位置，或在刻度处使用字符串标出。

格式：gca	%获取当前坐标轴对象句柄值
XTick/YTick	%设置刻度位置
XTickLabel/XTickLabel	%设置坐标轴标签
set(gca, 'XTick', [0 1 2])	%设置 X 坐标轴刻度数据点位置
set(gca,'XTickLabel',{'a','b','c'})	%设置 X 坐标轴刻度处显示的字符
set(gca, 'YTick', [0 0.5 0.75 1])	%设置 Y 坐标轴刻度数据点位置
set(gca,'YTickLabel', {'a','b','c','d'})	%设置 Y 坐标轴刻度处显示的字符

2．网格线控制

格式：grid on	%给当前的坐标轴增加网格线
grid minor	%切换成最小的网格线
grid off	%从当前的坐标轴中去掉网格线
grid	%网格线在 on 和 off 状态下交替切换

3．边框线控制

格式：box on	%给图形加边框线
box off	%去掉图形边框线

【例 5-9】 绘制出函数 $y_1 = \sin x$ 和 $y_2 = \cos x$ 的图形，要求在图形中添加网格线、边框线，坐标轴采用等长刻度，并将这两个函数用字体大小标注出来。

```
t=0:pi/100:pi;
y1=sin(t);  y2=cos(t);
plot(t,y1,'-+r',t,y2,'-bo')
xlabel('时间'),  ylabel('幅度')
txt={'\fontsize{14}\ity=sin(t)', '\fontsize{14}\ity=cos(t)'}
text([2.2,1.5],[0.9,0.2],txt)
grid on
box on
```

运行结果如图 5-9a 所示。

若在上述程序后添加程序：

```
set(gca, 'XTick', [0 0.5 0.75 1 1.5 2 2.5 3 3.15 3.5])  %X 坐标轴刻度数据点位置
```

```
      set(gca,'XTickLabel',  {'0','0.5','a','1','1.5','2',2.5','3','b','3.5'})
%X 坐标轴刻度处显示的字符
```

运行结果如图 5-9b 所示。

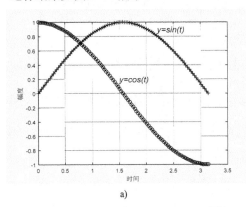 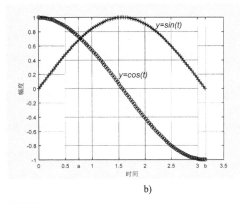

a)   b)

图 5-9   图形刻度标注

a) 自动刻度   b) 调整刻度及刻度值

4．清除图形

格式：clf   %清除所有当前图形窗口

        cla   %清除坐标区当前图形

5.1.5 叠加绘图

格式：hold on   %保留当前图形与当前坐标轴的属性值，后面的图形命令只能在当前
                               %存在的坐标轴中增加图形

        hold off   %在绘制新图形之前，重新设置坐标轴的属性为默认值，关闭 hold on 功能

        hold   %在 on 与 off 之间转换，即在增加图形与覆盖图形之间切换

        hold all   %保留当前颜色和线型，在绘制随后的图形时使用当前的颜色和线型

【例 5-10】 将 $y=\sin x$ 和 $z=0.5\sin x$ ，$x\in[0,2\pi]$ 绘制在
同一个图上。

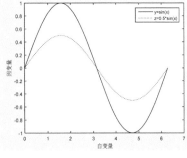

```
      x=linspace(0,2*pi,60);  y=sin(x);
      plot(x,y,'b');
      xlabel('自变量'),  ylabel('因变量')
      hold on;
      z=0.5*sin(x);
      plot(x,z,'k:');
      legend('y=sin(x)','z=0.5*sin(x)');
      hold off
```

图 5-10   叠加绘图

显示结果如图 5-10 所示。

5.1.6 分块绘图

1．子图

在同一图形框内布置几幅独立的子图。

5.1.6

格式：subplot(m,n,p)   %将一图形窗口分成 m×n 个小窗口（子图），p 是

                                                        %子图的编号，序号原则是：左上方为第一幅，向右、向下依次排序

         subplot(m,n,p,'replace')   %删除位置 p 处的现有坐标区并创建新坐标区

         subplot(m,n,p,'align')   %创建新坐标区，以便对齐图框（默认）

         subplot(m,n,p,ax)   %将现有坐标区 ax 转换为同一图窗中的子图

         subplot('Position',pos)   %在 pos 指定的自定义位置创建坐标区，形式为

                                                       %四元素向量[left,bottom,width,height]

         subplot(___,Name,Value)   %使用一个或多个名称/值对组参数修改坐标区属性

【例 5-11】 正态分布 $N(\mu,\sigma^2)$ 的密度函数为 $f(x)=\dfrac{1}{\sqrt{2\pi}\sigma}e^{-\frac{(x-\mu)^2}{2\sigma^2}}$，试用多子图命令绘制 $N(0,1)$、$N(0,4)$、$N(1,1/4)$ 和 $N(-1,1/4)$ 的密度函数图形。

```
x=-4:0.1:4;
subplot(2,2,1);
y1=1/sqrt(2*pi)*exp(-1/2*x.^2); plot(x, y1);
xlabel('变量x'),  ylabel('概率密度y'),  title('正态分布N(0,1)')
subplot(2,2,2);
y2=1/sqrt(2*pi)/2*exp(-1/2/4*x.^2); plot(x, y2);
xlabel('变量x'),  ylabel('概率密度y'),  title('正态分布N(0,4)')
subplot(2,2,3);
y3=1/sqrt(2*pi)/0.5*exp(-1/2/(0.5^2)*(x-1).^2); plot(x, y3);
xlabel('变量x'),  ylabel('概率密度y'),  title('正态分布N(1,1/4)')
subplot(2,2,4);
y4=1/sqrt(2*pi)/0.5*exp(-1/2/(0.5^2)*(x+1).^2);  plot(x, y4);
xlabel('变量x'),  ylabel('概率密度y'),  title('正态分布N(-1,1/4)')
```

运行结果如图 5-11 所示。

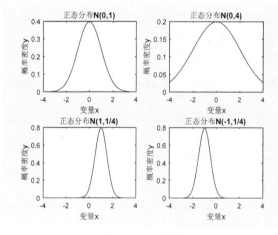

图 5-11 多子图

2．分块图

使用函数 tiledlayout 和 nexttile 显示分块绘图。

格式：tiledlayout(m,n)   %创建 m×n 个图块排列的分块图

         tiledlayout('flow')   %指定 flow 布局的图块排列

         tiledlayout(___,Name,Value) %使用一个或多个名称/值对组参数指定布局

```
tiledlayout(parent,___)          %在指定的父容器中而不是在当前图窗中创建布局
t=tiledlayout(___)               %返回 TiledChartLayout 对象，使用 t 配置布局的属性
```

说明：使用 tiledlayout 创建布局，调用 nexttile 函数将坐标区对象放置到布局中，然后调用绘图函数在该坐标区中绘图。

【**例 5-12**】 使用函数 tiledlayout 和 nexttile 绘制例 5-11 中给出的函数密度图形。

```
%创建一个 2×2 分块图 t，图块之间的空间最小
t = tiledlayout(2,2,'TileSpacing','Compact');
x=-4:0.1:4;
nexttile
y1=1/sqrt(2*pi)*exp(-1/2*x.^2);
plot(x, y1); title('正态分布 N(0,1)')
nexttile
y2=1/sqrt(2*pi)/2*exp(-1/2/4*x.^2);
plot(x, y2); title('正态分布 N(0,4)')
nexttile
y3=1/sqrt(2*pi)/0.5*exp(-1/2/(0.5^2)*(x-1).^2);
plot(x, y3); title('正态分布 N(1,1/4)')
nexttile
y4=1/sqrt(2*pi)/0.5*exp(-1/2/(0.5^2)*(x+1).^2);
plot(x, y4); title('正态分布 N(-1,1/4)')
xlabel(t,'变量 x'); ylabel(t,'概率密度 y')
```

运行结果如图 5-12 所示。

【**例 5-13**】 使用函数 tiledlayout 创建一个 2×1 分块图，再调用 nexttile 函数创建坐标区对象，并将该对象返回给 ax1 和 ax2，然后将其传递给 plot、title 和 ylabel 函数进行绘图、添加标题和 y 轴标签。

```
x=linspace(-pi,pi,60)
y1 = cos(3*x); y2 = cos(5*x);
tiledlayout(2,1)
ax1 = nexttile;
plot(ax1,x,y1);
title(ax1,'上图'); ylabel(ax1,'cos(3x)');
ax2 = nexttile;
plot(ax2,x,y2);
title(ax2,'下图'); ylabel(ax2,'cos(5x)')
```

运行结果如图 5-13 所示。

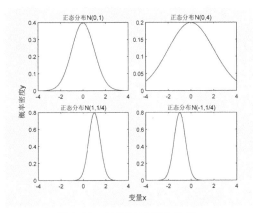

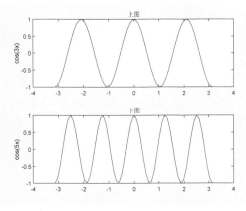

图 5-12　共享轴标签分块图　　　　　　　　　　图 5-13　分块图

5.1.7 多个图形窗口

5.1.7

格式：figure(n)　　　%创建新的图形窗口，或显示当前图形窗口。n 是这个
　　　　　　　　　　%窗口的编号，每当形成一个新窗口时就使用一个数字
　　　　　　　　　　%来标注它，这个图形句柄被显示在图形窗口的标题栏
　　　　　　　　　　%上。其中 figure(1)是默认值，无须声明

　　　figure(Name,Value)　　　%使用一个或多个名称/值对组参数修改图窗的属性

【例 5-14】 将函数 $x=\sin t$，$y=\cos t$ 和 $z=\sin t\cos t$，$t\in[-4,4]$ 分别绘制在不同的图上。

```
figure('Color','r')
t=-4:0.1:4;  x=sin(t);  plot(t,x,'b^')
xlabel('t'); ylabel('x');  title('函数 x=sint 的图形')
figure(2)
y=cos(t);  plot(t,y,'kp');
xlabel('t');  ylabel('y');  title('函数 y=cost 的图形')
figure(3)
z=sin(t).*cos(t);  plot(t,z,'kh')
xlabel('t');  ylabel('z');  title('函数 z=sintcost 的图形')
```

运行结果如图 5-14 所示。

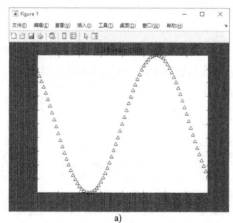

a)

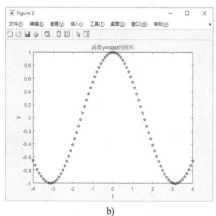

b)

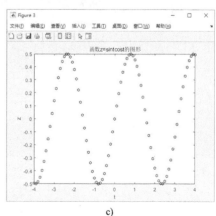

c)

图 5-14　多个图形窗口

a) figure 默认图形　b) figure(2)图形　c) figure(3)图形

5.1.8 对数比例坐标轴

格式: loglog(x,y)   %双对数坐标,在 x 轴、y 轴按对数比例绘制二维图形

loglog(X1,Y1,LineSpec,...)   %确定线型、标记符号和线条颜色

semilogx   %半对数坐标,在 x 轴对数比例、y 轴按线性比例绘制二维图形

semilogx(X1,Y1,LineSpec,...)   %确定线型、标记符号和线条颜色

semilogy   %半对数坐标,在 y 轴对数比例、x 轴按线性比例绘制二维图形

semilogy(X1,Y1,LineSpec,...)   %确定线型、标记符号和线条颜色

【例 5-15】 试分别利用直角坐标、对数坐标绘制指数函数 $y = e^x$ 在 $x \in [0,5]$ 上的图形。

```
x=linspace(0,5,20);  y=exp(x);
subplot(2,2,1), plot(x,y),           xlabel('x'),        ylabel('y')
subplot(2,2,2), loglog(x,y,'-+'),    xlabel('logx'),     ylabel('logy')
%双对数坐标
subplot(2,2,3), semilogx(x,y,'-k'),  xlabel('logx'),     ylabel('y')
%x 轴单对数坐标
subplot(2,2,4), semilogy(x,y,'-o'),  xlabel('x'),        ylabel('logy')
%y 轴单对数坐标
```

运行结果如图 5-15 所示。

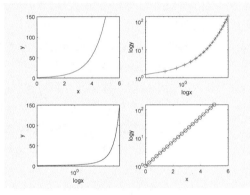

图 5-15   对数坐标

5.1.9 双纵坐标图

5.1.9

格式: plotyy(x1,y1,x2,y2)   %绘制双纵坐标二维图形,x1 和 y1 所对应的
%图形的纵坐标标注在图形的左边,x2 和 y2
%所对应的图形的纵坐标标注在图形的右边

plotyy(___,Name,Value) %使用一个或多个名称/值对组参数绘制双纵坐标图形

[ax,hlines1,hlines2] = plotyy(___) %返回两轴和两个线对象的句柄

【例 5-16】 绘制函数 $y = x \sin x$ 和积分 $s = \int_0^x t \sin t \, dt$ 在 $x \in [0,4]$ 上的曲线图形,并在曲线上标出

这两个函数。

首先计算出积分 s:

```
syms x t
s=int(t*sin(t),0,x)
```

运行结果为：

```
s=sin(x)-x*cos(x)
```

其次绘制图形：

```
x=0:0.1:4; y=x.*sin(x); s=sin(x)-x.*cos(x);
plotyy(x,y,x,s)
text(0.5,0,'\fontsize{14}\ity=xsinx')
text(2.5,3.5,['\fontsize{14}\its=',
'{\fontsize{16} \int_  {\fontsize{8}0}^{  x}}',
'\fontsize{14}\itxsinxdx'])
```

运行结果如图 5-16 所示。

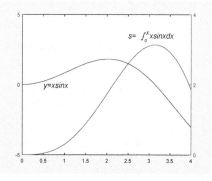

图 5-16　双纵坐标

5.1.10　泛函绘图

泛函绘图 fplot 是采用自适应算法来动态决定自变量的间隔。当函数值变化缓慢，离散间隔取大一些；函数值变化剧烈，离散间隔取小一些，从而很好地反映函数的变化趋势。

格式：fplot(f)　　　　　%绘制 x∈[-5，5]（默认），函数为 y =f(x)的曲线图

　　　fplot(f,xinterval)　　%绘制 x 区间为[xmin xmax]，函数为 y =f(x)的曲线图

　　　fplot(funx,funy)　　%绘制 t∈[-5，5]（默认），参数方程为 x = funx(t)和 y = funy(t)
　　　　　　　　　　　　%的曲线图

　　　fplot(funx,funy,tinterval)　%绘制 t 区间为[tmin tmax]，参数方程为 x = funx(t)
　　　　　　　　　　　　%和 y = funy(t)的曲线图

　　　fplot(___,LineSpec)　%指定线型、标记符号和线条颜色

　　　fplot(___,Name,Value)　%使用一个或多个名称/值对组参数指定线条属性

　　　[x,y] = fplot(___)　　%返回函数的纵坐标和横坐标，而不绘制图形

【例 5-17】　（1）绘制函数 $y = e^{2x}$ 在 $x∈[0,2]$ 上的曲线；（2）绘制函数 $y = \sin x$ 和 $y = \cos x$ 的曲线。

```
>>fplot(@(x)exp(2.*x) ,[0 2],'o')      %显示结果如图 5-17a 所示
>>fplot(@(x)[sin(x),cos(x)])           %显示结果如图 5-17b 所示
```

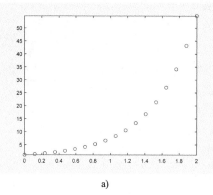

a)

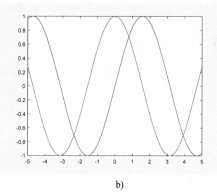

b)

图 5-17　泛函绘图

a) $y = e^{2x}$ 曲线　　b) $y = \sin x$ 和 $y = \cos x$ 曲线

5.1.11 简易函数绘图

格式：ezplot(fun)　　　　%对于显函数 fun(x)，在-2π≤x≤2π（默认）上绘制图形；
　　　　　　　　　　　　 %对于隐函数 fun2(x,y)=0，在-2π≤x≤2π，-2π≤y≤2π
　　　　　　　　　　　　 %（默认）上绘制图形
　　　 ezplot(fun,[a,b])　 %在指定范围 a≤x≤b 上绘制 fun 图形；在范围
　　　　　　　　　　　　 %a≤x≤b, a≤y≤b 上绘制 fun2(x,y)=0 图形
　　　 ezplot(fun2,[xmin,xmax,ymin,ymax]) %在 xmin≤x≤xmax, ymin≤y≤ymax
　　　　　　　　　　　　　　　　 %上绘制 fun2(x,y)=0 图形
　　　 ezplot(funx,funy)　　　　 %在默认范围 0≤t≤2π 内绘制参数形式函数
　　　　　　　　　　　　　　　　 %funx(t)与 funy(t)的图形
　　　 ezplot(funx,funy,[tmin,tmax])　 %在指定范围 tmin≤t≤tmax 内绘制
　　　　　　　　　　　　　　　　 %函数 funx(t)与 funy(t)的图形

说明：ezplot 函数在新版本中已不推荐使用，而改为使用 fplot 函数。

【例 5-18】　（1）绘制函数 $y = \dfrac{\sin x}{x}$ 的曲线；（2）绘制函数 $z = u^2 - v^2$ 的曲线。

```
>> syms x
>> ezplot(sin(x)/x)        %显示结果如图 5-18a 所示
>> ezplot('u^2-v^2')       %显示结果如图 5-18b 所示
```

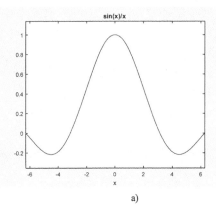 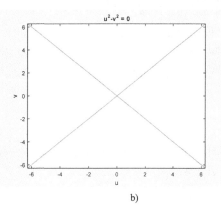

a)　　　　　　　　　　　　　　　　　b)

图 5-18　简易函数绘图

a) $y=\sin x/x$ 曲线　　b) $z = u^2 - v^2$ 曲线

5.1.12 交互式图形命令

（1）gtext 命令
格式：gtext(str)　　　　　 %使用指针选择位置插入文本。当指针悬在图窗选好的位置处
　　　　　　　　　　　　 %变为十字准线，单击或按任意键即可
　　　 gtext(str,Name,Value) %使用一个或多个名称/值对组参数指定文本属性
（2）ginput 命令
格式：[x,y]= ginput(n)　　 %用鼠标从图形上获取 n 个点的坐标(x, y)
　　　 [x,y] = ginput　　　 %选择无限多个点，直到按〈Enter〉键为止

说明：ginput 命令将当期图形从后台调到前台，鼠标指针变为十字叉。移动鼠标指针将十字叉移到待取坐标点并单击，便获得该点坐标。依次获得其余点的坐标，直到获得 n 个点数据之后，图形窗口退回后台。

【例 5-19】 绘制函数 $y = e^{-\frac{1}{2}x^2}$ 在[0，5]上的曲线，并利用交互式命令找出 x、y 的 5 组点。

图 5-19　交互式图

```
>> fplot(@(x)exp(-x.^2./2),[0 5]);
                            %显示结果如图 5-19 所示
>> [x,y]=ginput(5)   %获取 5 组点
x'=                      %结果显示 x，为节省篇幅这里写出其转置 x'
    0.9965    1.5035    1.9988    2.5058    3.0012
y '=                         %结果显示 y，为节省篇幅这里写出其转置 y'
    0.6038    0.3173    0.1389    0.0424    0.0132
```

5.2　三维图形绘制

在实际问题中常常需要将结果表示成三维图形，MATLAB 为此提供了相应的三维图形的绘制。三维图形的绘制功能与二维图形的绘制有很多类似之处，其中曲线的属性设置完全相同。

5.2.1　获取数据点矩阵

1．网络坐标的矩阵生成

将向量转换成网络坐标的矩阵的函数为 meshgrid。

格式：[X,Y]=meshgrid(x,y)　　　%生成二元函数 z=f(x,y)在 x-y 平面上的矩形定义域
　　　　　　　　　　　　　　　　%数据点矩阵 X 和 Y

　　　　[X,Y,Z]=meshgrid(x,y,z)　　%生成三元函数 u=f(x,y,z)中立方体定义域中的数据
　　　　　　　　　　　　　　　　%点矩阵 X、Y 和 Z

说明：[X,Y,Z]=meshgrid(x)与[X,Y,Z]=meshgrid(x,x,x)相同，返回网格大小为 length(x) ×length(x) ×length(x)的三维网格坐标。

例如，生成二元数据点矩阵 X 和 Y。

```
>> x=1:6;
>> y=1:3;
>> [X,Y]=meshgrid(x,y)
X =
    1    2    3    4    5    6
    1    2    3    4    5    6
    1    2    3    4    5    6
Y =
    1    1    1    1    1    1
    2    2    2    2    2    2
    3    3    3    3    3    3
```

2．多峰函数的数据点矩阵

格式：Z=peaks(n)　　% X、Y 的定义区域为[-3,3] ×[-3,3]，生成 n×n 的矩阵 Z，n 的默认值为 49
　　　　Z= peaks(X,Y);　　　%在给定的 X 和 Y 处计算 peaks 并返回维数相同的矩阵
　　　　[X,Y,Z] = peaks(___);　　%返回另外两个矩阵 X 和 Y 用于参数绘图

```
peaks(___)                    %无输出参数，使用 surf 绘制 peaks 函数峰值曲面图
```
【例 5-20】 创建一个由峰值组成的 5×5 矩阵并显示该曲面。

```
>> Z=peaks(5)
Z =
   0.0001    0.0042   -0.2450   -0.0298   -0.0000
  -0.0005    0.3265   -5.6803   -0.4405    0.0036
  -0.0365   -2.7736    0.9810    3.2695    0.0331
  -0.0031    0.4784    7.9966    1.1853    0.0044
   0.0000    0.0312    0.2999    0.0320    0.0000
>> peaks(5)
z =  3*(1-x).^2.*exp(-(x.^2) - (y+1).^2) ...
   - 10*(x/5 - x.^3 - y.^5).*exp(-x.^2-y.^2) ...
   - 1/3*exp(-(x+1).^2 - y.^2)
```

显示的图形如图 5-20 所示。

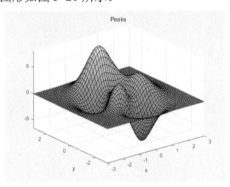

图 5-20　峰值曲面图

5.2.2

5.2.2　曲线图

1. 曲线图的绘制

格式：plot3(x,y,z)　　　　　　　　%绘制 x、y、z 为同维向量组的一条三维曲线

plot3(X,Y,Z)　　　　　　　　%X、Y、Z 为同维矩阵组，分别以 X、Y、Z 对应列的数组

　　　　　　　　　　　　　　　%绘制多条三维曲线

plot3(X,Y,Z, LineSpec)　　　% 指定线型、标记符号和颜色的三维曲线

plot3(X1,Y1,Z1,LineSpec1,...,Xn,Yn,Zn,LineSpecn) %绘制多条三维曲线

plot3(___,Name,Value)　　　%使用一个或多个名称/值对组参数指定 Line 属性

plot3(ax,___)　　　　　　　%在目标坐标区上显示绘图

p = plot3(___)　　　　　　　%返回一个 Line 对象或 Line 对象数组

说明：常用于绘制一个单变量的参数曲线 x=x(t)、y=y(t) 与 z=z(t)的三维函数图形。

【例 5-21】 绘制参数方程 $x = \sin t, y = \cos t, z = t$, $t \in [0, 8\pi]$ 的三维螺旋图。

```
t=0:pi/50:8*pi;
plot3(sin(t),cos(t),t)
xlabel('横坐标');  ylabel('纵坐标');  zlabel('函数值')
```

运行结果如图 5-21 所示。

【例 5-22】 绘制参数方程 $x = \sin t, y = \cos t, z = \cos 3t$, $t \in [0, 2\pi]$ 的三维曲线图。

```
t=0:0.05:2*pi;
```

```
x=sin(t);  y=cos(t);  z=cos(3*t);
plot3(x,y,z,'b-',x,y,z,'bd')
xlabel('x'),ylabel('y'),zlabel('z')
legend('链','宝石','Location','best')
```

运行结果如图 5-22 所示。

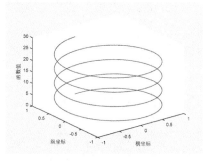

图 5-21　三维螺旋图

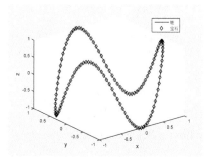

图 5-22　宝石链图

【例 5-23】　绘制函数 $Z = (X+Y)^2$ 的多条曲线图。

```
x=-3:0.1:3;  y=1:0.1:6;
[X,Y]=meshgrid(x,y);
Z=(X+Y).^2;
plot3(X,Y,Z)
xlabel('横坐标 X');  ylabel('纵坐标 Y');  zlabel('函数值 Z')
```

运行结果如图 5-23 所示。

2．三维泛函曲线绘图

格式：fplot3(funx,funy,funz)　　　　　%绘制 t∈[-5,5]（默认），参数方程为 x=funx(t)、y=funy(t)
　　　　　　　　　　　　　　　　　　　　%和 z=funz(t)的曲线

　　　　　fplot3(funx,funy,funz,tinterval)　%指定 t 区间为[tmin tmax]的参数方程绘图

　　　　　fplot3(___,LineSpec)　　　　　%设置线型、标记符号和线条颜色

　　　　　fplot3(___,Name,Value)　　　　%使用一个或多个名称/值对组参数指定线条属性

【例 5-24】　绘制参数方程为 $x = e^{-t/6}\sin 5t$，$y = e^{-t/6}\cos 5t$，$z = t, t \in [-6,6]$ 的曲线图。

```
xt = @(t) exp(-t/6).*sin(5*t);
yt = @(t) exp(-t/6).*cos(5*t);
zt = @(t) t;
fplot3(xt,yt,zt,[-6 6])
```

运行结果如图 5-24 所示。

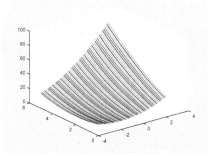

图 5-23　多条曲线图

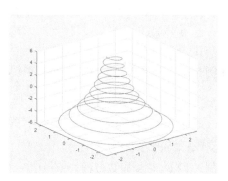

图 5-24　三维泛函曲线图

5.2.3 曲面图

1．表面图

格式： surf(X,Y,Z)　　　　　%创建一个实色边和实色面的三维曲面。将矩阵 Z 中的值绘制为
　　　　　　　　　　　　　　%由 X 和 Y 定义的 x-y 平面中的网格上方的高度，曲面的颜色
　　　　　　　　　　　　　　%由 Z 的高度指定

　　　　 surf(Z)　　　　　　%创建将 Z 中元素的列、行索引当作 x 坐标和 y 坐标的曲面图，
　　　　　　　　　　　　　　%即 x=1:size(Z,2)，y=1:size(Z,1)

　　　　 surf(___,C)　　　　%用 C 进一步指定颜色的三维表面图

　　　　 surf(___,Name,Value)　%使用一个或多个名称/值对组参数指定曲面属性

【例 5-25】 绘制函数 $Z = X^2 + Y^2$ 的曲面图。

```
x=-6:6;  y=-6:6;
[X,Y]=meshgrid(x,y);  Z=X.^2+Y.^2;
surf(X,Y,Z)
xlabel('横坐标 X');  ylabel('纵坐标 Y');  zlabel('函数值 Z')
```

运行结果如图 5-25 所示。

【例 5-26】 绘制函数 $z = \sin xy$ 在 $x \in [-2,2]$，$y \in [-4,4]$ 上的曲面图。

```
x=-2:0.1:2;  y=-4:0.1:4;
[X,Y]=meshgrid(x,y);  Z=sin(X.*Y);
surf(X,Y,Z,'Facecolor','y','Edgecolor','b')
xlabel('横坐标 X');  ylabel('纵坐标 Y');  zlabel('函数值 Z')
```

运行结果如图 5-26 所示。

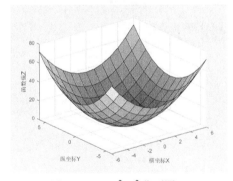　　　　　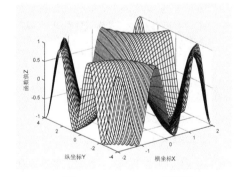

图 5-25　$Z=X^2+Y^2$ 曲面图　　　　　图 5-26　$z = \sin xy$ 曲面图

2．泛函曲面图

格式： fsurf(f)　　　　　　　　　%绘制 x、y∈[-5 5]（默认），函数为 z= f(x,y)的曲面图

　　　　 fsurf(f,xyinterval)　　　　%指定 x、y 区间绘图，相同区间为[min max]，不同区间
　　　　　　　　　　　　　　　　%为[xmin xmax ymin ymax]

　　　　 fsurf(funx,funy,funz)　　　%绘制 u、v∈[-5 5]（默认），参数方程为 x = funx(u,v)、
　　　　　　　　　　　　　　　　%y = funy(u,v)、z = funz(u,v) 的曲面图

　　　　 fsurf(funx,funy,funz,uvinterval)　%指定 u、v 区间，相同区间为[min max]，
　　　　　　　　　　　　　　　　　　　　%不同区间为[umin umax vmin vmax]

　　　　 fsurf(___,LineSpec)　　　　%设置线型、标记符号和曲面颜色

fsurf(___,Name,Value) %使用一个或多个名称/值对组参数指定曲面属性

【例 5-27】 绘制函数 z=ysinx-xcosy 在 $x, y \in [-2\pi, 2\pi]$ 上的曲面图。

```
fsurf(@(x,y) y.*sin(x) x.*cos(y),[ 2*pi 2*pi])
xlabel('x'); ylabel('y'); zlabel('z'); box on
```

运行结果如图 5-27 所示。

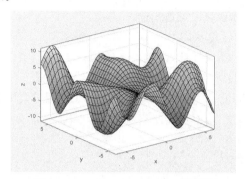

图 5-27　z=ysinx-xcosy 泛函曲面图

【例 5-28】 绘制函数 $x=e^{-|u|/6}\sin(5|v|)$，$y=e^{-|u|/6}\cos(5|v|)$，$z=u$ 上的曲面图。

```
x = @(u,v) exp(-abs(u)/6).*sin(5*abs(v));
y = @(u,v) exp(-abs(u)/6).*cos(5*abs(v));
z = @(u,v) u;
fs = fsurf(x,y,z)
```

运行结果如下。

```
fs =
  ParameterizedFunctionSurface - 属性:
    XFunction: @(u,v)exp(-abs(u)/6).*sin(5*abs(v))
    YFunction: @(u,v)exp(-abs(u)/6).*cos(5*abs(v))
    ZFunction: @(u,v)u
    EdgeColor: [0 0 0]
    LineStyle: '-'
    FaceColor: 'interp'
```

绘制的图形如图 5-28a 所示。

```
fs.URange = [-30 30];
```

运行以上代码后，绘制的图形如图 5-28b 所示。

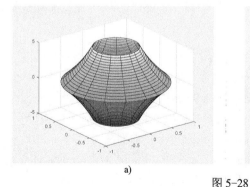
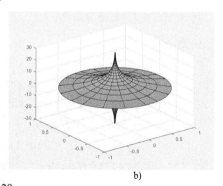

a)　　　　　　　　　　　　　　　b)

图 5-28

a) 直接绘图　b) 修改属性绘图

3．简易三维曲面图

格式：ezsurf(fun)　　　　　　%绘制函数 fun(x,y)在区域$-2\pi<x<2\pi$，$-2\pi<y<2\pi$（默认值）

　　　　　　　　　　　　　　%的曲面图

　　　ezsurf(fun,domain) % domain 为[xmin,xmax,ymin,ymax]，

　　　　　　　　　　　　　　% 或[a, b]，$a < x < b, a < y < b$

　　　ezsurf(funx,funy,funz)　%绘制函数 funx(s,t)、funy(s,t)和 funz(s,t) 在区域

　　　　　　　　　　　　　　% $-2\pi<s<2\pi$，$-2\pi<t<2\pi$（默认值）上的曲面图

　　　ezsurf(funx,funy,funz,[smin,smax,tmin,tmax])

　　　ezsurf(funx,funy,funz,[a,b])　%指定区域绘制参数形式的曲面图形

说明：新版本已不推荐使用 ezsurf 函数，提倡使用 fsurf 函数绘图。

【例 5-29】　绘制函数 $Z = X^2 - Y^2$ 的曲面图。

```
>> syms X Y
>> ezsurf(X^2-Y^2)
```

运行结果如图 5-29 所示。

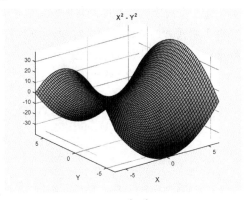

图 5-29　$Z=X^2-Y^2$ 曲面图

5.2.4　网格图

1．Mesh 网格曲面

格式：mesh(X,Y,Z)　　　　%创建一个有实色边颜色，无面颜色的三维曲面网格图，

　　　　　　　　　　　　%边颜色由 Z 的高度指定

　　　mesh(Z)　　　　　　%创建将 Z 中元素的列、行索引当作 x、y 坐标的网格图，

　　　　　　　　　　　　%即 x=1:size(Z,2)，y=1:size(Z,1)

　　　mesh(___,C)　　　　%用 C 进一步指定边的颜色

　　　mesh(___,Name,Value)　%使用一个或多个名称/值对组参数指定曲面属性

【例 5-30】　利用多峰函数 peaks 的数据点矩阵绘制三维网络图。

```
[X,Y,Z]=peaks(40);
mesh(X,Y,Z)
xlabel('横坐标 X'); ylabel('纵坐标 Y'); zlabel('函数值 Z')
```

运行结果如图 5-30a 所示。若将程序 mesh(X,Y,Z)改写为

```
C=X.^2+Y.^2; mesh(X,Y,Z,C)
```

则运行结果如图 5-30b 所示。

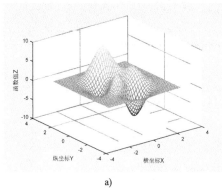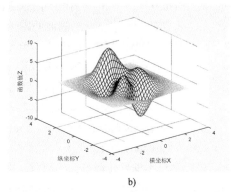

a)   b)

图 5-30　三维网络图

a) 默认网络图　b) 加 C 后的网络图

2．带帷幕的网格图

格式：meshz(X,Y,Z)　　　%创建一个周围有帷幕的网格图，边颜色由 Z 高度指定

　　　meshz(Z)　　　　　　%将 Z 中元素的列、行索引当作 x、y 坐标的帷幕网格图

　　　meshz(___,C)　　　　%使用 C 进一步指定边的颜色

【例 5-31】　绘制方程 $Z = X^2 + Y^2$ 的带帷幕的三维网络图。

```
x=-6:6;  y=-6:6;
[X,Y]=meshgrid(x,y);  Z=X.^2+Y.^2;  meshz(X,Y,Z)
xlabel('横坐标 X');  ylabel('纵坐标 Y');  zlabel('函数值 Z')
```

运行结果如图 5-31 所示。

3．瀑布图

格式：waterfall(X,Y,Z)　　　%创建瀑布图，是一种沿 y 维度有部分帷幕的网格图，

　　　　　　　　　　　　　　%边颜色由 Z 高度指定

　　　waterfall(Z)　　　　　%将 Z 中元素的列、行索引当作 x、y 坐标

　　　waterfall(___,C)　　　%使用确定颜色值获取当前颜色图中的颜色

【例 5-32】　绘制 peaks 的瀑布图。

```
[X,Y,Z] = peaks(50);
waterfall(X,Y,Z)
```

运行结果如图 5-32 所示。

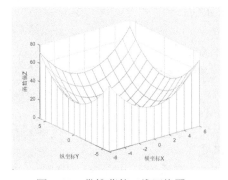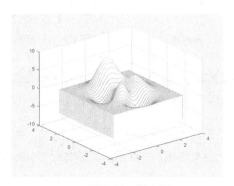

图 5-31　带帷幕的三维网络图　　　　　　　　　　图 5-32　瀑布图

4．添加等高线的网格图

格式：meshc(X,Y,Z)　　　　% 创建一个下方有等高线网格图，边颜色由 Z 高度指定

　　　　meshc(Z)　　　　　%将 Z 中元素的列、行索引当作 x、y 坐标的网格等高线图

　　　　meshc(___,C)　　　%用 C 进一步指定边的颜色

【例 5-33】　绘制方程 $z = e^{-(x^2+y^2)} \sin x$ 的带等高线的三维网络图。

```
[X,Y]=meshgrid(-3:0.2:3); Z=exp(-X.^2-Y.^2).*sin(X);
meshc(X,Y,Z); xlabel('X'); ylabel('Y'); zlabel('Z')
```

运行结果如图 5-33a 所示。若将程序 meshc(X,Y,Z)改写为

```
C=X.^2+Y.^2; meshc(X,Y,Z,C)
```

则运行结果如图 5-33b 所示。

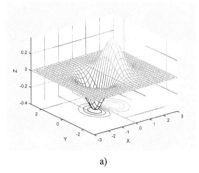
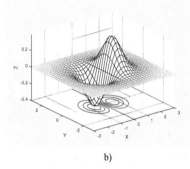

a)　　　　　　　　　　　　　　　　　b)

图 5-33　带等高线的三维网络图

a) 默认带等高线的三维网络图　b) 加 C 后带等高线的三维网络图

5．泛函网络绘图

格式：fmesh(f)　　　　　　　　%绘制 x、y∈[-5，5]（默认），函数为 z = f(x,y)的网格图

　　　　fmesh(f,xyinterval)　　　%指定 x、y 区间绘图，相同区间为[min max]，不同区间

　　　　　　　　　　　　　　　%为[xmin xmax ymin ymax]

　　　　fmesh(funx,funy,funz)　　%绘制 u、v∈[-5，5]（默认），参数方程为 x = funx(u,v)、

　　　　　　　　　　　　　　　%y = funy(u,v)、z = funz(u,v)的网格图

　　　　fmesh(funx,funy,funz,uvinterval)　　%指定 u、v 区间，相同区间为[min max]，

　　　　　　　　　　　　　　　　　　　　%不同区间为[umin umax vmin vmax]

　　　　fmesh(___,LineSpec)　　　　　　　%设置网格的线型、标记符号和颜色

　　　　fmesh(___,Name,Value)　　　　　　%使用一个或多个名称/值对组参数指定网格的属性

【例 5-34】　绘制参数方程为 $x = r\cos s \sin t$，$y = r\sin s \sin t$，$z = r\cos t$，其中 $z=1+\sin(5s+3t)$ 的三维网络图。

```
r = @(s,t) 1 + sin(5.*s + 3.*t);
x = @(s,t) r(s,t).*cos(s).*sin(t);
y = @(s,t) r(s,t).*sin(s).*sin(t);
z = @(s,t) r(s,t).*cos(t);
fmesh(x,y,z,[0 2*pi 0 pi])
```

运行结果如图 5-34 所示。

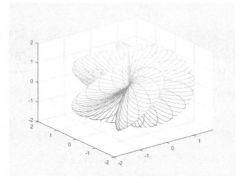

图 5-34　三维参数网络图

5.2.5　柱形图

格式：cylinder(R,N)　　　　% R 为圆柱体半径向量（默认值 R=[1,1]），分别代表下底和上底
　　　　　　　　　　　　　　%半径；N 为指定圆柱体等分数(默认值为 20)；直接由 surf 命令
　　　　　　　　　　　　　　%绘出柱形图
　　　[X,Y,Z]=cylinder(R)　　% 给出 X、Y、Z 为柱形体的坐标矩阵，不绘图
　　　[X,Y,Z]=cylinder(R,N)　% N 为指定等分数，不绘图
说明：后两种格式只需再使用 mesh(X,Y,Z)或 surf(X,Y,Z)命令即可绘图。

【例 5-35】　使用三维柱形图绘制灯笼。

```
t=-pi/2:pi/12:pi/2;              %设置角度向量
r=0.5+cos(t);                    %设置圆柱体半径向量
[x,y,z]=cylinder(r,12)           %设置圆柱体三维坐标
surf(x,y,z)                      %绘制三维表面图
xlabel('x'); ylabel('y'); zlabel('z')
```

运行结果如图 5-35a 所示。

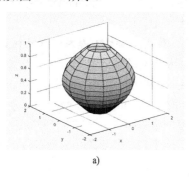

a)　　　　　　　　　　　　　　　　　　　　b)

图 5-35

a) 三维柱形灯笼图　b) 加开口端的三维柱形灯笼图

也可以直接使用函数 cylinder 绘图，其程序如下。

```
t=-pi/2:pi/12:pi/2;
r=0.5+cos(t);
R=[0.5  r  0.5];                 %延伸灯笼开口端
cylinder(R,12)                   %直接绘出灯笼图
colormap(autumn)                 %改变灯笼色图
```

运行结果如图 5-35b 所示。

5.2.6 球体图

格式：sphere   %生成三维直角坐标系中的单位球体（默认值有 20×20 个面）

      sphere(N)   %在当前坐标系中绘制有 N×N 个面的球体

      [X,Y,Z]=sphere(N)   %返回(N+1)×(N+1)阶矩阵，不绘图。可以使用

            %命令 surf(X,Y,Z)或 mesh(X,Y,Z)绘制球体

【例 5-36】 绘制球体图。

```
subplot(1,2,1)
sphere
xlabel('x');ylabel('y');zlabel('z')
subplot(1,2,2)
[X,Y,Z]=sphere(30);
surf(X,Y,Z);
xlabel('x'); ylabel('y'); zlabel('z')
```

运行结果如图 5-36 所示。

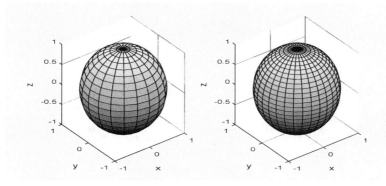

图 5-36 球体图

5.2.7 图形修饰处理

1. 视角控制

格式：view(az,el)   %当前坐标区设置方位角 az 和仰角 el

      view(v)   %根据数组 v 设置视线。二元数组是方位角和仰角，

            %三元数组是 x、y、z 坐标

      view(dim)   %对二维或三维绘图使用默认视线，dim=2 为二维视图，

            %dim=3 为三维视图

      [caz,cel] = view(___)   %返回方位角 caz 和仰角 cel

说明：方位角是视点位置在 XY 平面上的投影与 X 轴形成的角度，正值表示逆时针，负值表示顺时针；仰角正值表示视点在 XY 平面上方，负值表示视点在 XY 平面下方。

在 MATLAB 中提供了一个动态旋转命令 rotate3d，该命令可动态调整图形的视角，直到用户觉得合适为止。使用时只需输入"rotate3d"命令即可。运行程序后会在图形窗口中出现旋转的光标，按住鼠标左键即可调节视角。

【例 5-37】 绘制不同视角图形。

```
[x,y,z]=peaks;                               %peaks 为系统提供的多峰函数
subplot(2,2,1);
mesh(x,y,z);    view(-37.5,30);              %默认状态 view(3)
title('az=-37.5,el=30'); xlabel('x'); ylabel('y'); zlabel('z')
subplot(2,2,2);
mesh(x,y,z);    view(0,90);                  %指定子图 2 的视点 view(2)
title('az=0,el=90'); xlabel('x'); ylabel('y'); zlabel('z')
subplot(2,2,3);
mesh(x,y,z);    view(-90,0);                 %指定子图 3 的视点
title('az=-90,el=0'); xlabel('x'); ylabel('y'); zlabel('z')
subplot(2,2,4);
mesh(x,y,z);    view(-7,-10);                %指定子图 4 的视点
title('az=-7,el=-10'); xlabel('x'); ylabel('y'); zlabel('z')
```

运行结果如图 5-37 所示。

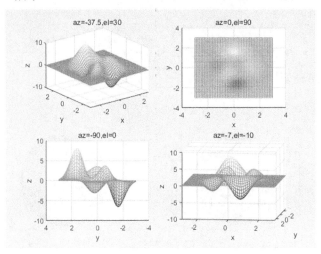

图 5-37 视角控制图

2．色图控制

当前图形的颜色设置由 colormap（色图）函数实现，每个 figure 都有唯一的 colormap。

格式：colormap(map)   %将当前图窗的颜色图设置为 map 指定的颜色图

　　　colormap(target,map)   %为 target 指定的图窗、坐标区或图形设置颜色图

　　　cmap=colormap   %返回当前图窗的颜色图

　　　cmap = colormap(target)   %返回 target 指定的图窗、坐标区或图的颜色图

说明：map 是一个 m×3 的矩阵，每一行的 3 个值都为 0～1 的数，分别代表颜色组成的 r（红）、g（绿）、b（蓝）值。常见颜色的 RGB 三元组值由表 5-4 表示。

表 5-4 常见颜色的 RGB 三元组值

颜色	RGB 三元组	颜色	RGB 三元组
黄色	[1 1 0]	绿色	[0 1 0]
品红色	[1 0 1]	蓝色	[0 0 1]
青蓝色	[0 1 1]	白色	[1 1 1]
红色	[1 0 0]	黑色	[0 0 0]

在绘图设计时，可直接使用系统自带的色彩函数。常用的色彩函数如下。

- autumn：秋天色彩表，由红色经橙色平滑过渡到黄色。
- bone：灰度色彩表，具有较深的蓝色成分。
- colorcube：彩色立方色彩表，提供灰色、纯红、纯绿、纯蓝多步间隔的颜色。
- cool：冷色调色彩表，从青色逐步过渡到洋红的冷色。
- copper：从黑色平滑过渡到同色的色彩表，包括红色、白色、蓝色和黑色。
- flag：旗帜色彩表，由红色、白色、蓝色和黑色组成。
- hot：热色彩表，从黑色经过红色、橙色、黄色到白色。
- hav：色度饱和色彩表，从红色经过黄色、绿色、青色、蓝色、洋红色到红色。
- jet：从蓝色经过青色、黄色、橙色到红色。
- lines：线性颜色色彩表。
- pink：粉红色彩表，包含品红的柔和暗色。
- prism：三棱镜色彩表。由红色、橙色、黄色、绿色、蓝色、紫色交替进行。
- spring：春天色彩表，由颜色深浅的洋红和黄色组成。
- summer：夏天色彩表，由颜色深浅的绿色和黄色组成。
- white：白色表。
- winter：冬天色彩表，由颜色深浅的蓝色和绿色组成。

【例 5-38】 加色图的绘图。

```
[X,Y]=meshgrid(-2:0.2:2, -2:0.2:2);
Z=X.* exp(-X.^2 - Y.^2);
surf(X,Y,Z);
xlabel('X'); ylabel('Y'); zlabel('Z')
```

直接运行结果如图 5-38a 所示。

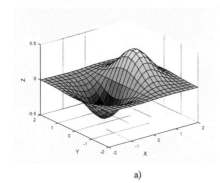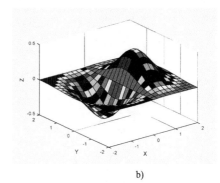

a)   b)

图 5-38

a) 曲面图 b) 加上色图的曲面图

加上色图函数：

```
colormap(colorcube)
```

运行结果如图 5-38b 所示。

3. 色序设置

格式：colororder(newcolors)   %为当前图窗设置色序

     colororder(target,newcolors) %为目标坐标区或图窗设置色序

     C = colororder   %返回当前图窗的色序矩阵

C = colororder(target)   %返回目标图窗或坐标区的色序矩阵

【例 5-39】 色序设置的绘图。

```
newcolors = [0.85 0.16 0.16
             1.00 0.50 0.00
             0.57 0.35 0.82
             0.15 0.36 0.26];
colororder(newcolors)
x = linspace(-2*pi,2*pi);
y1 = cos(x);
y2 = cos(x-0.5);
y3 = cos(x-1);
y4 = cos(x-1.5);
plot(x,y1,'LineWidth',2)
hold on
plot(x,y2,'LineWidth',2)
plot(x,y3,'LineWidth',2)
plot(x,y4,'LineWidth',2)
hold off
```

运行结果如图 5-39 所示。

4. 着色处理

格式：shading flat   %每个网格线段和面都具有恒定颜色

　　　shading faceted   %具有叠加的黑色网格线的单一着色（默认着色模式）

　　　shading interp   %通过在每个线条或面中对颜色图索引或真彩色值进行插值

　　　　　　　　　　　　　　%来改变该线条或面中的颜色

【例 5-40】 使用不同类型的着色显示不同球体。

```
tiledlayout(1,2)
nexttile
sphere(12)
nexttile
sphere(12)
shading flat
```

运行结果如图 5-40 所示。

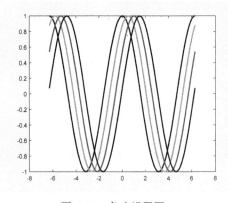

图 5-39　色序设置图   图 5-40　球体着色图

5. 光照处理

格式：light('PropertyName',propertyvalue,...)   %根据给定属性指定值创建一个 Light 对象

【例 5-41】 使用向量[0，0，1]所定义的光线方向（即沿 z 负轴）的局部光源照亮例 5-38 绘制的曲面图。

```
[X,Y]=meshgrid(-2:0.2:2, -2:0.2:2);
Z=X.* exp(-X.^2 - Y.^2);
surf(X,Y,Z);
light('Position',[ 0 0 1],'Style','local')
```

运行结果如图 5-41 所示。

6. 透视与消隐

格式：hidden on   %启用隐线消除模式，网格后面的线条会被网格前面的线条遮住（默认）

hidden off   %禁用隐线消除模式，显示被遮住的线条

hidden   %切换隐线消除状态

【例 5-42】 生成 peaks 函数的网格图，并显示被遮住的线条。

```
tiledlayout(1,2)
nexttile
mesh(peaks)
nexttile
mesh(peaks)
hidden off
```

运行结果如图 5-42 所示。

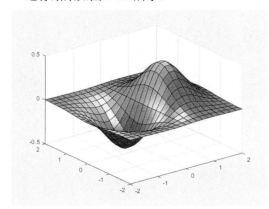

图 5-41　光源照亮图

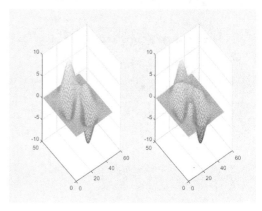

图 5-42　显示被遮住的线条图

5.3　特殊图形绘制

MATLAB 除了提供基本的二维、三维图形外，还提供了很多绘制特殊图形的命令，以适应不同学科的应用。

5.3.1　极坐标图

1. 基本极坐标

在极坐标中绘制线条，使用的函数为 polarplot，而不再使用 polar 函数绘制极坐标图。

格式：polarplot(theta,rho)　　　　　　%极角 theta 为弧度角，极径 rho 为每个点的半径值

polarplot(theta,rho,LineSpec)　　　　%设置线条的线型、标记符号和颜色

polarplot(theta1,rho1,...,thetaN,rhoN)　　%绘制多个 rho/theta 对组的线条

polarplot(theta1,rho1,LineSpec1,...,thetaN,rhoN,LineSpecN)　%指定每个线条的
　　　　　　　　　　　　　　　　　　　　　　%线型、标记符号和颜色

polarplot(rho)　　　%按等间隔角度（介于 0 和 2π 之间）绘制 rho 中的半径值

polarplot(rho,LineSpec)　　　　　　　%设置线条的线型、标记符号和颜色。

polarplot(___,Name,Value)　　　　　%使用一个或多个 Name/Value 对组参数指定图
　　　　　　　　　　　　　　　　　　%形线条的属性

polarplot(pax,___)　　　　　　　　　%使用 pax 指定的 PolarAxes 对象

【例 5-43】　绘制 $\rho = \sin 2\theta \cos 3\theta$ 的极坐标图。

```
theta = 0:0.01:2*pi;
rho = sin(2*theta).*cos(3*theta);
polarplot(theta,rho,'--r')
```

运行结果如图 5-43 所示。

2. 简易极坐标

格式：ezpolar(fun)　　　　　　　　　%在 0<theta <2π（默认）中绘制极坐标曲线 rho = fun(theta)

ezpolar(fun,[a,b])　　　　　　　　　%绘制 fun 在 a<theta <b 内的极坐标图形

ezpolar(axes_handle,___)　　　　　%图形绘制到带有句柄 axes_handle 的坐标区中

【例 5-44】　绘制 $\rho = 1 + \cos 5t$ 简易极坐标图。

```
syms t
ezpolar(1+cos(5*t))
```

运行结果如图 5-44 所示。

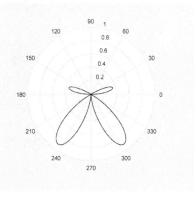

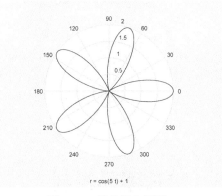

图 5-43　极坐标图　　　　　　　　　　　　图 5-44　简易极坐标图

5.3.2 条形图

MATLAB 中有 4 个函数用于绘制条形图：bar、bar3、barh、bar3h。其中 bar 和 bar3 分别用于绘制二维和三维竖条形图，barh 和 bar3h 分别用于绘制二维和三维水平条形图。

1. 二维竖条形图

格式：bar(y)　　　　　　　%若 y 为向量，绘制 y 中的每个元素对应一个条形，若 y 是 m×n 矩阵，
　　　　　　　　　　　　　%则创建每组包含 n 个条形的 m 个组

bar(x,y)　　　　　　　%在 x 指定的位置绘制条形

bar(___,width)	%设置条形的宽度（标量值）控制组中各个条形的间隔
bar(___,style)	%指定条形组样式，取'stacked'为堆叠条形，'grouped'为组合条形
bar(___,color)	%设置所有条形的颜色
bar(___,Name,Value)	%使用一个或多个名称/值对组参数指定条形图的属性

【例5-45】 绘制条形图。

```
Y=[3 5 4;4 6 3; 5 7 2;6 8 1];
bar(Y)
```

运行结果如图5-45所示。

【例5-46】 绘制指定 x 轴为字符串、条形末端为数字的条形图。

```
X = categorical({'小码','中码','大码'});        %分类数组
X = reordercats(X,{'小码','中码','大码'});       %保留顺序
Y = [25 51 43; 15 46 30;20 48 37];
b =bar(X,Y)
for k=1:3
    xtips= b(k).XEndPoints;
    ytips= b(k).YEndPoints;
    labels= string(b(k).YData);
    text(xtips,ytips,labels,'HorizontalAlignment','center','VerticalAlignment',
'bottom')
    end
```

运行结果如图5-46所示。

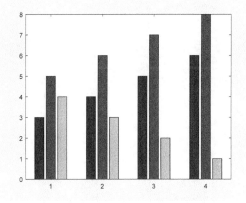

图 5-45　二维条形图

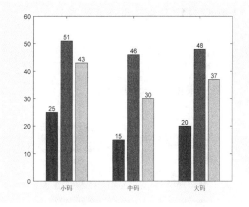

图 5-46　指定 x 轴和条形末端为标签的条形图

【例5-47】 绘制堆叠的条形图。

```
Y=[3 5 4; 4 6 3; 5 7 2; 6 8 1];
bar(Y,'stack') ; axis([0 5 0 18])
```

运行结果如图5-47所示。

【例5-48】 绘制包含负值和正值组合的堆叠条形图。

```
x = [2018,2019,2020];
y = [12 20 -3; 10 -5 18; -7 5 15];
bar(x,y,'stacked')
```

运行结果如图5-48所示。

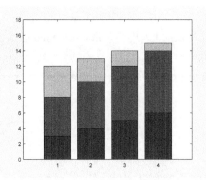

图 5-47 二维堆叠条形图

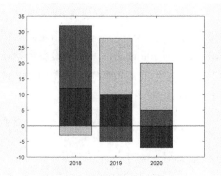

图 5-48 具有负值的二维堆叠条形图

2. 二维水平条形图

格式：barh(___)   %绘制二维水平条形图，格式同 bar

【例 5-49】 绘制水平条形图。

```
Y=[3  5  4;  4  6  3;  5  7  2;  6  8  1];
subplot(1,2,1); barh(Y) ; axis([ 0 10 0.5 4.5])
subplot(1,2,2); barh(Y,'stack') ; axis([ 0 16 0.5 4.5])
```

运行结果如图 5-49 所示。

3. 三维竖条形图

格式：bar3(___)   %绘制三维竖条形图，格式同 bar

【例 5-50】 绘制三维竖条形图。

```
Y=[3  5  4;  4  6  3;  5  7  2;  6  8  1];
subplot(1,2,1); bar3(Y)
subplot(1,2,2); bar3(Y,'stack')
```

运行结果如图 5-50 所示。

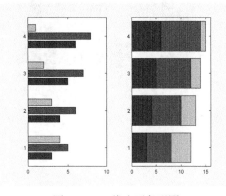

图 5-49 二维水平条形图

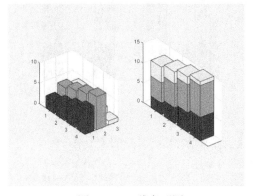

图 5-50 三维条形图

4. 三维水平条形图

格式：bar3h(___)   %绘制三维水平条形图，格式同 bar

【例 5-51】 绘制三维水平条形图。

```
Y=[3  5  4;  4  6  3;  5  7  2;  6  8  1];
subplot(1,2,1); bar3h(Y,'group')
subplot(1,2,2); bar3h(Y,'stack')
```

运行结果如图 5-51 所示。

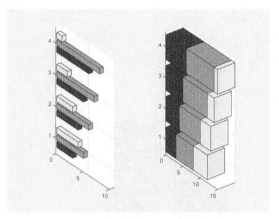

图 5-51 三维水平条形图

5.3.3 直方图

格式： histogram(X)   %绘制自动划分小区间（bin）的直方图
       histogram(X,nbins)   %使用标量 nbins 指定小区间（bin）的数量
       histogram(X,edges)   %将 X 划分到由向量 edges 来指定 bin 边界的 bin 内
       histogram(C)   %绘制分类数组 C 直方图
       histogram(C,Categories)   %仅绘制 Categories 指定的类别的子集
       histogram(___,Name,Value)   %使用一个或多个名称/值对组参数选项

说明：新版本不推荐使用 hist 函数绘制直方图。

【例 5-52】 绘制直方图。

```
randn('state',0);  X=randn(1,100);  histogram(X)
```

运行结果如图 5-52 所示。

【例 5-53】 绘制指定参数的直方图。

```
X=randn(1,200);
subplot(1,2,1);  edges =[-6 -2 0 2 6];  histogram(X, edges)
subplot(1,2,2);  histogram(X,7)
```

运行结果如图 5-53 所示。

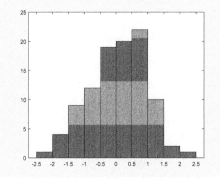

图 5-52 默认直方图

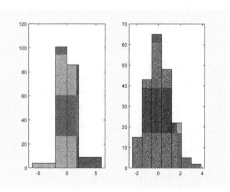

图 5-53 指定参数的直方图

【例5-54】 绘制分类数组直方图。

创建一个表示投票的分类数组，类别为"是""否"或"不确定"。

```
A = [1 0 1 1 0 0 1 0 0 NaN NaN 1 0 0 1 1 0 0 1 1 0 1 0 NaN 1 0 1 0 0 1];
C = categorical(A,[1 0 NaN],{'是','否','不确定'});
histogram(C,'BarWidth',0.8,'FaceColor','r');
```

运行结果如图5-54所示。

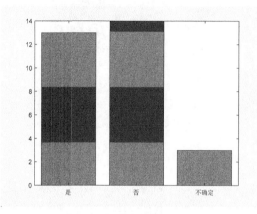

图5-54　分类数组直方图

5.3.4　饼形图

二维和三维的饼形图分别使用pie和pie3命令绘制，其格式类似。

1. 二维饼形图

格式：pie(X)　　　　　%使用X中的数据绘制饼形图，X中的每一元素代表饼形图中的一部分。

　　　　　　　　　%X中元素X(i)所代表的扇形大小通过X(i)/sum(X)的大小来决定。

　　　　　　　　　%若sum(X)=1，则x中元素就直接指定了所在部分的大小；

　　　　　　　　　%若sum(X)<1，则绘制出一不完整的饼形图

　　　pie(X,explode)　　　　　% explode用于指定饼形图中偏移扇区，有零和非零数组

　　　　　　　　　　　　　%构成并与X同维

　　　pie(X,labels)　　　　　%指定用于标注饼图扇区的选项

　　　pie(X,explode,labels)　　%指定偏移扇区和文本标签，X是数值或分类数据类型

【例5-55】 绘制饼形图。

```
X=[80  95  86  78  67]
pie(X, [0 0 0 1 0])
```

运行结果如图5-55所示。

【例5-56】 利用例5-54创建的分类数组绘制饼形图。

```
A = [1 0 1 1 0 0 1 0 0 NaN NaN 1 0 0 1 1 0 0 1 1 0 1 0 NaN 1 0 1 0 0 1];
C = categorical(A,[1 0 NaN],{'是','否','不确定'});
explode = {'是','否'};
pie(C,explode)
```

运行结果如图5-56所示。

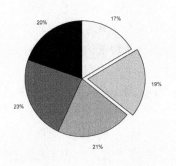

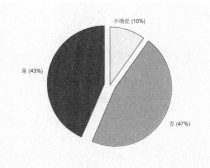

图 5-55　二维饼形图　　　　　　　　图 5-56　分类数组饼形图

2. 三维的饼形图

格式：pie3(___)　　　%绘制三维饼形图，格式同 pie

【例 5-57】　绘制三维饼形图。

1）在例 5-55 显示 X 的二维饼形图结果的基础上绘制三维图。

```
X=[80  95  86  78  67];
explode =[0 1 0 1 0];
labels ={'语文20%','数学23%','外语21%','物理19%','化学17%'}
pie3(X, explode, labels)
```

运行结果如图 5-57a 所示。

2）利用图例给出标签并绘制三维图。

```
X=[80  95  86  78  67];
explode =[0 1 0 1 0];
labels = {'语文','数学','外语','物理','化学'};
pie3(X, explode)
legend(labels)
```

运行结果如图 5-57b 所示。

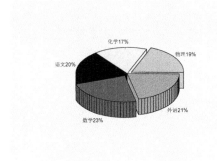

a)　　　　　　　　　　　　　　　　　　　　b)

图 5-57　三维的饼形图

a) 三维饼形图　b) 添加图例后的三维饼形图

5.3.5　面积图

格式：area(Y)　　　%显示矩阵 Y 中各列元素的曲线图，该函数将矩阵中的每列元素分别

```
                    %绘制曲线。其中，第一条曲线是和 x 轴之间的填充，后面的每条
                    %曲线都是把"前"条曲线作基线，进行填充
    area(X,Y)       %X 是单调变化的自变量；Y 是由各因素组成的矩阵，每个因素取
                    %列向量形式排放
    rea(___,basevalue)   %指定区域填充的基值，basevalue 默认值为 0，表示以 X 轴
                    %作为基准线
    area(___,Name,Value)  %使用一个或多个名称/值对组参数修改区域图
```

面积图在显示各元素在 x 轴的特定点占所有元素的比例时很有效，并能醒目地反映各因素对最终结果的贡献份额。

【例 5-58】 绘制面积图。

```
X=0:pi/30:2*pi;
Y=sin(X);
area(Y)
```

运行结果如图 5-58a 所示。若将 area(Y)改成：

```
area(Y,'FaceColor','y','EdgeColor','b') %,'FaceColor'表填充颜色，'EdgeColor'
表边缘线颜色
```

运行结果如图 5-58b 所示。

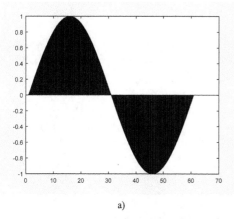

a)

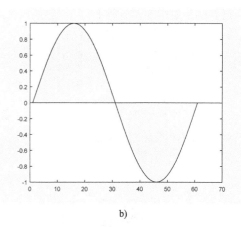

b)

图 5-58 面积图

a) 默认面积图 b) 设置属性面积图

【例 5-59】 绘制带基准线值的面积图。

```
X=0:4;
Y=[3 6 7 5 4; 5 2 6 3 7; 4 9 4 6 0]; area(X',Y',1)
legend('因素 1','因素 2','因素 3')
xlabel('X'); ylabel('Y')
```

运行结果如图 5-59a 所示。

```
colormap(spring) %添加色图
```

运行结果如图 5-59b 所示。

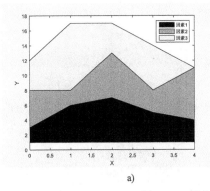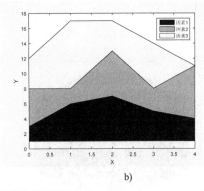

a)   b)

图 5-59　绘制带基准线值的面积图

a) 带基准线值的面积图　b) 添加色图的面积图

5.3.6　填色图

1．绘制二维实心图

格式：fill(X,Y,C)　　　　%以 X 和 Y 的数据为顶点，以 C 指定的颜色绘制填充图

　　　　　　　　　　　%若 C 是行向量，则其向量个数等于 X 与 Y 的列数

　　　　　　　　　　　%若 C 是列向量，则其向量个数等于 X 与 Y 的行数

　　　　　　　　　　　%C 也可选择使用单个字符串指定的颜色

　　　　　　　　　　　%若如有必要，函数 fill 会自动连接起点和终点

　　　　fill(X,Y,ColorSpec)　　　%以指定的颜色填充多边形

　　　　fill(X1,Y1,C1,X2,Y2,C2,...)　%绘制多个填充图

【例 5-60】　绘制一个蓝色的六边形。

```
t=0:2*pi/6:2*pi;  T=[t, t(1)];
X=sin(T);  Y=cos(T);  fill(X,Y,'b')
xlabel('X'), ylabel('Y')
```

运行结果如图 5-60 所示。

实际上可直接运行如下命令。

```
T =0:2*pi/6:2*pi;  X=sin(T);  Y=cos(T);  fill(X,Y,'b')
```

运行结果与图 5-60 相同。

2．绘制三维实心图

fill3 函数可在三维空间绘制多边形，并填充颜色。

格式：fill3(X,Y, Z,C)　　　　　　%绘制三维多边形并填充颜色

　　　　fill3(X,Y,Z,ColorSpec)　　　%以指定的颜色填充多边形

　　　　fill3(X1,Y1,Z1,C1,X2,Y2,Z2,C2,...) %对多边形的不同区域使用不同的颜色进行填充

　　　　fill3(X1,Y1,Z1,C1,X2,Y2,Z2,C2,...)　指定多个三维填充区

【例 5-61】　绘制三维实心图。

```
X1=[1,1,0,0];Y1=[0,0,0,0]; Z1=[0,1,1,0];C1=[0.5,0.1667,1.0,0.5];
X2=[0,0,1,1];Y2=[0,1,1,0];Z2=[0,0,0,0];C2=[0.333,0.667,0.5,0.8];
X3=[1,1,1,1];Y3=[1,1,0,0];Z3=[0,1,1,0];C3=[0.1667,1.0,0.6667,0.333];
X4=[1,1,0,0];Y4=[1,1,1,1];Z4=[0,1,1,0];C4=[0.1,0.5,0.4,0.9];
```

```
fill3(X1,Y1,Z1,C1,X2,Y2,Z2,C2,X3,Y3,Z3,C3,X4,Y4,Z4,C4)
```

运行结果如图 5-61 所示。

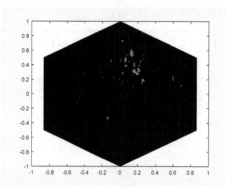

图 5-60　二维实心图

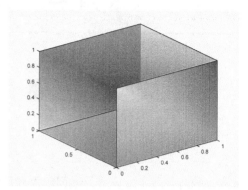

图 5-61　三维实心图

5.3.7　散点图

1. 绘制二维散点图

格式：scatter(x,y) 　　　　　　　%在向量 x 和 y 指定的位置创建一个包含圆形的散点图

　　　　scatter(x,y,sz) 　　　　　%指定圆的大小。绘制大小相等的圆（sz 为标量），

　　　　　　　　　　　　　　　　　%绘制大小不等的圆（sz 为与 x 和 y 等长的向量）

　　　　scatter(x,y,sz,c) 　　　　%指定圆的颜色

　　　　scatter(___,'filled') 　　%填充圆形，默认值是空心

　　　　scatter(___,mkr) 　　　　 %指定标记类型

　　　　scatter(___,Name,Value) 　%使用一个或多个名称/值对组参数修改散点图

【例 5-62】 绘制二维散点图。

```
x=[2  5  3  6  1  4  7  9  5  10];
y=[18  32  27  35  22  35  46  36  29  37];
subplot(1,2,1);  scatter(x,y);  xlabel('x');  ylabel('y')
subplot(1,2,2);  c=1:length(x);  s=20:10:110;  scatter(x,y,s,c,'filled',
'b');  xlabel('x');  ylabel('y')
```

运行结果如图 5-62 所示。

2. 绘制三维散点图

格式：scatter3(X,Y,Z) 　　　　　　%在向量 X、Y 和 Z 指定的位置显示圆

　　　　scatter3(X,Y,Z,S) 　　　　%使用 S 指定的大小绘制每个圆

　　　　scatter3(X,Y,Z,S,C) 　　　%使用 C 指定的颜色绘制每个圆

　　　　scatter3(___,'filled') 　%填充圆

　　　　scatter3(___,markertype) %指定标记类型。

　　　　scatter3(___,Name,Value) %使用一个或多个名称/值对组参数修改散点图

【例 5-63】 利用球体获得数据，并绘制三维散点图。

```
[x,y,z] = sphere(16);
X = [x(:)*0.5  x(:)*0.75  x(:)];
Y = [y(:)*0.5  y(:)*0.75  y(:)];
Z = [z(:)*0.5  z(:)*0.75  z(:)];
```

```
S = repmat([1 0.75 0.5]*10, numel(x), 1);
C = repmat([1 2 3], numel(x), 1);
scatter3(X(:),Y(:),Z(:),S(:),C(:),'filled')
view(-60,60)
```

运行结果如图 5-63 所示。

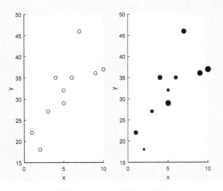

图 5-62　二维散点图

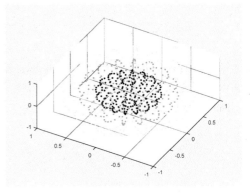

图 5-63　三维散点图

5.3.8　阶梯图

函数 stairs 用于绘制二维阶梯图，阶梯图对与时间有关的数字样本绘图很有用处。

格式：stairs(Y)　　　　　　　　%利用 Y 中元素绘制二维阶梯图

　　　stairs(X,Y)　　　　　　　%在指定的位置 X 对 Y 中元素绘制二维阶梯图

　　　stairs(___,LineSpec)　　　%指定线型、标记符号和颜色

　　　stairs(___,Name,Value)　　%使用一个或多个名称/值对组参数修改阶梯图

　　　[xb,yb] = stairs(___)　　%不绘制图，返回值 xb 和 yb，可使用 plot(xb,yb)绘制阶梯图

【例 5-64】　绘制 $y = \sin x$ 的二维阶梯图。

```
x=0:pi/12:1.5*pi;  y=sin(x);
subplot(1,2,1); stairs(x,y);  axis([0,6, -1,1.2]); xlabel('x'); ylabel('y')
subplot(1,2,2); stairs(x,y,'+-r'); axis([0,6,-1,1.2]);xlabel('x'); ylabel('y')
```

运行结果如图 5-64 所示。

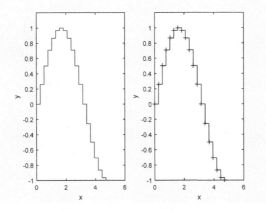

图 5-64　二维阶梯图

5.3.9 杆状图

1. 绘制二维离散数据的杆状图

格式：stem(Y)   %利用 Y 中数据绘制杆状图。图的每一条都是从 x 轴开始，

           %其末端是一个圆圈或其他形状的标记

    stem(X,Y)   %在指定的位置 X 对 Y 中元素绘制杆状图

    stem(…,'filled')   %对末端的标记填充颜色

    stem(…,LineSpec) %设置杆线的线型，标记符号和末端小圆圈的颜色

    stem(___,Name,Value) %使用一个或多个名称/值对组参数修改杆状图

【例 5-65】 绘制 $y = \sin x$ 的二维杆状图。

```
x=0:pi/10:2*pi;  y=sin(x);
subplot(1,2,1);  stem(x,y);  xlabel('x');  ylabel('y')
subplot(1,2,2);  stem(x,y,'fill','--r');  xlabel('x');   ylabel('y')
```

运行结果如图 5-65 所示。

2. 绘制三维离散数据的杆状图

格式：stem3(Z)   %利用 Z 中数据，绘制从 xy 平面出发到末端为圆圈的杆状图

    stem3(X,Y,Z)   %在 X 与 Y 指定的位置上绘制 Z 数据的杆状图

    stem3(___,'fill')   %对末端的标记填充颜色

    stem3(___,LineSpec) %指定线型，标记符号和末端小圆圈的颜色

    stem3(___,Name,Value) %使用一个或多个名称/值对组参数修改杆状图

【例 5-66】 绘制 $Z = X^2 + Y^2$ 三维杆状图。

```
x=0:0.5:6;  y=x;
[X,Y]=meshgrid(x,y);  Z=X.^2+Y.^2;
subplot(1,2,1);  stem3(X,Y,Z);  xlabel('X');  ylabel('Y');  zlabel('Z')
subplot(1,2,2);   stem3(X,Y,Z,'fill','--r');   xlabel('X');   ylabel('Y');
zlabel('Z')
```

运行结果如图 5-66 所示。

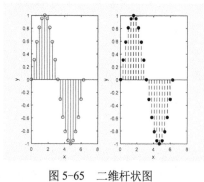

图 5-65　二维杆状图   图 5-66　三维杆状图

5.3.10 误差条图

格式：errorbar(x,y,err)   %绘制 y 对 x 的垂直误差条[y- err, y+err]

    errorbar(x,y,neg,pos) %在每个数据点 x 处绘制一个垂直误差条，neg 确定数据

%点下方的长度，pos 确定数据点上方的长度

errorbar(___,ornt) %设置误差条的方向。ornt 可取'horizontal'（水平误差条），
%也可取'vertical'（垂直误差条，默认值），还可取'both'（水
%平和垂直误差条）

errorbar(x,y,yneg,ypos,xneg,xpos) %同时绘制水平和垂直误差条。yneg 和 ypos
%设置垂直误差条下部和上部的长度，xneg
%和 xpos 设置水平误差条左侧和右侧的长度

errorbar(___,linespec) %设置线型、标记符号和颜色

errorbar(___,Name,Value) %使用一个或多个名称/值对组参数修改线和误差
%条的外观

【例 5-67】 绘制 $y = e^{\sin x}$ 误差条图。

```
X=linspace(0,3*pi,20);  Y=exp(sin(X));
err =0.2*Y;  errorbar(X,Y, err)              %误差为 20%
axis([0,10,0,3.5]);  xlabel('X');  ylabel('Y')
```

运行结果如图 5-67 所示。

【例 5-68】 绘制控制所有方向误差条图。

```
x = 5:10:100;
y = [20 30 45 40 60 65 80 75 95 90];
yneg = [1 3 5 3 5 3 6 4 5 3];
ypos = [2 5 3 5 2 5 2 2 3 5];
xneg = [1 3 5 3 5 3 6 4 3 5];
xpos = [2 5 3 5 2 5 2 2 5 3];
errorbar(x,y,yneg,ypos,xneg,xpos,'o')
```

运行结果如图 5-68 所示。

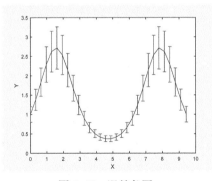

图 5-67　误差条图

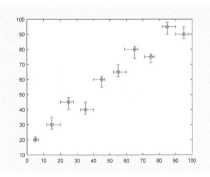

图 5-68　控制所有方向误差条图

5.3.11　等高线图

1. 平面等高线图

格式：contour(Z) %创建矩阵 Z 的等值线的等高线图,矩阵列和行为平面 x 和 y 坐标
contour(X,Y,Z) %指定 X 和 Y 坐标绘制 Z 的等值线图
contour(___,levels) % levels 选取标量值 n，绘制 n（默认值为 10）个层级等高线；
%选取向量[k，k]，绘制高度(k)的等高线
contour(___,LineSpec) %指定等高线的线型和颜色

```
contour(___,Name,Value)          %使用一个或多个名称/值对组参数指定等高线图选项
M = contour(___)                 %返回等高线矩阵 M，包含每个层级的顶点坐标(x, y)
[M,c] = contour(___)             %返回等高线矩阵 M 和等高线对象 c
```

【例 5-69】 绘制函数 $Z = \mathrm{e}^{-X^2-Y^2}$ 的二维等高线图。

```
[X,Y]=meshgrid(-2:0.2:2,-2:0.2:2);  Z=exp(-X.^2-Y.^2);
subplot(1,2,1);  contour(Z);
subplot(1,2,2); contour(X,Y,Z,4,'ShowText','on')    %显示标签
```

运行结果如图 5-69 所示。

2. 空间等高线图

格式： contour3(Z)   %创建矩阵 Z 等值线的三维等高线图

contour3(X,Y,Z)   %指定 X 和 Y 坐标绘制 Z 的等值线图

contour3(___,levels)   % levels 选取标量值 n，绘制 n 个层级等高线；选取向量
                            % [k，k]绘制高度(k)的等高线

contour3(___,LineSpec)   %指定等高线的线型和颜色

contour3(___,Name,Value)   %使用一个或多个名称/值对组参数指定等高线图选项

M = contour3(___)   %返回等高线矩阵 M，包含每个层级的顶点坐标(x, y)

[M,c] = contour3(___)   %返回等高线矩阵 M 和等高线对象 c

【例 5-70】 绘制多峰函数 peaks 的三维等高线图。

```
[X,Y,Z]=peaks(20);
[M,c] = contour3(X,Y,Z,12);
c.LineWidth = 3;
xlabel('X');  ylabel('Y');  zlabel('Z')
```

运行结果如图 5-70 所示。

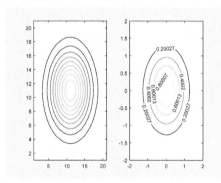

图 5-69 二维等值线图

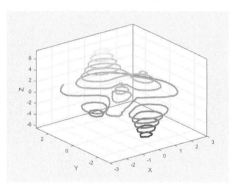

图 5-70 三维等高线图

5.3.12 热图

格式： h= eatmap(tbl,xvar,yvar)   %创建一个基于表 tbl 的热图，返回 HeatmapChart 对象。
                                           %xvar 是沿 x 轴显示表变量，yvar 是沿 y 轴显示表变量

h=heatmap(tbl,xvar,yvar,'ColorVariable',cvar)   %使用 cvar 指定的表变量来计算颜色数据

h=heatmap(cdata)   %创建一个基于矩阵 cdata 的热图，热图上的每个单元格对应
                                           %cdata 中的一个值

```
h=heatmap(xvalues,yvalues,cdata)     %指定沿 x 轴和 y 轴显示的值的标签
h=heatmap(___,Name,Value)            %使用一个或多个名称/值对组参数指定热图选项
h=heatmap(parent,___)                %在由 parent 指定的图窗、面板或选项卡上创建热图
```

【例 5-71】 创建一个表的热图。

```
Name = {'张天岐';'李光';'王大勇';'赵一狄';'杨娜';'陈勇';'孙乐'};
Age = [28;36;38;42;37;36;38];
Height = [176;163;182;156;162;176;182];    %身高 cm
Weight = [72;68;76;52;56;68;76];           %体重 kg
T2 = table(Age,Weight,Height,'RowNames',Name)
h = heatmap(T2,'Age','Height')
```

运行结果如图 5-71 所示。

【例 5-72】 创建一个矩阵的热图。

```
cdata = [46 68 52; 43 56 48; 56 70 49; 37 55 48];
xvalues = {'小码','中码','大码'};
yvalues = {'绿色','红色','蓝色','灰色'};
h = heatmap(xvalues,yvalues,cdata);
h.Title = 'T 恤订单';
h.XLabel = '尺寸';
h.YLabel = '颜色';
```

运行结果如图 5-72 所示。

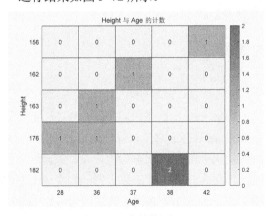

图 5-71　表的热图

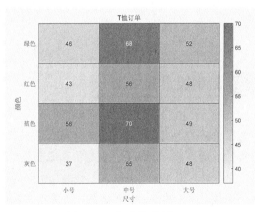

图 5-72　矩阵的热图

5.4 综合实例

用户可以利用二维、三维绘图命令绘制各种实际问题的图形，本章实例将给出喷泉图和股票蜡烛图的绘制方法。

5.4.1 绘制模拟喷泉的散点图

【例 5-73】 利用三维散点图绘制喷泉图。

绘制喷泉图的 MATLAB 程序如下。

```
clear
for n=0:0.5:20                          % 设置喷泉层次
    r=10+6*n;                           % 设置喷泉的内、外径
    t=0:pi/12:2*pi;                     % 设置喷嘴数，共 25 个
    x=r.*cos(t);                        % 计算散点 x 的坐标
    y=r.*sin(t);                        % 计算散点 y 的坐标
    z=60*ones(size(x))*n-2*n.^2;        % 计算散点 z 的坐标，近似抛物线
    c=[0 0 0];                          % 设置颜色，黑点
    scatter3(x,y,z,3,c,'filled')        % 绘制散点图
    hold on
end
axis([-120, 120, -120, 120, 0, 500]);
xlabel('x'); ylabel('y'); zlabel('z')
```

运行结果如图 5-73 所示。

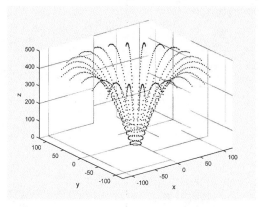

图 5-73　喷泉的散点图

5.4.2　绘制股票 K 线图

　　一根 K 线记录的是股票在一天内价格变动的情况。将每天的 K 线按时间顺序排列在一起，就组成了股票价格的历史变动情况，叫作 K 线图。K 线又被称为蜡烛图，它是以每个交易日（时间日期）的开盘价、最高价、最低价、收盘价和成交量绘制而成的。K 线的结构可分为上影线、下影线及中间实体三部分，其形状是一条柱状的线条，中间的矩形称为实体（分阳线和阴线），影线在实体上方的细线叫上影线，下方的部分叫下影线。下面首先利用函数 timetable 创建时间表，然后利用函数 candle 绘制股票的烛型图，最后添加均值线等。

　　【例 5-74】某只股票在 2020 年 6 月 1 日至 6 月 19 日共 15 个交易日的股票开盘价、最高价、最低价、收盘价和成交量数据，如表 5-5 所示，试绘制 K 线图。

表 5-5　股票价格表

日期	开盘价	最高价	最低价	收盘价	成交量
2020-06-01	13.1	13.39	13.08	13.32	88296055
2020-06-02	13.29	13.63	13.28	13.55	88345888
2020-06-03	13.64	13.88	13.5	13.54	95680308
2020-06-04	13.53	13.64	13.41	13.57	58306633
2020-06-05	13.6	13.62	13.43	13.59	38302690
2020-06-08	13.68	13.85	13.58	13.62	58597190

（续）

日期	开盘价	最高价	最低价	收盘价	成交量
2020-06-09	13.64	13.73	13.53	13.67	47430007
2020-06-10	13.71	13.71	13.4	13.49	58047620
2020-06-11	13.38	13.39	13	13.08	134903982
2020-06-12	12.9	13.02	12.87	12.99	103055057
2020-06-15	12.85	12.97	12.8	12.82	66031307
2020-06-16	12.9	12.99	12.86	12.89	71805910
2020-06-17	12.89	12.92	12.76	12.85	71646824
2020-06-18	12.76	12.8	12.59	12.76	111964780
2020-06-19	12.73	12.84	12.61	12.8	153952178

MATLAB 程序如下。

```
%创建时间表
Time=datetime({'2020-06-01';'2020-06-02';'2020-06-03';'2020-06-04';'2020-06-05';
     '2020-06-08';'2020-06-09';'2020-06-10';'2020-06-11';'2020-06-12';
'2020-06-15';'2020-06-16';'2020-06-17';'2020-06-18';'2020-06-19'});
    Open=[13.1;13.29;13.64;13.53;13.6;13.68;13.64;13.71;13.38;12.9;12.85;
12.9;12.89;12.76;12.73];
    High=[13.39;13.63;13.88;13.64;13.62;13.85;13.73;13.71;13.39;13.02;12.97;
12.99;12.92;12.8;12.84];
    Low=[13.08;13.28;13.5;13.41;13.43;13.58;13.53;13.4;13;12.87;12.8;12.86;
12.76;12.59;12.61];
    Close=[13.32;13.55;13.54;13.57;13.59;13.62;13.67;13.49;13.08;12.99;12.82;
12.89;12.85;12.76;12.8];
    Volume=[88296055;88345888;95680308;58306633;38302690;58597190;47430007;
58047620;134903982;103055057;66031307;71805910;71646824;111964780;153952178];
    TT = timetable(Time,Open,High,Low,Close,Volume)
%绘制烛型图
candle(TT)            %绘制图形如图 5-74 所示
```

运行结果如下。

```
TT =
  15×5 timetable
    Time         Open     High     Low      Close    Volume

    2020-06-01   13.1     13.39    13.08    13.32    8.8296e+07
    2020-06-02   13.29    13.63    13.28    13.55    8.8346e+07
    2020-06-03   13.64    13.88    13.5     13.54    9.568e+07
    2020-06-04   13.53    13.64    13.41    13.57    5.8307e+07
    2020-06-05   13.6     13.62    13.43    13.59    3.8303e+07
    2020-06-08   13.68    13.85    13.58    13.62    5.8597e+07
    2020-06-09   13.64    13.73    13.53    13.67    4.743e+07
    2020-06-10   13.71    13.71    13.4     13.49    5.8048e+07
    2020-06-11   13.38    13.39    13       13.08    1.349e+08
    2020-06-12   12.9     13.02    12.87    12.99    1.0306e+08
    2020-06-15   12.85    12.97    12.8     12.82    6.6031e+07
    2020-06-16   12.9     12.99    12.86    12.89    7.1806e+07
    2020-06-17   12.89    12.92    12.76    12.85    7.1647e+07
    2020-06-18   12.76    12.8     12.59    12.76    1.1196e+08
    2020-06-19   12.73    12.84    12.61    12.8     1.5395e+08
```

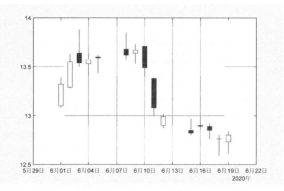

图 5-74　绘制 K 线图

可以继续在 K 线图（图 5-74）上绘制其他指标线。例如，下面给出 3 日、5 日均值线和每日平均价线的 MATLAB 程序如下。

```
hold on
n=length(Close)
T=datetime(Time);
%3 日均线
for i=1:(n-3+1)
    MA3(n-3+2-i)=sum(Close(n-3+2-i:n+1-i)/3);
end
MA3
plot(T(3:n),MA3,'r')
%5 日均线
for i=1:n-5+1
    MA5(n-5+2-i)=sum(Close(n-5+2-i:n+1-i)/5);
end
MA5
plot(T(5:n),MA5,'-k')
%绘制平均价曲线
M=(Open+High+Low+Close)/4;
plot(T(1:n),M,'b')
txt={'\fontsize{14}\it 平均价曲线','\fontsize{14}\it3 日均线', '\fontsize
{14}\it5 日均线'}
    text([T(8),T(10),T(10)],[12.85,13.1,13.37],txt)
```

运行结果如图 5-75 所示。

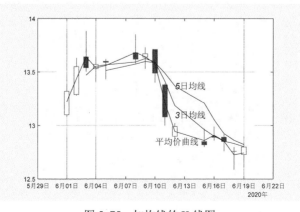

图 5-75　加均线的 K 线图

均线绘制法是把当天作为最后一天，然后向前推算，在收盘之前当天的均线是变动的，收盘后才定型。如今天是 6 月 12 日，五日均线是（8+9+10+11+12）/5，其中 8、9、10、11 四日是收盘价，12日的价格是交易过程中的动态价格，收盘后为收盘价，五日均线定型。

5.5 思考与练习

1．绘制三次函数 $y = x^3 + x + 1$ 在 $-5 \leqslant x \leqslant 5$ 上的曲线，选择颜色、线型和标记。

2．绘制函数 $y = 1 - 2e^{-t} \sin t$（$0 \leqslant t \leqslant 8$）的图形，在 x 轴上标注"时间"，在 y 轴上标注"振幅"，图形的标题为"衰减振荡指数"。

3．在同一图形窗口以不同的颜色绘制正弦函数和反正弦函数两条曲线，并加上标注。

4．在同一图形窗口下绘制两个子图，分别显示下列曲线：1）$y = \sin 2x \cos 3x$；2）$y = 0.4x$；并要求给 x 轴、y 轴加标注，每一个子图加标题。

5．绘制参数方程 $x = \sin t$，$y = \cos t$，$z = t$ 在 $0 \leqslant t \leqslant 2\pi$ 的曲线图形。

6．绘制椭圆方程 $\begin{cases} x = 5\cos t \\ y = 3\sin t \end{cases}$ 的图形。

7．绘制函数 $z = xe^{-x^2 - y^2}$ 在区域 $-2 \leqslant x, y \leqslant 2$ 的三维线图、网线图、表面图和带效果的表面图。

8．使用 sphere 函数产生球表面坐标，绘制网线图和表面图。

9．已知某公司生产 A、B、C、D、E、F 共 6 种产品，年利润分别为 56、68、75、83、90 和 45万元，使用二维和三维饼形图显示产品的贡献，并为图形加上图例。

10．甲、乙、丙三个城市某年度上半年每个月的国内生产总值，如表 5-6 所示，试绘制三个城市上半年各月国内生产总值条形图，并添加城市中的甲、乙、丙标签。

表 5-6　各城市国内生产总值数据　　　　　　　　　　　　　　　　（单位：亿元）

城市	1月	2月	3月	4月	5月	6月
甲	180	125	186	210	210	240
乙	120	100	115	190	180	200
丙	80	60	85	120	100	150

第6章 程序设计

MATLAB 作为一种高级应用软件，除了可以在命令行窗口中编写命令外，还可以生成自己的程序文件，发挥其强大功能。进行 MATLAB 程序设计就是编写 M 文件，利用程序结构中的顺序语句、循环语句和分支语句，以及各自的流控制机制，相互配合，以解决各种复杂问题。本章首先介绍运算符及其操作运算，然后对各种编程语句进行说明。

本章重点
- 关系运算与逻辑运算
- 顺序语句
- 循环语句
- 分支语句

6.1 运算符及其操作运算

在 MATLAB 编程中，经常会遇到判断结构，即根据某种条件的数值（0 或 1）得出不同的结论，这就需要通过某种表达式来产生这种逻辑上的判断数值（0 或 1），而能够达到这种要求的就是关系运算符和逻辑运算符。

6.1.1 算术操作运算

MATLAB 使用的算术运算符为：加（+）、减（−）、乘（*）、除（/）、左除（\）、幂（^），及小括号（），其运算法则在数值计算章节中的数组运算和矩阵运算中都已介绍。具体内容参见数组运算指令（表 2-3）和矩阵运算指令与含义（表 2-5）。在算术操作过程中，可随时使用 MATLAB 提供的大量运算函数，如表 2-2 提供了常用的基本函数。

6.1.2 关系操作运算

关系操作运算用关系运算符来实现，可用来比较两个标量，或两个同样大小的数组，或一个数组和一个标量（实际是数组中的每一个元素与标量比较），比较结果产生 0（逻辑假，false）或 1（逻辑真，true）。

格式：a op b   % a 和 b 是算术表达式、变量、字符串等，op 是一种关系运算符

常用的比较关系运算符如表 6-1 所示。

表 6-1 比较关系运算符及含义

关系运算符	含义	关系运算符	含义	关系运算符	含义
<	小于	==	等于	>=	大于或等于
>	大于	~=	不等于	<=	小于或等于

【例 6-1】 比较关系运算示例。

```
>>A=1: 9,  B=10-A,  r0=(A<4),  r1=(A==B)
A =
   1   2   3   4   5   6   7   8   9
B =
   9   8   7   6   5   4   3   2   1
r0 =
   1   1   1   0   0   0   0   0   0
r1 =
   0   0   0   0   1   0   0   0   0
```

6.1.3 逻辑操作运算

逻辑操作运算由逻辑运算符来实现，主要使用"与""或"将多个表达式组合在一起，或是对关系式取反，具体格式可写为 a&b、a|b、～a 等。

逻辑运算符及对应的含义，以及逻辑运算函数如表 6-2 所示。

表 6-2 逻辑运算符含义及函数表示

逻辑运算符	&	&&	|	||	～
含义	元素逻辑与	捷径逻辑与	元素逻辑或	捷径逻辑或	逻辑非
逻辑运算函数	and(a,b)	a,b 逻辑标量	or(a,b)	a,b 逻辑标量	not(a,b)

逻辑操作运算法则如下。

1）a&b 或 and(a,b)：表示 a 和 b 作"元素逻辑与"运算。当 a 和 b 全为非零时，运算结果为 1，否则为 0。

2）a&&b：表示 a 和 b 作"捷径逻辑与"运算。当 a 为逻辑真（1）时，才计算 b 的逻辑值；当 a 为逻辑假（0），则无须计算 b 的逻辑值，而直接返回逻辑假（0）。

3）a|b 或 or(a,b)：表示 a 和 b 作"元素逻辑或"运算。当 a 和 b 只要有一个非零，运算结果为 1，否则为 0。

4）a||b：表示 a 和 b 作"元素逻辑或"运算。当 a 为逻辑假（0）时，才计算 b 的逻辑值；当 a 为逻辑真（1），则无须计算 b 的逻辑值，而直接返回逻辑真（1）。

5）～a 或 not(a)：表示对 a 作"逻辑非"运算，当 a 是 0 时，运算结果为 1，否则为 0。

除了上述逻辑运算符及函数外，MATLAB 还提供了其他逻辑运算函数。基本逻辑运算函数如下。

1）xor(x,y)：异或运算函数，当 x 与 y 不相同时，返回 1；x 与 y 相同时返回 0。

2）any(x)：如果向量 x 中存在非零元素，则返回 1，否则，返回 0；如果矩阵 x 中每一列均有非零元素，则返回 1，否则，返回 0。

3）all(x)：如果向量 x 中所有元素非零，则返回 1，否则，返回 0；如果矩阵 x 中每一列所有元素非零，则返回 1，否则，返回 0。

【例 6-2】 逻辑运算举例。

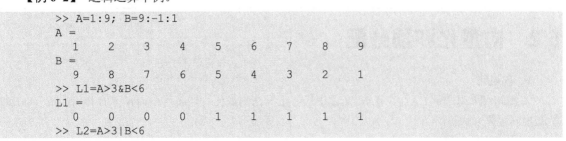

```
>> A=1:9; B=9:-1:1
A =
   1   2   3   4   5   6   7   8   9
B =
   9   8   7   6   5   4   3   2   1
>> L1=A>3&B<6
L1 =
   0   0   0   0   1   1   1   1   1
>> L2=A>3|B<6
```

```
L2 =
     0     0     0     1     1     1     1     1     1
>> L3= xor(A>3,B<6)
L3 =
     0     0     0     1     0     0     0     0     0
>> L4=~A
L4 =
     0     0     0     0     0     0     0     0     0
>>L5=any(L4)
L5 =
     0
>> L6=all(A)
L6 =
     1
>> L7=L5&&L6
L7 =
     0
>> L8=L5||L6
L8 =
     1
```

6.1.4 运算符优先级

当将多个运算符和变量写成一个 MATLAB 表达式时，运算符的优先次序必须明确。通常所有的运算符中，算术运算符优先级最高，关系运算符次之，逻辑操作符的优先级最低。具体优先级次序在表 6-3 中依从上到下的顺序由高到低排序。同一行的各运算符具有相同的优先级，其运算符法则是在表达式中从左到右依次进行运算。若在不确定优先级的情况下，建议采用小括号运算符来明确运算的先后顺序。

表 6-3　各种运算符优先级排序

优 先 级	运 算 符
最高	小括号（）
↓	转置'、数组乘方.^、矩阵乘方^
↓	一元加减运算符（+、-）、逻辑非（~）
↓	点乘.*、点除./、乘法*、除法/
↓	冒号:
↓	关系运算符（==、~=、>、>=、<、<=）
↓	元素逻辑与（&）
↓	元素逻辑或（|）
↓	捷径逻辑与（&&）
最低	捷径逻辑或（||）

6.2　向量化和预分配

1. 向量化

为使 MATLAB 高效运行，在 M 文件中最好把算法向量化。即将程序语言中的 for 循环，可用向量或矩阵运算来代替。

例如，在求 $1+\dfrac{1}{3}+\dfrac{1}{5}+\dfrac{1}{7}+\cdots+\dfrac{1}{99}$ 之和时，可分别使用 for 循环语句和向量化编写程序，具体如下。

```
%for 循环程序
s=0;
for k=1:50
    s=s+1/(2*k-1);
    k=k+1;
end
s
%向量化程序
>> x=1:2:99;
>> s=sum(1./x)
```

2．预分配

若一条代码无法向量化，可事先将所要输出的结果进行预先分配，即预先给出存储空间，这样可以加快 for 循环。

例如，在矩阵内存预分配时，划定一个固定的内存块，各数据可直接按行、列存放到相应的位置。若矩阵中不进行预配置内存，则随着行数、列数的变大，MATLAB 就必须不断地扩充维数，这样就会大大降低程序的执行效率。

具体例子，可参见例 6-5 和例 6-7，其分别给出了数组和矩阵的预分配空间。

6.3 顺序语句

顺序语句是指依次按顺序执行程序的各条语句，它不需要任何特殊的流控制。

格式：expression   %执行表达式命令，显示表达式值

    variable=expression   %将表达式赋值给变量 variable

【例 6-3】利用顺序结构编写程序，依次绘制函数 $y=\sin x$、$y=\sin\left(x+\dfrac{\pi}{5}\right)$ 和 $y=\sin\left(x-\dfrac{\pi}{5}\right)$ 的图形。

```
fplot(@(x) sin(x),'-.*k')          %1 先绘制 y=sinx 图形
hold on                            %2 开启叠加绘图函数指令
fplot(@(x) sin(x+pi/5),'Linewidth',2);  %3 绘制 y= sin(x+pi/5)图形
fplot(@(x) sin(x-pi/5),'--or');    %4 绘制 y= sin(x-pi/5)图形
hold off                           %5 关闭叠加绘图函数指令
xlabel('x'), ylabel('y')           %6 给坐标轴添加标签
```

运行结果如图 6-1 所示。

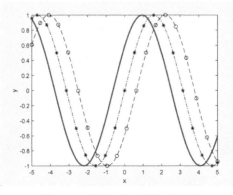

图 6-1　顺序结构编写程序绘图

6.4 循环语句

循环语句一般用于有规律的重复计算。被重复执行的语句称为循环体，控制循环语句走向的语句称为循环条件。MATLAB 中有 for 循环和 while 循环两种语句。

6.4.1 for 循环

for 语句可完成指定次重复的循环。

1. for 语句的简单形式

格式： for index = values

         statements

    end

说明：values 形式如下。

1）initVal:endVal：index 变量从 initVal 至 endVal 按 1 递增，重复执行 statements 直到 index 大于 endVal。

2）initVal:step:endVal：每次迭代时按值 step 对 index 进行递增，或在 step 是负数时对 index 进行递减。

3）valArray：每次迭代时从数组 valArray 的后续列创建列向量 index。

【例 6-4】 编写求 100! 的程序，利用公式 $k!=(k-1)!\times k$。

```
s=1;
for k=1:100
   s=s*k;
end
s
```

运行结果如下。

```
s =
   9.3326e+157
```

$k!$ 可直接使用乘积函数 prod(1:k) 或阶乘函数 factorial(k) 来计算。

【例 6-5】 编写利用数组指定循环变量的值，并计算各取值的三次方的程序。

```
A= [1 3 5 7 9];            %给定循环变量取值数组
B=zeros(size(A));          %给 B 预先分配存储空间
k=0;
for x=A                     %依次取 A 中的元素
    k=k+1;
    B(k)=x.^3;              %计算 A 每个元素的三次方
end
C=[A; B]                    %显示 A，及与 A 对应的值 B
```

运行结果如下：

```
C =
   1    3    5    7    9
   1   27  125  343  729
```

【例 6-6】 编写对每个矩阵列重复执行语句。

```
for I = eye(3,2)
```

```
    disp('Current unit vector:')
    disp(I)
end
```

运行结果如下:

```
Current unit vector:
  1
  0
  0
Current unit vector:
  0
  1
  0
```

2. 多重嵌套的 for 循环

【例 6-7】 多重嵌套的 for 循环举例。

```
A=5;
B=zeros(A,A) ;              %给 B 预先分配存储空间
for m=1:A
    for n=1:A
        B(m,n)=1/(m+n-1);   %计算输入的两个值的和，再减 1 的倒数
    end
end
format rat                  %有理分式显示
```

运行结果如下:

```
B =
    1         1/2       1/3       1/4       1/5
    1/2       1/3       1/4       1/5       1/6
    1/3       1/4       1/5       1/6       1/7
    1/4       1/5       1/6       1/7       1/8
    1/5       1/6       1/7       1/8       1/9
```

使用循环结构时，在循环指令之前尽量对数组进行预定义，分配存储空间大小。

6.4.2 while 循环

while 循环是不定次重复的循环语句，即循环次数不固定。

格式：while expression

          statements

      end

说明：while 语句可不定次数地重复执行 statements。当 expression 为逻辑真或非零值时，就重复执行 statements。因此，expression 的值受到 statements 的影响，否则这种循环无法结束。通常表达式给出的是一个标量值，但也可以是数组或矩阵，如果是后者，则要求所有的元素都必须为真。

【例 6-8】 若银行存款年利率为 3.5%，现将 10 万元钱存入银行，问多长时间会连本带利翻一番（假定利率保持不变）？

可利用 $M=M_0\times(1+r)$ 来计算，其中 M_0 为本金，r 为年利率，M 为一年后的连本带利。

```
m=10;                       %初始值
k=0;
while m<20;                 %翻一番
    m=m*(1+3.5/100)
```

```
        k=k+1
    end
```

运行结果如下（只写出最后两项）：

```
m =
   19.8979
k =
   20
m =
   20.5943
k =
   21
```

故需要 21 年后才能连本带利翻一番。

上面的程序每次循环显示的结果都是 k 和 m，若调用的话，不太方便，为此给出使用向量形式显示其结果的程序：

```
m(1)=10;
k=1;
while m(k)<20
    m(k+1)=m(k)*(1+3.5/100);
    k=k+1;
end
k, m
```

运行结果如下：

```
k =
   22
m =
   10.0000   10.3500   10.7122   11.0872   11.4752   11.8769   12.2926   12.7228   13.1681
   13.6290   14.1060   14.5997   15.1107   15.6396   16.1869   16.7535   17.3399   17.9468
   18.5749   19.2250   19.8979   20.5943
```

由于第一年存款本金作为序号 1，故序号 k = 22，也表明 21 年后才能连本带利翻一番，与上述结果一致。

6.5　条件语句

当在程序中需要根据一定条件来执行不同的操作时，可使用条件语句。if 是 MATLAB 中最常用的条件执行语句，它与 end 语句一起构成各种格式。

6.5.1　if-else-end 结构

1．if-end 结构

最简单的条件语句是仅由 if 和 end 组成的语句，它可根据逻辑表达式的值选择是否执行。

格式：if　expression

　　　　　statements

　　　end

说明：当表达式 expression 的值为逻辑真或非零值时，执行语句组 statements。expression 通常由关系操作符、逻辑运算符、算术运算符等构成，statements 可以是多个语句。

例如，判断当 a 为偶数时，显示 a 是偶数，并计算 a/2；否则不作任何处理。

```
If  rem(a,2)==0
  disp('a is even')
  b=a/2;
end
```

2. if-else-end 结构

利用 else 和 elseif 可进一步给出条件，从而构成复杂的条件语句。else 表示当前面的 if（也可能是 elseif）表达式为零或逻辑假时，执行与之相关联的语句。elseif 语句表示当前面的 if 或 elseif 为零或逻辑假时，计算本语句的表达式；当表达式为非零或逻辑真时，执行与之相关联的语句。

格式：if   expression
　　　　　　statements1
　　　else
　　　　　　statements2
　　　end

说明：当 expression 为逻辑真或非零值时，执行 statements1；否则执行 statements2。

【例 6-9】 利用条件语句实现函数 $y = \begin{cases} \sqrt{1-x^2}, & |x| \leqslant 1 \\ x^2-1, & |x| > 1 \end{cases}$。

```
x=input('请输入 x 的值：')
if abs(x)<=1
  y=sqrt(1-x^2)
else
  y=x^2-1
end
```

3. 有多个条件式的 if-else-end 结构

格式：if   expression1
　　　　　　statements1
　　　elseif   expression2
　　　　　　statements2
　　　else
　　　　　　statements3
　　　end

说明：当 expression1 为逻辑真或非零值时，执行 statements1；当 expression1 为逻辑假或零值，且 expression2 为逻辑真或非零值时，执行 statements2；当 expression1 和 expression2 均为逻辑假或零值时，执行 statements3。

【例 6-10】 利用 if 结构判断输入的数值。

```
n=input('请输入一个数 n：')
if n<0
   disp('输入数不能为负数')
 elseif n==0
   disp('n 为零')
 elseif rem(n,2)==0
   disp('n 为偶数')
 elseif rem(n,2)==1
   disp('n 为奇数')
```

```
    else
        disp('n 为其他数')
    end
```

6.5.2 switch-case 结构

switch-case-otherwise 分支结构主要实现根据表达式的值，在几种情况之间切换的功能。

格式：switch expression（scalar or string）

        case value1

           statements1

        case value2

           statements2

           …

        otherwise

           statementsn

     end

说明：将 expression 的值依次和各个 value 检测值进行比较，当 expression 与某一个 case 语句中的 value 相符时，执行这个 case 语句之后的语句，然后跳出该 switch 结构；如果 expression 与所有 case 语句中的 value 都不符合，则执行 otherwise 语句后的一组语句。

expression 是一个标量或字符串。当 expression 为标量时，expression 与 value 相符意味着 expression＝value；当 expression 为字符串时，两者相符意味着 strcmp(expression, value)为逻辑真。当然 otherwise 指令也可以不存在。

【例 6-11】 利用 switch 结构判断输入的数值。

```
n=input('请输入一个数 n：')
switch n
    case -1
        disp('n 为负数')
    case 0
        disp('n=0')
    case 1
        disp('n 为正数')
    otherwise
        disp('n 是其他数')
end
```

在 if 语句中，可设定＞、＜、≥、≤这样的关系，但 switch 中只能采用相等的关系，这一点是两者的区别。

【例 6-12】 利用 switch 结构判断输入的字符串。

```
x = [26, 37, 42];
plottype = 'bar';
switch plottype
    case {'bar','bar3'}
        bar(x,'y'); title('条形图')
    case 'pie'
        pie(x); title('饼形图')
    otherwise
        warning('无绘图类型，未创建绘图')
end
```

运行结果如图 6-2 所示。

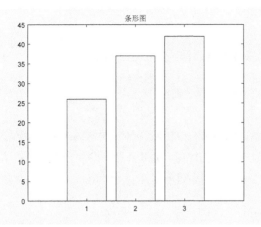

图 6-2　switch 结构编写程序

6.6　试探结构

try- catch 语句是一种错误处理语句，提供一种捕获错误的方法。

格式：try

statements1

catch

statements2

end

说明：通常情况下，只执行 statements1，但当在执行 statements1 语句发生错误时，catch 控制块就可捕获它，会执行 statements2，这样可以在 statements2 中对错误作适当处理。可调用 lasterr 函数查询出错原因。try 和 catch 控制块中的语句之间使用逗号隔开。

【例 6-13】　矩阵乘法运算要求两个矩阵的维数相容，否则会出错。

```
A=[2  3  5;  3  7  9];
B=[1  4  7;  2  7  10];
try
   C=A*B;
catch
   C=A.*B;
end
C
disp(lasterr)
```

运行结果如下：

```
C =
    2    12    35
    6    49    90
错误使用  *
用于矩阵乘法的维度不正确。请检查并确保第一个矩阵中的列数与第二个矩阵中的行数匹配。要执行
按元素相乘，请使用 '.*'.
```

6.7 流控制命令

在程序设计中会碰到需要提前终止循环、跳出子程序、显示出错信息等情况，因此还需要其他的流控制语句来实现这些功能。

6.7.1 continue 命令

continue 命令的作用是结束本次循环，即跳过循环体中尚未执行的语句，接着进行下一次是否执行循环的判断，它用在 for 或 while 循环结构体内，并和 if 语句合用来强制终止循环。

【例6-14】 编写程序，显示 1~10 的奇数。

```
for i=1:10
    if rem(i,2)==0
        continue
    else
        disp(i)
    end
end
```

显示的结果为：1   3   5   7   9。

6.7.2 break 命令

break 命令的作用是终止本次循环，跳出最内层循环，即不必等到循环的结束而是根据条件退出循环，它用在 for 或 while 循环结构体内，并和 if 语句合用来强制终止循环。

【例6-15】 已知 $y = 1 + \dfrac{1}{2} + \dfrac{1}{3} + \cdots + \dfrac{1}{n}$，求 y 不超过 6 的最大 n 的值，及 n 对应的 y 值。

```
y=0;
k=1;
while k
    x=1/k;
    y=y+x;
    if y>6
        break;
    end
    k=k+1;
end
n=k-1
y=y-x
```

运行结果如下：

```
n =
    226
y =
    6.0000
```

需要注意的是，当 break 命令碰到空行时，将退出 while 循环。

6.7.3 return 命令

return 命令可使正在运行的函数正常退出，并返回调用它的函数继续运行。经常用在函数的末尾来正常结束函数的运行，当然也可用于在某条件满足时强行结束执行该函数。return 命令在 MATLAB 的内置函数中经常使用。具体例子可参见本章 6.8.1 节中的例 6-16。

当程序进入死循环时，按〈Ctrl+break〉键可终止程序的运行。

6.7.4 error 和 warning 命令

格式：error('message')

warning('message')

说明：error 命令用来指示出错信息并终止当前函数的运行，warning 命令用来指示警告信息后程序仍继续运行。

6.7.5 input 命令

input 命令可用来提示用户从键盘输入数据、字符串或表达式，并接收输入值。

格式：x=input('n')   %在屏幕上显示提示信息 n，等待用户的输入（可以是一个数或

%一个代数式），并将输入值（或运算后的值）赋给变量 x

y=input('n', 's')   %返回输入的文本，而不会将输入作为表达式来计算

说明：在提示信息字符串中，'\n'表示换行，'\\'表示一个反斜杠'\'。

例如：

```
>> x=input('请输入运算式：')
请输入运算式：7+8*9
x =
   79
>> y=input('请输入字符串式：','s')
请输入字符串式：abc
y =
   abc
```

6.7.6 keyboard 命令

命令 keyboard 被放置在 M 文件中，将停止文件的执行并将控制权交给键盘。通过在提示符前显示 K 来表示一种特殊状态。

如在某个位置加入 keyboard 命令，则执行到这条语句时，MATLAB 的命令行窗口将显示如下代码：

```
K>>
如果要恢复正常的指示符（>>），只需在（K>>）之后输入 return 即可。
```

6.7.7 pause 命令

pause 命令用于暂时中止程序的运行，等待用户按任意键后再继续进行。

格式：pause   %停止 M 文件的执行，按任意键继续

pause(n)   %中止执行程序 n 秒后继续，n 是任意实数

pause(state)   %启用、禁用或显示当前暂停设置，state 分别取'on'、'off'、'query'

6.8 综合实例

在解决一些复杂问题时，常常需要编写由多种程序结构组合使用的 MATLAB 程序。本章实例将给出三角形面积求法和学生成绩档案管理的程序。

6.8.1

6.8.1 三角形面积计算

【例6-16】 已知三角形的三条边长度为 a、b、c，面积公式为 $A=\sqrt{s(s-a)(s-b)(s-c)}$，其中 $s=\dfrac{1}{2}(a+b+c)$，试编写程序求三角形的面积。

1）在编辑器窗口编写程序。

```
a=input('请输入一个数a：')
b=input('请输入一个数b：')
c=input('请输入一个数c：')
if a<0|b<0|c<0
    disp(' a、b、c 必须是正数.')
    return
 end
if a+b<c|a+c<b|b+c<a
    disp('三角形不存在.')
   return
end
s=(a+b+c)/2;
A=sqrt(s*(s-a)*(s-b)*(s-c))    %三角形的面积
```

2）在命令行窗口中执行程序，并为 a、b、c 赋不同的值，结果如下。

```
请输入一个数a：-4
a = -4
请输入一个数b：5
b = 5
请输入一个数c：7
c = 7
a、b、c 必须是正数.
```

3）为 a、b、c 重新赋不同的值，其结果如下。

```
请输入一个数a：6
a = 6
请输入一个数b：7
b = 7
请输入一个数c：15
c = 15
三角形不存在.
```

4）再为 a、b、c 重新赋不同的值，其结果如下。

```
请输入一个数a：3
a = 3
请输入一个数b：4
b = 4
请输入一个数c：5
c = 5
A = 6
```

6.8.2 学生的成绩管理

【例6-17】 若给出学生的姓名、考试分数，试编写 MATLAB 程序，判断其成绩的等级：优秀（90分以上）、良好（80～89分）、中等（70～79分）、及格（60～69分）和不及格（60分以下）。

编写 MATLAB 程序如下：

```
clear;
for k=1:10
```

```
        a(k)={89+k};b(k)={79+k};c(k)={69+k};d(k)={59+k};
    end
A=cell(3,6);
A(1,:)={'YANG','WANG','LIU','SUN','LI','ZHAO'};
A(2,:)={72,83,56,94,100,69};
for k=1:6
    switch A{2,k}
    case 100
        r='优秀(满分)';
    case a
        r='优秀';
    case b
        r='良好';
    case c
        r='中等';
    case d
        r='及格';
    otherwise
        r='不及格';
    end
A(3,k)={r};
end
A
```

运行结果如下：

```
A =
    3×6 cell 数组
    {'YANG'}    {'WANG'}    {'LIU' }    {'SUN' }    {'LI'       }    {'ZHAO'}
    {[  72]}    {[  83]}    {[  56]}    {[  94]}    {[      100]}    {[  69]}
    {'中等'}    {'良好'}    {'不及格'}    {'优秀'}    {'优秀(满分)'}    {'及格'}
```

6.9 思考与练习

1. 已知 $A = \begin{pmatrix} 2 & 5 & 8 \\ 3 & 6 & 9 \end{pmatrix}$，$B = \begin{pmatrix} -2 & 3 & 1 \\ 3 & 1 & 6 \end{pmatrix}$，观察 A 与 B 之间的六种关系运算（>,<,>=,<=,==,~=）结果。

2. 编写程序：输入一个整数，若能被 2 整除，则显示它为偶数，否则显示为奇数。

3. 编写程序：利用 for 和 while 两种循环语句求 $\sum_{k=0}^{64} 2^k$。

4. 编写程序：输入正整数 n 计算 $\ln(\sum_{k=1}^{n} k)$ 的值，并求 n=100 时的结果。

5. 编写程序：寻找含 n 个元素的数组中的最大元素和最小元素，及其所在的相应位置的下标。

6. 编写程序：利用二次方程式的判别法（$\Delta = b^2 - 4ac$）来判别根的情况（利用 switch case 命令）。

7. 闰年问题。闰年是指这样的年份：

1）能被 4 整除而不能被 100 整除（如 2004 年是闰年，1800 年不是）。

2）能被 400 整除（如 2000 年就是闰年）。

试编写一个程序找出从 1～5000 年间的闰年，返回一个向量。

8. 编写利用公式 $\frac{\pi}{4} = 1 - \frac{1}{3} + \frac{1}{5} - \frac{1}{7} + \cdots$ 计算 π 的近似值的 M 程序，要求近似值的最后一项的绝对值小于 10^{-6}。

第7章 M文件与MLX文件

M文件是用户把需要解决的问题及算法命令写在一个以".m"作为扩展名的文件中，由MATLAB系统进行解释及运行结果，体现了强大的可开发性和可扩展性。M文件包括脚本和函数，其中脚本没有输入参数也不返回输出参数，函数可以输入参数也可以返回输出参数。实时脚本和实时函数（.mlx）是用于与一系列MATLAB命令进行交互的程序文件，可生成PDF、Word、HTML和LaTeX等版本文件，实现与其他MATLAB用户共享。本章主要介绍这几类文件的创建，以及其他函数的使用。

本章重点
- 脚本文件建立
- 函数文件建立
- 实时脚本与实时函数创建
- 匿名函数使用

7.1 M文件

当用户需要运行的命令较多或需要反复运行多条命令时，若在MATLAB命令行窗口中直接从键盘逐行输入命令会显得比较麻烦，这时建立一个M文件则可以较好地解决这一问题。

7.1.1 M文件的建立与运行

M文件可使用任何程序建立和编辑，且在MATLAB提供的M文件编辑器窗口实现。

1. 新建脚本M文件

在MATLAB的编辑器中建立新的脚本文件的方法如下。

1）单击工具栏上的"新建脚本"按钮，或者选择工具栏上的"新建" → "脚本"命令，即可打开空白的脚本M文件编辑器，如图7-1所示。

图7-1　新建脚本M文件编辑器窗口

2）如果已经打开了M文件编辑器窗口（见图7-1），需要建立新脚本文件，只需单击编辑器窗口工具栏上的"新建"按钮即可。

3）在MATLAB命令行窗口输入"edit filename"命令，按〈Enter〉键后弹出提示框，如图7-2所示。

图7-2　新建脚本M文件提示窗口

单击 "是" 按钮，则可建立一个路径名为 C:\Program Files\ Polyspace\R2020a\bin\filename.m 的新脚本 M 文件编辑器窗口。

2．保存文件

M 文件在运行之前必须先保存，其方法是单击编辑器工具栏上的 "保存" 按钮。对于新建的 M 文件，则弹出 "选择要另存的文件" 对话框，如图 7-3 所示，选择存放的路径、文件名和保存类型 (*.m)，单击 "保存" 按钮，即可完成保存；对于打开的已有 M 文件，则直接点击 "保存" 按钮即可。

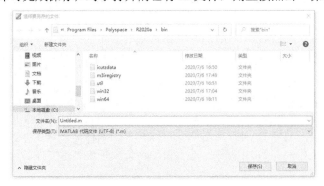

图 7-3　保存 M 文件

3．运行文件

脚本文件可直接运行，其方法如下。

1）在命令行窗口中输入要运行的文件名即可开始运行该脚本 M 文件。

2）如果在编辑器中完成编辑后需要直接运行文件，则只需单击编辑器的工具栏的 "运行" 按钮，即可保存文件并直接运行。

4．新建函数 M 文件

1）单击工具栏上的 "新建" 按钮选择 "函数" 命令，可打开带有开头行和结尾行的函数 M 文件编辑器，如图 7-4 所示。

图 7-4　新建函数 M 文件

2）对于函数文件保存，单击工具栏中的 "保存" 按钮，在弹出的 "保存" 对话框中，文件名自动生成（即原先设置的函数名），直接单击 "保存" 按钮即可。

3）对函数文件的运行，必须输入函数参数。

7.1.2　脚本 M 文件

脚本文件是命令的集合，是由一系列 MATLAB 命令、内置函数及 M 文件等组成的文件。它是 M 文件中最简单的一种，不需要输入、输出参数，使用命令语句即可控制 MATLAB 命令工作区的所有数据。在运行过程中，产生的所有变量均是工作区变量，这些变量一旦生成，就一直保持在工作区中，除非执行 clear 命令将它们清除。

运行一个脚本文件等价于从命令行窗口中顺序运行文件里的语句。由于脚本文件只是一串命令的集合，因此，只需像在命令行窗口中输入语句那样，依次将语句编辑在脚本文件中，然后在 MATLAB 命令行窗口输入该命令文件的名字就会顺序执行命令文件中的命令。

【例 7-1】 建立一个文件名为 average1 的脚本文件，要求计算向量元素的平均值，并求出 1～100 的平均数。

1）建立脚本文件并以文件名 average1.m 保存。

```
x=input('输入向量：x=');
[m,n]=size(x);
if ~((m==1)|(n==1))|((m==1)&(n==1))          %判断输入是否为向量
    error('必须输入向量。')
end
E=sum(x)/length(x)                           %计算向量 x 所有元素的平均值 E
```

2）在 MATLAB 的命令行窗口中输入 average1，将会执行该脚本文件。

```
>> average1
```

运行结果如下：

```
输入向量：x=[1:100]     %用户自己输入[1:100]
E =
   50.5000
```

7.1.3 函数 M 文件

函数 M 文件是第一个可执行语句以 function 开始的 M 文件，每一个函数文件都定义一个函数，它可以接收参数、也可以返回参数。函数文件内定义的变量是局部变量，只在函数文件内部起作用，当函数文件执行完后，这些内部变量将被清除。在一般情况下，用户不能依靠单独输入其文件名来运行函数文件，而必须由其他语句来调用。事实上，MATLAB 提供的标准函数大部分都是由函数文件定义的。

格式：function [输出变量组]=函数名（输入变量组）

H1 行（帮助文本标题）

帮助文本内容

函数体

注释

end

说明：1）一个完整的函数 M 文件包括如下部分。

● 函数定义行。它必须由关键词 function 开头，紧跟着的是函数的输出变量（组）。如果有多个输出变量则需用方括号括起来，各输出变量间使用逗号隔开。等号右边为函数名，后面紧接着的是函数的输入变量（组），并使用圆括号括起来，如果有多个输入变量，则使用逗号分隔。函数名必须由字母开头，由字母、数字和下划线组成。

● 帮助文本的标题行，简称 H1 行（即 Help 的第一行），是第一个注释行，这一行简明扼要地说明函数的功能，供 lookfor 命令查询使用。

● 帮助文本的内容。它是以 "%" 开头的帮助文本，可详细说明变量的类型、语法规则、举例和相关的函数名，还可说明函数的编者、版权和日期。它不仅起到解释与提示作用，更重要的是供 help 命令查询使用。

- 函数体。包含了全部用于完成由输入变量计算到输出变量的程序体（由编写代码组成），还包括程序运行时的出错处理。
- 注释。以 "%" 起始到行尾结束的部分为注释部分，可放在程序的任何位置，如可以单独占一行，也可以在一个语句之后。
- 结束语。为提高可读性，可使用 end 命令表示函数文件的末尾。以下情况必须使用 end 命令：文件中有任意函数包含嵌套函数；该函数是函数文件中的局部函数，且文件中有局部函数使用 end 关键字；该函数是脚本文件内的局部函数。

在函数文件中，除了函数定义行和函数体之外，其他部分均可省略。但为了提高函数的可用性，应加上 H1 行和函数帮助文本；为提高函数可读性，应加上适当的注释。

2）函数 M 文件名必须与函数名一致。

3）调用函数 M 文件时，函数输入和输出可以与函数定义的变量不相同。

例如，查看计算标准差函数 std 的程序，只需在命令行窗口输入：

```
>> type std
```

以上命令的显示内容如下：

```
function y = std(varargin)                        函数定义行

%STD Standard deviation.                          H1 行
                                 以下注释行都是帮助文本
%   For vectors, Y = STD(X) returns the standard deviation.  For matrices,
%   Y is a row vector containing the standard deviation of each column.  For
%   N-D arrays, STD operates along the first non-singleton dimension of X.
       ……………………………………  （说明：内容太多，在此省略一些）
%   Example:    X = [4 -2 1; 9 5 7], std(X,0,1), std(X,0,2)
%   Class support for inputs X, W: float: double, single
%   See also COV, MEAN, VAR, MEDIAN, CORRCOEF.
%   Copyright 1984-2018 The MathWorks, Inc.
%   Call var(x,flag,dim) with as many of those args as are present.
y = sqrt(var(varargin{:}));                       函数体
```

【例 7-2】 编写函数文件 average2 计算向量元素的平均值，并求出 1~100 的平均数。

1）建立函数文件。

```
function y=average2(x)
%函数 average2(x)用以计算向量元素的平均值
%输入参数 x 是向量
%输出参数 y 为计算的平均值
%非向量输入将导致错误
%例如，取向量 x=[1 3 5 7 9];
%调用 y=average2(x)，计算可得
%平均值 y=5
%时间 2020.09
[m,n]=size(x);                        %计算输入量的大小
if ~((m==1)|(n==1))|((m==1)&(n==1))   %判断输入是否为向量
    error('必须输入向量。')
end
```

```
    y=sum(x)/length(x);                              %计算向量 x 所有元素的平均值 y
    end
```

将文件保存，默认状态下函数名为 average2.m（文件名与函数名相同）。

2）在 MATLAB 命令行窗口中输入：

```
>> x=1:100;
>> y=average2(x)
```

运行结果如下：

```
y =
   50.5000
```

在 MATLAB 命令行窗口中，可查找函数 average2 信息，输入命令：

```
>> help average2
```

运行结果如下：

```
函数 average2(x)用以计算向量元素的平均值
输入参数 x 是向量
输出参数 y 为计算的平均值
非向量输入将导致错误
例如，取向量 x=[1 3 5 7 9];
调用 y=average2(x)，计算可得
平均值 y=5
时间 2020.09
```

7.2 MLX 文件

MLX 文件是使用实时代码的格式存储实时脚本和实时函数，是一个交互式文档，可以存储输出结果，并将其显示在创建它的代码旁。

7.2.1 实时脚本文件

1. 新建实时脚本文件

单击工具栏上的"新建实时脚本"按钮；或选择工具栏上的"新建"→"实时脚本"命令，可新建实时脚本文件编辑器，如图 7-5 所示。

图 7-5 新建实时脚本文件

2. 添加代码

创建实时脚本后，可以添加代码。

【例 7-3】 绘制参数方程为 $x=\sin s$、$y=\cos s$ 和 $z=(t/6)\sin(1/s)$ 的曲面，并利用选项参数'MeshDensity'

152

控制曲面图的分辨率。

编写程序如下：

```
tiledlayout(2,1)
nexttile
fsurf(@(s,t) sin(s), @(s,t) cos(s), @(s,t) t/6.*sin(1./s))
view(180,25)
title('分辨率= 35(默认值)')
nexttile
fsurf(@(s,t) sin(s), @(s,t) cos(s), @(s,t) t/6.*sin(1./s),'MeshDensity',40)
view(180,25)
title('分辨率= 60')
```

此程序应放在实时脚本编辑器窗口，如图 7-6 所示。

图 7-6　添加代码的实时脚本文件

3．运行代码

运行代码，可直接单击图 7-6 所示代码左侧的斜纹竖条，也可单击实时编辑器选项卡中的"运行"按钮　。当程序正在运行时，系统会在实时编辑器窗口左上方显示一个状态指示符　。代码行左侧的灰色闪烁条指示 MATLAB 正在计算的行。

实时脚本文件与脚本 M 文件不同，无须保存就可直接运行。

4．显示输出结果

默认情况下，MATLAB 会在代码右侧显示输出。每个输出都随着创建它的代码行并排显示。例 7-3 的输出结果如图 7-7 所示。

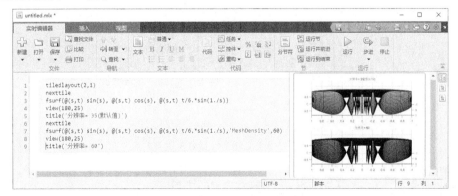

图 7-7　实时脚本文件输出结果

5．设置文本格式

在实时编辑器选项卡中单击"文本"按钮 📄，一个新的文本行将显示在代码上方。在图7-7中单击"普通"下拉按钮，选择"标题"选项 Aa 标题▼，并添加文本："设置曲面图的分辨率"，然后单击"居中"按钮 ≣ 将文本居中。按〈Enter〉键移到下一行，输入文本："本方法使用选项参数'MeshDensity'控制曲面图的分辨率。'MeshDensity'增大可以使绘图更平滑、更准确，'MeshDensity'减小可以提高绘图速度。"，如图7-8所示。

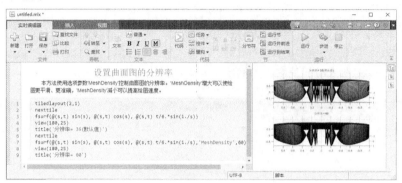

图7-8　实时脚本文件添加文本

6．保存文件

1）单击实时编辑器选项卡中的"保存"按钮 💾，可直接保存实时脚本(.mlx)文件。

2）也可将实时脚本(.mlx)另存为纯代码(.m)文件。只需在实时编辑器选项卡选择"保存"→"另存为"命令，在弹出的对话框中选择"MATLAB 代码文件(UTF-8)(*.m)"作为保存类型，单击"保存"按钮即可。保存时 MATLAB 会将所有格式化内容转换为发布标记。

7.2.2　实时函数文件

1．新建实时函数文件

单击工具栏上的"新建"按钮 ➕ 选择"实时函数"命令，可打开实时函数文件编辑器，如图 7-9 所示。

图7-9　新建实时函数文件

2．添加代码

创建实时函数后，向该函数添加代码并保存。

【例7-4】　创建一个计算输入向量的平均值并返回结果的实时函数，并保存名为 average3.mlx 的函数。

实时函数代码如下：

```
function Y = average3(X,N)
    Y = sum(X)/N;
end
```

此程序应放在实时函数编辑器窗口，如图 7-10 所示。

图 7-10   建立实时函数 average3.mlx 文件

3．添加帮助

为该实时函数提供文字说明，即在函数定义上方添加标题和一些文字来描述函数功能。可参见函数 M 文件 average2 编写的帮助。

第一行帮助文本（H1 行）通常包含该函数的简要说明。显示函数帮助时，首先显示函数名称，后跟 H1 行和其他帮助文本，再显示该函数的语法等。

4．运行实时函数

可从命令行窗口或从实时脚本调用实时函数来运行。

1）从命令行窗口运行实时函数，只需在命令行窗口中输入该函数的名称。例如，使用 average3.mlx 来计算 1~100 的平均值。

```
>> average3(1:100, 100)
ans =
    50.5000
```

2）从实时脚本中调用实时函数。

```
X= 1:100;
N = length(X);
Y= average3(X,N);
disp(['M = ', num2str(Y)])
```

运行该实时脚本，实时编辑器显示输出如图 7-11 所示。

图 7-11   实时脚本调用实时函数

7.3 其他函数类型

函数 M 文件是为了计算常用的、需要存储的函数。若只使用一次性的函数，可选用内联函数、匿名函数等其他类型函数。

7.3.1 eval 函数和 feval 函数

1. eval 函数

格式：eval(expression)　　　　%计算字符串表达式的值或执行表达式的语句

　　　[output1,...,outputN] = eval(expression)　　%返回指定的多个输出变量

下面给出使用 eval 函数计算不同类型的语句字符串的例子。

（1）计算字符串表达式的值

【例 7-5】 表达式计算举例。

```
>> A=1:4;
>> a=2;
>> String='[a.*A; a.\A; a.^A]';
>> output =eval(String)
output =
    2.0000    4.0000    6.0000    8.0000
    0.5000    1.0000    1.5000    2.0000
    2.0000    4.0000    8.0000   16.0000
```

（2）计算指令语句字符串

【例 7-6】 指令语句计算举例。

```
>> X=0:pi/2:2*pi;
>> eval('Y=exp(X).*cos(X)')
Y =
    1.0000    0.0000  -23.1407   -0.0000  535.4917
```

【例 7-7】 创建 3 阶和 4 阶的魔幻矩阵。

```
for N = 3:4
  eval(['M',num2str(N), '=magic(N)'])
end
```

运行结果如下：

```
M3 =
     8     1     6
     3     5     7
     4     9     2
M4 =
    16     2     3    13
     5    11    10     8
     9     7     6    12
     4    14    15     1
```

2. feval 函数

格式：feval(fun,x1,...,xn)　　　　　　%使用变量 x1,...,xn 计算函数名为 fun 的值

　　　[y1,...,yn] = feval(fun,x1,...,xn)　　%返回多个输出值

说明：feval 中的函数 fun，只接收函数名，而不接收表达式。

例如，在例 7-2 编写的函数 average2 中计算 1~10 的平均值，只需输入：

```
>> feval('average2',[1:10])
ans =
    5.5000
```

7.3.2 内联函数

格式： inline(expr)   %把字符串表达式转化为输入变量自动生成的内联函数

    inline(expr,arg1,arg2,...) %把字符串表达式转化为 arg1,arg2 等指定输入

              %变量的内联函数

    inline(expr,n)   %把字符串表达式转化为 n 个指定输入变量的内联函数，

              %输入字符必须是 $x,P_1,P_2...P_N$ 等字符

（1）内联函数的数值计算

【例 7-8】 数值计算举例。

```
>> y=inline('x*exp(x)+sin(x)')
y =
    内联函数:
    y(x) = x*exp(x)+sin(x)
>> y(pi)
ans =
    72.6986
>> g = inline('sin(2*pi*f + theta)')
    g =
    内联函数:
    g(f,theta) = sin(2*pi*f + theta)
>> g = inline('sin(2*pi*f + theta)', 'f', 'theta')
    g =
    内联函数:
    g(f,theta) = sin(2*pi*f + theta)
>> g(6,pi/3)
ans =
    0.8660
```

（2）内联函数的数组运算

【例 7-9】 数组运算举例。

```
>> F1=inline('sin(r)/r')
F1 =
    内联函数:
    F1(r)=sin(r)/r
>> F2=vectorize(F1)    %使内联函数适用于数组运算的规则
F2 =
    内联函数:
    F2(r)=sin(r)./r
>> x=[pi/4,  pi/2,  3*pi/4,  pi];
>> F3=F2(x)
F3 =
    0.9003    0.6366    0.3001    0.0000
```

（3）内联函数的向量输入和输出

【例 7-10】 向量输入和输出举例。

```
>>Y2=inline('[x(1)^2;  3*x(1)*sin(x(2))]')
Y2 =
    内联函数:
    Y2(x) = [x(1)^2;  3*x(1)*sin(x(2))]
```

```
>>argnames(Y2)          %提供内联函数的输入变量
ans =
    'x'
>>x=[4,  pi/6];
>>y2=Y2(x)
y2 =
   16.0000
    6.0000
```

（4）内联函数可被 feval 指令调用

【例 7-11】 指令调用举例。

```
>>Z2=inline('P1*x*sin(x^2+P2)',2)   %最后面的2，代表输入变量P1、P2的个数
Z2 =
    内联函数:
    Z2(x,P1,P2) = P1*x*sin(x^2+P2)
>>z2=Z2(2,2,3)
>>fz2=feval(Z2,2,2,3)
z2 =
    2.6279
fz2 =
    2.6279
```

7.3.3 匿名函数

匿名函数提供了一种创建简单程序的方法，使用它用户可不必每次都编写 M 文件。匿名函数可在命令行窗口或其他 M 文件中使用。

格式：funhandle = @(arglist)expression

说明：funhandle 是为该函数创建的函数句柄，@符号用于创建函数句柄；arglist 是由逗号分隔的输入参数，这些参数将被传输到函数；expression 是函数的主体，它由执行语句组成。

【例 7-12】 匿名函数举例。

1）没有输入参数的匿名函数，只需使用空格代替 arglist 即可。

```
>> t=@()datestr('09/30/2020')
t =
  包含以下值的 function_handle:
    @()datestr('09/30/2020')
>> t()
ans =
  '30-Sep-2020'
```

2）有一个输入参数的匿名函数。

```
>> y=@(x)exp(-x^2)
y =
  包含以下值的 function_handle:
    @(x)exp(-x^2)
>> y(0)
ans =
    1
>> y(-1)
ans =
    0.3679
```

3）有多个输入参数的匿名函数。

```
>> z=@(x,y)x*sin(y)
z =
包含以下值的 function_handle:
    @(x,y)x*sin(y)
>> z(2,pi)
ans =
    2.4493e-16
>> z(2,pi/2)
ans =
    2
```

匿名函数中的表达式可包含其他匿名函数。

【例 7-13】 建立带参数的定积分 $f(b) = \int_0^1 (x^2 + bx + 1)\mathrm{d}x$ 的匿名函数。

1）将被积函数编写为匿名函数。

```
@(x) (x.^2 + b*x + 1)
```

2）通过将函数句柄传递到积分 integral 在从 0~1 的范围内计算函数。

```
integral(@(x) (x.^2 + b*x + 1),0,1)
```

3）通过为整个方程构造匿名函数以提供 c 的值。

```
f = @(b) (integral(@(x) (x.^2 +b*x + 1),0,1));
```

4）最终的函数可针对任何 c 值来求解方程。例如：

```
>> f(5)
ans =
    3.8333
```

7.3.4 子函数

M 文件可以包含一个以上的函数，其中最上面的函数称为主函数，其他函数称为子函数。主函数调用子函数，子函数不分先后顺序。

【例 7-14】 利用子函数建立一个求向量的均值和中位数的函数。

1）先建立主函数。

```
function [A,M]=amfun(X)
    %本函数调用内部子函数计算均值和中位数
    n=length(X);
    A=mean(X,n);
    M=median(X,n);
```

2）建立求均值子函数。

```
function avg=mean(Y,n)
    avg=sum(Y)/n;
end
```

3）建立求中位数子函数。

```
function med=median(Y,n)
    Z=sort(Y);                  %对 Y 进行排序
    if rem(n,2)==1
     med=Z((n+1)/2);
```

```
            else
                med=(Z(n/2)+Z(n/2+1))/2;
            end                        %本句是 if 格式的结束语
        end                            %本句是中位数子函数的结束语
    end                                %本句是主函数的结束语
```

在 MATLAB 命令行窗口中输入：

```
>> X=[2  4  4.2  3.5  5  4.7  6  5.2  2.8  3.9];
>> [A,M]=amfun(X)
A =
    4.1300
M =
    4.1000
```

7.3.5 私人函数

私人函数是指存放在 private 子目录中的函数，例如，在 bin 目录下，建立一个 mywork 目录，则 bin 中的 M 文件（无论是脚本还是函数）即可调用 mywork 下的任何函数，而不必再定义其他搜寻路径。在 mywork 下的函数只能被其父目录中的函数调用，而不能被其他目录下的函数调用。在函数调用搜索时，私人函数优先于其他 MATLAB 路径上的函数。因此每个用户可在自己的 private 目录中设计或复制并修改一些自己专用的函数，这样可在 private 中保存修改过的标准函数，以达到特定的效果。与此同时，其他人使用时仍可采用标准函数。

7.4 M 文件变量

在编写 M 文件时都会定义一些变量，这些变量包括局部变量和全局变量。函数 M 文件中的所有变量一般都是局部变量，而脚本中的变量都是全局变量。不同文件之间数据的传递是通过变量为载体来实现的。

7.4.1 检查输入变量的数目

MATLAB 在函数调用上具有对所传递参数数目的可调性，这样一个函数可完成多种功能。

在调用函数时，MATLAB 的两个永久变量 nargin 和 nargout，分别记录调用该函数时的输入变量和输出变量的个数。只要在函数文件中使用这两个变量，便可准确地知道该函数文件被调用时的输入和输出参数个数，从而决定函数如何进行处理。

【例 7-15】 编写程序，实现在给出一个输入变量时，函数计算输入值的平方；或者给出两个输入变量时，函数计算输入值的积。

1）建立函数文件。

```
function z=geshu(x,y)
    if(nargin==1)
        z=x.^2;
    elseif(nargin==2)
        z=x.*y;
    end
end
```

2）输入变量。

```
>> geshu(6)
```

```
ans =
    36
>> geshu(6,9)
ans =
    54
```

7.4.2 局部变量

对于每个函数，系统都会分配一块存储区域用于存储其产生的变量，这块区域称为函数工作区，其保存的变量是由函数临时产生的变量，称之为局部变量，它只有本函数使用，且在函数工作区有效。当函数退出时，局部变量就会消失。

函数 M 文件中的所有变量除特殊声明外都是局部变量。

在函数工作区中，还有由调用函数传递输入和输出数据的变量。这些变量值只有通过输入变量传递给函数，才能在函数中使用，它们来自于被调用函数所在的工作区或函数工作区。同样，函数返回的结果传递给被调用函数所在的工作区。这些变量大都不是局部变量，而是全局变量。

7.4.3 全局变量

全局变量是在程序中使用命令 global 来声明的变量。

格式：global var1...varN   %将变量 var1，…，varN 定义成全局变量

说明：全局变量一般放在文件的前部，其作用范围是整个 MATLAB 工作区，即全程有效，所有的函数都可对它进行存取和修改，它是函数间传递信息的一种手段。当然，全局变量也可以清除。

格式：clear global variable   %从所有工作区中清除全局变量，

　　　　clear variable   %从当前工作区而不从其他工作区中清除全局变量

需要指出，在程序设计中全局变量固然可以带来某些方便，但却破坏了函数对变量的封装，降低了程序的可读性，尤其当程序较大、子程序较多时，全局变量将给程序调试和维护带来不便，故不提倡使用全局变量。如果一定要使用全局变量，最好给它起一个能反映变量本身含义的名字，并且一般使用大写字母表示，以免和其他变量混淆。

【例 7-16】 定义全局变量，并直接使用或修改全局变量。

```
function global_plot
global X                    %定义 X 为全局变量
X=0:0.1:2*pi;
plot_sin(1)                 %定义 y 中的 a 为 1
plot_cos(2)                 %定义 z 中的 b 为 2
end
function plot_sin(a)
global X                    %使用全局变量 X 时也要用 global 定义
y=a*sin(X);
figure (1)
plot(X,y)
xlabel('X'), ylabel('y')
end
function plot_cos(b)
global X                    %使用全局变量 X 时也要用 global 定义
X=-pi:0.1:pi;               %全局变量被修改
z=b*cos(X);
figure (2)
plot(X,z)
xlabel('X'), ylabel('z')
end
```

将上述程序保存为名称为 global_plot 的函数 m.文件，并在命令行窗口输入：

```
>> global_plot
```

运行结果如图 7-12 和图 7-13 所示。

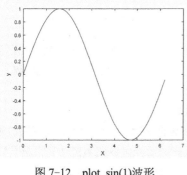

图 7-12　plot_sin(1)波形

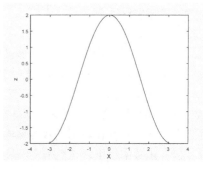

图 7-13　plot_cos(2)波形

7.5　M 文件节的划分及运行

如果 M 文件代码较多，包括多个独立功能模块，可使用节功能，以方便阅读及调试 M 文件。

1. 节的划分

M 文件节的划分方法：在某个程序模块前面加"%%+空格"，并在空格之后加注该程序模块的功能注释，以形成节的名称。

例如，对例 7-14，在主函数和两个子函数前面加上"%%+空格"，就成了带节的文件，如图 7-14 所示。

2. 节的运行

打开"编辑器"选项卡，单击"转至"按钮，弹出菜单列出程序中建立的全部函数，如图 7-15 所示。选择某个函数，光标就出现在这个函数行的开头，并选中这一节程序段。若单击"运行"按钮，则运行这一段程序；单击"运行并前进"按钮，可实现逐节运行程序。若光标指向已划分好的某一节，选择"运行节"按钮即可运行该节代码。

图 7-14　节的划分效果图

图 7-15　"转至"菜单

7.6　综合实例

在处理实际问题时，通常需要编写函数 M 文件或脚本文件。本章实例将编写在调查问卷或考试答卷中，对答卷选项做统计分析的函数 M 文件，以及求解住房贷款还款问题的脚本 M 文件。

7.6.1　答卷中选择题的初步统计

【例 7-17】　假设选择题有 4 个选项（A、B、C、D，并分别使用 1、2、3、4 表示），某些题目允许多选（现规定不许选多于两项，若选择 AC，则表示为 13），缺选时使用 0 表示。请编写函数 M 文件统计每个题目中每个选项的被选次数及所占的百分比。

1）在函数文件编辑器中编写名称为"tongjishu"的函数文件。

```
function [S,P]=tongjishu(E)           %E 为答卷结果的数据矩阵，S 是每个选项被选次数，
                                      %P 是每个选项所占的百分比
[m,n]=size(E);                        %m 为答题人数，n 为题目个数
S=[];  P=[];
F=ones(1,n).*m;                       %F 记录每个题目中每个选项被选次数总和，给每个元素赋初值为 m
for j=1:n
    G=zeros(4,1);                     %G 为计数器，记录每个题目中的每个选项的被选次数
    for i=1:m
        k=E(i,j);                     %取矩阵每个元素
        if k==0                       %缺选时，在该题的总数记录中减 1
            F(j)=F(j)-1;
        elseif k<=4                   %只选 1 项时，在该项的计数器上加上 1
            G(k)=G(k)+1;
        else                          %当选两项时，需分离数字，再让每项的计数器加 1，
                                      %同时该题目的各项被选次数总和加 1
            k1=floor(k/10);
            k2=k-k1*10;
            G(k1)=G(k1)+1;
            G(k2)=G(k2)+1;
            F(j)=F(j)+1;
        end
    end
    S=[S,G];                          %个数
    G1=G./F(j);
    P=[P,G1];                         %百分比
end
```

2）在脚本编辑器中，输入答卷数据（8 个题目，15 人答卷），并调用函数 tongjishu。

```
E=[2 2 4 1 2 3 4 3; 3 1 4 2 1 3 4 2; 2 4 4 3 4 1 3 1; ...
   4 1 2 4 3 2 3 12; 1 2 0 3 2 3 31 3; 2 1 2 4 2 3 23 1; ...
   4 3 1 2 2 3 1 4; 1 4 3 4 2 4 13 4; 3 1 3 4 0 2 3 4; ...
   4 1 2 3 2 1 2 21; 1 2 1 2 4 2 3 4; 4 1 3 4 2 3 31 3; ...
   3 1 4 2 1 4 2 13; 2 4 3 2 1 2 3 3; 4 3 14 2 2 1 3 4];
[S,P]=tongjishu(E)
```

运行结果如下：

```
S =
    2    8    2    1    3    3    4    5
    5    2    4    5    9    3    3    3
    3    2    4    3    1    7    9    6
```

	5	3	5	6	1	2	3	4
P =								
	0.1333	0.5333	0.1333	0.0667	0.2143	0.2000	0.2105	0.2778
	0.3333	0.1333	0.2667	0.3333	0.6429	0.2000	0.1579	0.1667
	0.2000	0.1333	0.2667	0.2000	0.0714	0.4667	0.4737	0.3333
	0.3333	0.2000	0.3333	0.4000	0.0714	0.1333	0.1579	0.2222

其中，S 矩阵和 P 矩阵的行表示 A、B、C、D 四个选项，列表示 8 个题目。即矩阵 S 的 1～4 行表示 15 份答卷在 8 个题目中分别选择 A、B、C、D 的次数，P 矩阵表示上述选择次数所占的百分比。

7.6.2 住房贷款的等额本息还款额

假设某购房者向银行贷款的金额为 P_0 元，银行的年利率为 r，贷款期限为 n 年，试计算每月还款金额 R。

先计算月利息 $a = r/12$，还款月数为 $m=12n$，则

第一个月末贷款的本息和为

$$P_1 = P_0(1+a) - R$$

第二个月末贷款的本息和为

$$P_2 = P_1(1+a) - R = P_0(1+a)^2 - (1+a)R - R$$

第 m 个月末贷款的本息和为

$$P_m = P_{m-1}(1+a) - R$$
$$= P_0(1+a)^m - [(1+a)^{m-1} + (1+a)^{m-2} + \cdots + (1+a) + 1]R$$
$$= P_0(1+a)^m - \frac{(1+a)^m - 1}{a}R$$

考虑第 m 个月还款完成，则 $P_m = 0$，解上式得

$$R = \frac{aP_0}{1-(1+a)^{-m}}$$

【例 7-18】 某用户向银行贷款 50 万元，年利率为 6.8%，借款期限 15 年，问每月应还多少金额，共支付多少利息？

建立脚本 M 文件如下。

```
P0=50*10^4;             %贷款金额
r=0.068;                %年利率
n=15;                   %贷款期限（年）
a=r/12;                 %月利率
m=n*12;                 %贷款期限（月）
R=a*P0/(1-(1+a)^(-m))   %每月还款金额
I=R*m-P0                %共支付利息
```

运行结果如下：

```
R =
   4.4384e+003
I =
   2.9892e+005
```

即每月需要还银行贷款 4438.4 元，共支付利息 29.892 万元。

7.7 思考与练习

1. 简述使用脚本形式的 M 文件和函数形式的 M 文件的异同，其命名有什么规则。

2. 简述使用 M 文件与在 MATLAB 命令行窗口中直接输入命令有何异同。

3. 编制一个 M 脚本文件，使用 input 语句输入两个数值，比较这两个数值并返回其中的最大值。

4. 建立一个函数 M 文件，判断输入变量是否为 0。若是 0 则显示结果为 1，否则为 0，并运行分别输入 6、0、−6 时的结果。

5. 试使用内联函数来表示 $f(x) = \sin^2 x + \cos 2x - 3$，并求 $x = \dfrac{\pi}{4}$ 时的函数值。

6. 编写一个函数 M 文件计算 6.8.1 节中三角形的面积。

7. 在实时脚本窗口编写程序绘制参数方程为 $x = u\sin v$、$y = -u\cos v$ 和 $z = v$ 在区域 $-5 < u < 5$，$-5 < v < -2$ 上的曲面，并显示输出结果。

第8章 数据分析

数据分析和处理是实际应用中非常重要的问题。面对大量实际数据时，通常先对数据进行统计描述，判断数据的分布特征；其次对数据进行解析函数分析，如可利用插值法描述数据点之间所发生的情况，或利用曲线拟合或回归法，找出某条光滑曲线，使它最佳地拟合数据。针对数据分析和处理，MATLAB 提供了大量的函数方便用户使用。本章从数据的读取开始，介绍 MATLAB 强大的数据分析和处理功能。

本章重点
- 读取与导入数据
- 基本统计量函数
- 曲线拟合和回归
- 插值法

8.1 数据的读入和预处理

在 MATLAB 的命令行窗口直接输入数据，对于少量数据是合适的，但面对大量数据（如金融证券数据），利用 MATLAB 提供的函数直接读取数据，或利用菜单导入数据则是非常必要的。

8.1.1 利用函数读取数据

MATLAB 提供了在操作桌面（命令行窗口、编辑器窗口等）直接输入，或利用函数直接读取数据等方式。由于大部分的金融数据来自各种机构提供的数据库，这些数据库数据的输出大多会支持 Excel 和文本文件（txt）的输出格式。因此本节介绍如何利用 MATLAB 提供的 xlsread、textread、readtable、readmatrix 或 readcell 等函数来读取文本、电子表格等数据文件。

1. 利用函数 xlsread 读取 Excel 数据文件

格式：num = xlsread(filename)　　　　　%读取名为 filename 的 Excel 第一个工作表，
　　　　　　　　　　　　　　　　　　%返回矩阵数值数据

num = xlsread(filename,sheet)　　　　%读取指定的工作表

num =xlsread(filename,xlRange)　　　%从第一个工作表的指定范围内读取数据

num = xlsread(filename,sheet,xlRange)　　　　%读取指定的工作表和范围。

[num,txt,raw] = xlsread(___)　　　　%返回文本字段 txt，及数值数据和文本数据 raw

说明：新版本不推荐使用 xlsread 函数，推荐使用 readtable、readmatrix 或 readcell 等。

【例8-1】建立 2020 年 6 月 8 日至 19 日某股票数据文件名为 payh.xls 的 Excel 文件，如图 8-1 所示，此文件的存放在路径为 "C:\Users\qdybs\payh.xls"。

1）在 MATLAB 命令行窗口输入命令。

```
>> [num,txt,raw]=xlsread('C:\Users\qdybs\payh.xls'))    %注意路径的一致性，或直接输入
%[num,txt,raw]=xlsread('payh.xls')      %设置 MATLAB 当前路径为 "C:\Users\qdybs"
  num =
    1.0e+08 *
      0.0000    0.0000    0.0000    0.0000    0.5860
```

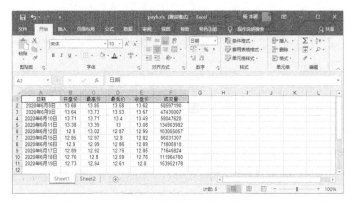

图 8-1　某股票 Excel 数据文件

```
                0.0000       0.0000       0.0000       0.0000       0.4743
                0.0000       0.0000       0.0000       0.0000       0.5805
                0.0000       0.0000       0.0000       0.0000       1.3490
                0.0000       0.0000       0.0000       0.0000       1.0306
                0.0000       0.0000       0.0000       0.0000       0.6603
                0.0000       0.0000       0.0000       0.0000       0.7181
                0.0000       0.0000       0.0000       0.0000       0.7165
                0.0000       0.0000       0.0000       0.0000       1.1196
                0.0000       0.0000       0.0000       0.0000       1.5395
txt =
  11×6 cell 数组
    {'日期'     }    {'开盘价' }    {'最高价'  }    {'最低价'  }    {'收盘价' }    {'成交量' }
    {'2020/6/8' }    {0×0 char}    {0×0 char}    {0×0 char}    {0×0 char}    {0×0 char}
    {'2020/6/9' }    {0×0 char}    {0×0 char}    {0×0 char}    {0×0 char}    {0×0 char}
    {'2020/6/10'}    {0×0 char}    {0×0 char}    {0×0 char}    {0×0 char}    {0×0 char}
    {'2020/6/11'}    {0×0 char}    {0×0 char}    {0×0 char}    {0×0 char}    {0×0 char}
    {'2020/6/12'}    {0×0 char}    {0×0 char}    {0×0 char}    {0×0 char}    {0×0 char}
    {'2020/6/15'}    {0×0 char}    {0×0 char}    {0×0 char}    {0×0 char}    {0×0 char}
    {'2020/6/16'}    {0×0 char}    {0×0 char}    {0×0 char}    {0×0 char}    {0×0 char}
    {'2020/6/17'}    {0×0 char}    {0×0 char}    {0×0 char}    {0×0 char}    {0×0 char}
    {'2020/6/18'}    {0×0 char}    {0×0 char}    {0×0 char}    {0×0 char}    {0×0 char}
    {'2020/6/19'}    {0×0 char}    {0×0 char}    {0×0 char}    {0×0 char}    {0×0 char}
raw =
  11×6 cell 数组
    {'日期'     }    {'开盘价'  }    {'最高价'  }    {'最低价'  }    {'收盘价'  }    {'成交量'  }
    {'2020/6/8' }    {[13.6800]}    {[13.8500]}    {[13.5800]}    {[13.6200]}    {[ 58597190]}
    {'2020/6/9' }    {[13.6400]}    {[13.7300]}    {[13.5300]}    {[13.6700]}    {[ 47430007]}
    {'2020/6/10'}    {[13.7100]}    {[13.7100]}    {[13.4000]}    {[13.4900]}    {[ 58047620]}
    {'2020/6/11'}    {[13.3800]}    {[13.3900]}    {[     13]}    {[13.0800]}    {[134903982]}
    {'2020/6/12'}    {[12.9000]}    {[13.0200]}    {[12.8700]}    {[12.9900]}    {[103055057]}
    {'2020/6/15'}    {[12.8500]}    {[12.9700]}    {[12.8000]}    {[12.8200]}    {[ 66031307]}
    {'2020/6/16'}    {[12.9000]}    {[12.9900]}    {[12.8600]}    {[12.8900]}    {[ 71805910]}
    {'2020/6/17'}    {[12.8900]}    {[12.9200]}    {[12.7600]}    {[12.8500]}    {[ 71646824]}
    {'2020/6/18'}    {[12.7600]}    {[12.8000]}    {[12.5900]}    {[12.7600]}    {[111964780]}
    {'2020/6/19'}    {[12.7300]}    {[12.8400]}    {[12.6100]}    {[12.8000]}    {[153952178]}
```

2）若要在 Excel 文件中打开 Sheet2 表，由于它排在第 2 张表的位置，则输入如下命令：

```
>> [num,txt,raw]=xlsread('C:\Users\qdybs\payh.xls',2)
```

3）若只选取部分数值，则可输入命令：

```
>> [num,txt,raw]=xlsread('C:\Users\qdybs\payh.xls',1,'B2:E11')
```

4）若要修改 Excel 表中某张表的名字，如将"Sheet1"重命名为"Index"，则输入命令：

```
>> [num,txt,raw]=xlsread('C:\Users\qdybs\payh.xls','Index')
```

2．文本数据文件的读取

对于文本（*.txt）类型的数据文件，如已知数据文件中每一列数据的类型，即字符型、数值型等，则可使用 MATLAB 提供的 textread 函数进行读取。

格式：A = textread('filename')   % filename 内只包含数值

A = textread('filename','',param,value, ...)

[A,B,C, ...] = textread('filename','format')

[A,B,C, ...] = textread('filename','format',param,value, ...)

说明：filename 为文件名（*.txt）；format 为每行要读取数据类型的格式，具体字符串见表 8-1 所示。param 和 value 表示输入变量的属性和属性值，如'delimiter'指出分隔符，读数据的时候会自动跳过分隔符。"A,B,C,…"表示从文件中读取到的数据，且变量组[A,B,C,…]的个数必须和 format 中定义的个数相同。

表 8-1　Textread 函数支持的 format 格式及含义

格　　式	说　　明	输　　出
%n	读取一个浮点数和整数，如%5n 读取 5 位数或直到下一个分隔符	双精度数组
%d	读取一个无符号整数，如%5d 读取 5 位数或直到下一个分隔符	双精度数组
%u	读取一个整数，如%5u 读取 5 位数或直到下一个分隔符	双精度数组
%f	读取一个浮点数，如%5f 读取 5 位数或直到下一个分隔符	双精度数组
%s	读取一个空格或分隔符，如%5s 读取 5 位数的字符串或到空格	元胞数组
%q	读取一个双引号里的字符串，如%5q 读取 5 位数的字符串或到空格	元胞数组
%c	读取多个字符或空格，如%5c 读取 5 位数包括空格	字符数组
%[...]	读取包含方括号中字符的最长字符串	元胞数组
%[^...]	读取不包含方括号中字符的非空最长字符串	元胞数组

【例 8-2】　将例 8-1 的股票数据保存名为 payh1.txt 的文本文件，如图 8-2 所示，此文件的存放路径为"C:\Users\qdybs\payh1.txt"。

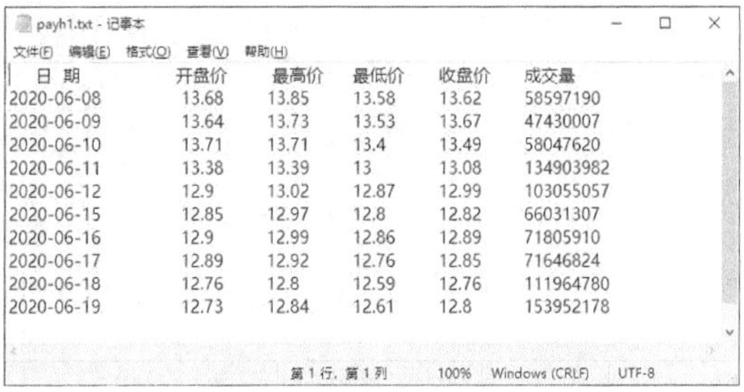

在 MATLAB 命令行窗口输入命令：

```
>> [A,B,C,D,E,F]=textread('payh1.txt',
'%s%f%f%f%f%f','headerlines',1)
```

其中，输出变量 A、B、C、D、E、F 分别表示日期、开盘价、最高价、最低价、收盘价和成交量的列向量。A 表示时间的字符型变量，其对应的控制格式为%s，表示以字符串型方式读入变量；B、C、D、E、F 对应的是数值型变量，都由格式%f 控制，表示

图 8-2　某股票数据的文本文件

以浮点数值型方式读入变量；"'headerlines'，1"表示跳过文件的第一行（通常标题不需要读入）。

运行结果如下（只写出 A、B 两项，其余略）：

```
A =
10x1 cell 数组
   {'2020-06-08'}
   {'2020-06-09'}
   {'2020-06-10'}
```

```
       {'2020-06-11'}
       {'2020-06-12'}
       {'2020-06-15'}
       {'2020-06-16'}
       {'2020-06-17'}
       {'2020-06-18'}
       {'2020-06-19'}
  B =
     13.6800
     13.6400
     13.7100
     13.3800
     12.9000
     12.8500
     12.9000
     12.8900
     12.7600
     12.7300
```

3. 利用函数 readtable 读取电子表格或文本文件创建表

格式：T = readtable(filename)　　　　　%从文件名中读取列向数据来创建表

　　　　T = readtable(filename,opts)　　　%使用导入选项 opts 的设置创建表

　　　　T = readtable(___,Name,Value)　　%使用一个或多个名称/值对组参数创建表

【例 8-3】 对图 8-1 中的第一行中文名称，改为字母表示，即将日期、开盘价、最高价、最低价、收盘价和成交量分别改为：Date、Open、High、Low、Close 和 Volume。其他数据不变，保存文件名为 payh2.xls 的 Excel 文件，存放路径为 "C:\Users\qdybs\payh2.xls"。

在 MATLAB 命令行窗口输入命令：

```
>> T = readtable('payh2.xls')
T =
  10×6 table
      Date        Open     High     Low      Close      Volume

    2020-06-08    13.68    13.85    13.58    13.62     5.8597e+07
    2020-06-09    13.64    13.73    13.53    13.67      4.743e+07
    2020-06-10    13.71    13.71     13.4    13.49     5.8048e+07
    2020-06-11    13.38    13.39       13    13.08      1.349e+08
    2020-06-12     12.9    13.02    12.87    12.99     1.0306e+08
    2020-06-15    12.85    12.97     12.8    12.82     6.6031e+07
    2020-06-16     12.9    12.99    12.86    12.89     7.1806e+07
    2020-06-17    12.89    12.92    12.76    12.85     7.1647e+07
    2020-06-18    12.76     12.8    12.59    12.76     1.1196e+08
    2020-06-19    12.73    12.84    12.61     12.8     1.5395e+08
```

使用电子表格指定区域的数据创建表，例如，在文件 payh2.xls 中选取 B2 和 F6 两个对角之间的 5×5 矩形区域内的数据，且不将该区域的第一行用作变量名称，输入命令如下：

```
>> T = readtable('payh2.xls','Range','B2:F6')
T =
  5×5 table
    Var1     Var2     Var3     Var4       Var5

    13.68    13.85    13.58    13.62     5.8597e+07
    13.64    13.73    13.53    13.67      4.743e+07
    13.71    13.71     13.4    13.49     5.8048e+07
```

```
          13.38      13.39        13       13.08      1.349e+08
          12.9       13.02     12.87       12.99      1.0306e+08
```

【例 8-4】 对图 8-2 中的第一行中文名称，改为字母表示，即将日期、开盘价、最高价、最低价、收盘价和成交量分别改为：Date、Open、High、Low、Close 和 Volume。其他数据不变，保存文件名为 payh3.txt 文本文件，存放路径为 "C:\Users\qdybs\payh3.txt"。

```
>> T = readtable('payh3.txt')
T =
  10x6 table
      Date         Open      High      Low       Close     Volume

    2020-06-08     13.68     13.85     13.58     13.62     5.8597e+07
    2020-06-09     13.64     13.73     13.53     13.67     4.743e+07
    2020-06-10     13.71     13.71     13.4      13.49     5.8048e+07
    2020-06-11     13.38     13.39     13        13.08     1.349e+08
    2020-06-12     12.9      13.02     12.87     12.99     1.0306e+08
    2020-06-15     12.85     12.97     12.8      12.82     6.6031e+07
    2020-06-16     12.9      12.99     12.86     12.89     7.1806e+07
    2020-06-17     12.89     12.92     12.76     12.85     7.1647e+07
    2020-06-18     12.76     12.8      12.59     12.76     1.1196e+08
    2020-06-19     12.73     12.84     12.61     12.8      1.5395e+08
```

利用函数 readtable 读取文本文件与 Excel 文件创建的表完全一致。

4. 利用函数 readmatrix 读取电子表格或文本文件创建数组

格式：A = readmatrix(filename)　　　　%从文件名中读取列向数据来创建数组

　　　A = readmatrix(filename,opts)　　　%使用导入选项 opts 来创建数组

　　　A = readmatrix(___,Name,Value)　　%使用一个或多个名称/值对组参数创建数组

例如，对例 8-3 建立的 Excel 数据文件 payh2.xls，从指定工作表范围中读取矩阵，执行如下命令：

```
>> M = readmatrix('payh2.xls','Range','B2:E11')
M =
   13.6800   13.8500   13.5800   13.6200
   13.6400   13.7300   13.5300   13.6700
   13.7100   13.7100   13.4000   13.4900
   13.3800   13.3900   13.0000   13.0800
   12.9000   13.0200   12.8700   12.9900
   12.8500   12.9700   12.8000   12.8200
   12.9000   12.9900   12.8600   12.8900
   12.8900   12.9200   12.7600   12.8500
   12.7600   12.8000   12.5900   12.7600
   12.7300   12.8400   12.6100   12.8000
```

5. 利用函数 readcell 读取电子表格或文本文件创建元胞数组

格式：C = readcell(filename)　　　　%从文件名中读取列向数据来创建单元数组

　　　C = readcell(filename,opts)　　　%使用导入选项 opts 来创建单元数组

　　　C = readcell(___,Name,Value)　　%使用一个或多个名称/值对组参数创建单元数组

例如，对例 8-4 建立的文本数据文件 payh3.txt，执行命令：

```
>> M = readcell('payh3.txt')
M =
  11x6 cell 数组
    {'Date'    }    {   'Open' } {'High' }    {'Low'    }    {'Close' } {'Volume' }
```

{[2020-06-08]}	{[13.6800]}	{[13.8500]}	{[13.5800]}	{[13.6200]}	{[58597190]}
{[2020-06-09]}	{[13.6400]}	{[13.7300]}	{[13.5300]}	{[13.6700]}	{[47430007]}
{[2020-06-10]}	{[13.7100]}	{[13.7100]}	{[13.4000]}	{[13.4900]}	{[58047620]}
{[2020-06-11]}	{[13.3800]}	{[13.3900]}	{[13]}	{[13.0800]}	{[134903982]}
{[2020-06-12]}	{[12.9000]}	{[13.0200]}	{[12.8700]}	{[12.9900]}	{[103055057]}
{[2020-06-15]}	{[12.8500]}	{[12.9700]}	{[12.8000]}	{[12.8200]}	{[66031307]}
{[2020-06-16]}	{[12.9000]}	{[12.9900]}	{[12.8600]}	{[12.8900]}	{[71805910]}
{[2020-06-17]}	{[12.8900]}	{[12.9200]}	{[12.7600]}	{[12.8500]}	{[71646824]}
{[2020-06-18]}	{[12.7600]}	{[12.8000]}	{[12.5900]}	{[12.7600]}	{[111964780]}
{[2020-06-19]}	{[12.7300]}	{[12.8400]}	{[12.6100]}	{[12.8000]}	{[153952178]}

8.1.2 利用工具栏导入数据

1. Excel 数据文件的导入

1）单击 MATLAB 工具栏中的"导入数据"按钮 ⬇，弹出"导入数据"对话框，如图 8-3 所示。

2）选择所要导入的 Excel 文件，如从存储在 C 盘中的 Excel 类型文件中选择 payh.xls 文件（即图 8-1 数据），然后单击"打开"按钮，弹出的窗口如图 8-4 所示。

3）在图 8-4 所示的"导入"选卡项中，在"所选内容"区选择导入数据"范围"和"变量名称行"。"导入的数据"区"输出类型"中提供了"表""列向量""数值矩阵""字符串数组"和"元胞数组"五种形式；若选择"表"，并单击"导入"区上方的"导入所选内容"按钮 ✅，则变量名为 payh 的表就导入工作区中，只要在命令行窗口输入变量名即可显示其结果。

图 8-3　"导入数据"对话框

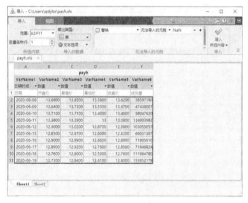

图 8-4　按表导入 Excel 数据界面（默认）

```
>> payh
payh =
  10×6 table
    VarName1      VarName2    VarName3    VarName4    VarName5    VarName6

    2020-06-08     13.68       13.85       13.58       13.62      5.8597e+07
    2020-06-09     13.64       13.73       13.53       13.67       4.743e+07
    2020-06-10     13.71       13.71        13.4       13.49      5.8048e+07
    2020-06-11     13.38       13.39          13       13.08       1.349e+08
    2020-06-12      12.9       13.02       12.87       12.99      1.0306e+08
    2020-06-15     12.85       12.97        12.8       12.82      6.6031e+07
    2020-06-16      12.9       12.99       12.86       12.89      7.1806e+07
    2020-06-17     12.89       12.92       12.76       12.85      7.1647e+07
    2020-06-18     12.76        12.8       12.59       12.76      1.1196e+08
    2020-06-19     12.73       12.84       12.61        12.8      1.5395e+08
```

若选择"数组矩阵"选项，如图 8-5 所示，单击"导入"区上方的写入所选内容"按钮 ，则变量名为 payh 的矩阵就导入工作区中了，只要在命令行窗口输入变量名即可显示其结果。

例如，输入如下命令：

```
>> payh(:,2:5)
ans =
    13.6800    13.8500    13.5800    13.6200
    13.6400    13.7300    13.5300    13.6700
    13.7100    13.7100    13.4000    13.4900
    13.3800    13.3900    13.0000    13.0800
    12.9000    13.0200    12.8700    12.9900
    12.8500    12.9700    12.8000    12.8200
    12.9000    12.9900    12.8600    12.8900
    12.8900    12.9200    12.7600    12.8500
    12.7600    12.8000    12.5900    12.7600
    12.7300    12.8400    12.6100    12.8000
```

4）为了保存数据，可将默认变量名或矩阵名重新命名，只需将鼠标指针移到工作区中名称处右击，在弹出的快捷菜单中选择"重命名"选项，单击即可输入新的名称。

2．文本数据文件的导入

1）单击 MATLAB 工具栏中的"导入数据"按钮 ，从弹出的对话框（见图 8-3）中选择"payh3.txt"文本文件，单击"打开"按钮，出现如图 8-6 所示的窗口。

图 8-5　按数值矩阵导入 Excel 数据界面

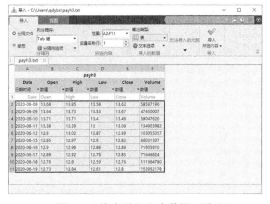

图 8-6　按表导入文本数据（默认）

2）选择"表"选项，单击"导入"区上方的"导入所选内容"按钮 ，则变量名为 payh3 的表就导入工作区中了，在命令行窗口输入变量名即可显示其结果。

```
>> payh3
payh3 =
  10x6 table
      Date         Open      High      Low       Close     Volume

    2020-06-08    13.68     13.85     13.58     13.62     5.8597e+07
    2020-06-09    13.64     13.73     13.53     13.67      4.743e+07
    2020-06-10    13.71     13.71      13.4     13.49     5.8048e+07
    2020-06-11    13.38     13.39        13     13.08      1.349e+08
    2020-06-12     12.9     13.02     12.87     12.99     1.0306e+08
    2020-06-15    12.85     12.97      12.8     12.82     6.6031e+07
    2020-06-16     12.9     12.99     12.86     12.89     7.1806e+07
    2020-06-17    12.89     12.92     12.76     12.85     7.1647e+07
    2020-06-18    12.76      12.8     12.59     12.76     1.1196e+08
```

```
      2020-06-19    12.73    12.84    12.61     12.8    1.5395e+08
```

8.1.3 非数值数据处理

1. 含非数值（NaN）的计算

在 MATLAB 中遇到超出范围的数据时均使用 NaN（非数值）表示，且在任何运算中，只要包含 NaN，就将它传递到结果中。

【例 8-5】 给出一个含非数值的矩阵：$A = \begin{pmatrix} 3 & 5 & 7 & 9 \\ 2 & 4 & 6 & 8 \\ 10 & 11 & 12 & NaN \end{pmatrix}$，求其每一列的和。

```
>> A=[3  5  7  9; 2  4  6  8; 10  11  12  NaN]
>> S=sum(A)
S =
    15    20    25    NaN
```

2. 非数值（NaN）的处理

对含非数值（NaN）的数据分析，应在对数据进行运算前，对数据中出现的 NaN 作剔除处理。

（1）在向量 x 中删除 NaN 元素

● i=find(~isnan(x))；x=x(i)。

● x=x(find(~isnan(x)))。

● x(isnan(x))=[ ]。

例如：

```
>> x=[11  12  13  NaN  15  16  17]
```

输入命令：

```
>> i=find(~isnan(x)),  x=x(i)
i =
    1    2    3    5    6    7
x =
    11    12    13    15    16    17
```

输入命令：

```
>> x=x(find(~isnan(x)))
x =
    11    12    13    15    16    17
```

输入命令：

```
>> x(isnan(x))=[]
x =
    11    12    13    15    16    17
```

（2）在矩阵 X 中删除 NaN 所在的列

```
X(:,any(isnan(X)))=[]
```

例如，在例 8-5 中对矩阵 A 输入命令：

```
>> A(:,any(isnan(A)))=[]
A =
    3    5    7
    2    4    6
```

10	11	12

（3）在矩阵 X 中删除 NaN 所在的行

```
X(any(isnan(X)'),:)=[]
```

例如，在例 8-5 中对矩阵 A 输入命令：

```
>> A(any(isnan(A)'),:)=[]
A =
    3    5    7    9
    2    4    6    8
```

经过非数值数据预处理后的数据，可进行各种分析和统计操作。当然有时在求统计量指标时对非数值（NaN）的数不需要删去其所在的行和列，而只需设置函数属性，或直接使用命令函数就可忽略非数值，这将在基本统计量函数小节中给出处理方法。

8.2　统计数据分析

MATLAB 统计工具箱提供了基本统计量、概率分布、密度分布、参数估计、假设检验等函数命令，利用这些函数可以方便地描述样本数据的分布特征。

8.2.1　基本统计量函数

1. 算数平均值（均值）

格式：M = mean(X) 　　　　　　　%X 为向量，返回 X 中各元素的均值；X 为矩阵，
　　　　　　　　　　　　　　　　%返回 X 中各列元素的均值构成的行向量

　　　　M = mean(X,'all') 　　　　%返回计算 X 中所有元素的均值

　　　　M = mean(X,dim) 　　　　% dim=1，对矩阵每列求均值（默认）；
　　　　　　　　　　　　　　　　% dim=2，对矩阵每行求均值

　　　　M = mean(___,nanflag) 　% nanflag 取'includenan'（默认）计算均值时不忽略
　　　　　　　　　　　　　　　　%NaN 值；取'omitnan'计算均值时忽略 NaN 值

例如，对例 8-5 矩阵 A，执行如下命令：

```
>> A=[3 5 7 9; 2 4 6 8; 10 11 12 NaN]
>> mean(A)
ans =
    5.0000    6.6667    8.3333       NaN
>> mean(A,'omitnan')
ans =
    5.0000    6.6667    8.3333    8.5000
>> mean(A,2,'omitnan')
ans =
     6
     5
    11
```

2. 中值（中位数）

格式：M = median(X) 　　　　　　%X 为向量，返回 X 中各元素的中位数；X 为矩阵，
　　　　　　　　　　　　　　　　%返回 X 中各列元素的中位数构成的行向量

　　　　M=median(X,'all') 　　　　%返回计算 X 的所有元素的中位数

| | M = median(X,dim) | %返回沿 X 的维数 dim 计算的中位数 |

3. 几何平均值

格式：m = geomean(X) %X 为向量，返回 X 中各元素的几何平均值；X 为矩阵，
%返回 X 中各列元素的几何平均值构成的行向量

m = geomean(X,'all') %返回计算 A 的所有元素的几何平均值
m = geomean(X,dim) %返回沿 X 的维数 dim 计算的几何平均值

4. 调和平均值

格式：m = harmmean(X) %X 为向量，返回 X 中各元素的调和平均值；X 为矩阵，
%返回 X 中各列元素的调和平均值构成的行向量

m = harmmean(X,'all') %返回计算 A 的所有元素的调和平均值
m = harmmean(X,dim) %返回沿 X 的维数 dim 计算的调和平均值

5. 样本方差

格式：V = var(X) %X 为向量，返回 X 中各元素的样本方差；X 为矩阵，
%返回 X 中各列元素的样本方差构成的行向量

V = var(X,w) %指定权重类型，其中

%w = 0（默认），计算样本方差：$\sigma^2 = \dfrac{1}{N}\sum\limits_{i=1}^{N}(x_i - \overline{\mu})^2$ ；

%w = 1，计算母体方差：$s^2 = \dfrac{1}{n-1}\sum\limits_{i=1}^{n}(x_i - \overline{x})^2$

V = var(X,w,'all') %返回计算 X 的所有元素的方差
V = var(X,w,dim) %返回沿 X 的维数 dim 计算的方差，指定 w=0

6. 样本标准差

格式 V = std(X) %X 为向量，返回 X 中各元素的样本标准差；X 为矩阵，
%返回 X 中各列元素的样本标准差构成的行向量

V = std(X,w) %指定权重类型，其中

%w = 0（默认），计算样本标准差：$\sigma = \sqrt{\dfrac{1}{N}\sum\limits_{i=1}^{N}(x_i - \overline{\mu})^2}$ ；

%w = 1，计算母体标准差：$s = \sqrt{\dfrac{1}{n-1}\sum\limits_{i=1}^{n}(x_i - \overline{x})^2}$

V = std(X,w,'all') %返回计算 X 的所有元素的标准差
V = std(X,w,dim) %返回沿 X 的维数 dim 计算的标准差，指定 w=0

注：利用标准差和均值可以计算变异系数，即变异系数为 std(X)/abs(mean(X))。

7. 绝对偏差

格式：y = mad(X) %X 为向量，返回 X 中各元素的平均绝对偏差；X 为矩阵，
%返回 X 中各列元素的平均绝对偏差构成的行向量

y = mad(X,flag) %指定计算类型，flag=0（默认）为平均绝对偏差，
%即用 mean(abs(X-mean(X)))计算；%flag=1 为中值绝对偏差，
%即用 median(abs(X-median(X)))计算

y = mad(X,flag,'all') %返回计算 X 的所有元素的绝对偏差

y = mad(X,flag,dim)　　　　%返回沿 X 的维数 dim 计算的绝对偏差

8．k 阶中心距

格式：m = moment(X,k)　　　 %X 为向量，返回 X 中各元素的 k 阶中心距，公式
　　　　　　　　　　　　　%为 mean((X-mean(X)).^k)；X 为矩阵，返回 X 中
　　　　　　　　　　　　　%各列元素的 k 阶中心距构成的行向量

　　　 m = moment(X,k,'all')　 %返回计算 X 中所有元素的 k 阶中心距

　　　 m = moment(X,k,dim)　 %返回沿 X 的维数 dim 计算的 k 阶中心距

9．样本偏斜度

格式：y = skewness(X)　　　　%X 为向量，返回 X 中各元素的偏斜度；X 为矩阵，返回
　　　　　　　　　　　　　%X 中各列元素的偏斜度构成的行向量

　　　 y = skewness(X,flag)　　%指定计算类型的偏斜度，flag=0，偏斜纠正；flag=1，
　　　　　　　　　　　　　%偏斜不纠正

　　　 y = skewness(X,flag,'all')　%返回计算 X 的所有元素的偏斜度

　　　 y = skewness(X,flag,dim)　%返回沿 X 的维数 dim 计算的偏斜度

10．样本峰度

格式：k = kurtosis(X)　　　　%X 为向量，返回 X 中各元素的峰度；X 为矩阵，返回
　　　　　　　　　　　　　%X 中各列元素的峰度构成的行向量

　　　 k = kurtosis(X,flag)　　%指定计算类型的峰度，flag=0，峰度纠正；flag=1，
　　　　　　　　　　　　　%峰度不纠正

　　　 k = kurtosis(X,flag,'all')　%返回计算 X 的所有元素的峰度

　　　 k = kurtosis(X,flag,dim)　%返回沿 X 的维数 dim 计算的峰度

11．协方差

格式：C = cov(X)　　　　　%返回矩阵 X 的协方差矩阵，其中对角线元素(i,i)是 X 的各列
　　　　　　　　　　　　　%的方差，第(i,j)个元素为 X 中第 i 列向量与第 j 列向量的方差

　　　 C = cov(___,w)　　　%指定权重类型。w = 0（默认），w = 1，参见方差函数

　　　 C = cov(___,nanflag)　%指定是否忽略 NaN 值

12．相关系数

格式：R = corrcoef(X)　　　 %返回矩阵 X 的相关系数矩阵，其计算公式为：
　　　　　　　　　　　　　%R(i,j) =C(i,j)/sqrt(C(i,i)*C(j,j))，其中 C= cov(X)

　　　 R = corrcoef(X,Y)　　%返回两个随机变量 X 和 Y 之间的相关系数

　　　 [R,P] = corrcoef(___)　　%返回相关系数的矩阵 R 和 P 值矩阵，P 表示假设检验
　　　　　　　　　　　　　%的 P-value 值，小于 0.05 表示相关性显著

　　　 [R,P,RL,RU] = corrcoef(___)　%返回每个相关系数的 95%置信区间的下界 RL 和
　　　　　　　　　　　　　%上界 RU

　　　 R= corrcoef(___,Name,Value)　%使用一个或多个名称/值对组参数

　　说明：Name 取'alpha'，为显著性水平（默认 0.05）；Name 取'rows'，Value 取'all'表示 X 全部行（默认）、取'complete'表示 X 中不含 NaN 值的行、取'pairwise'表示在计算 R(i,j)时在 X 的第 i、j 列中都不含 NaN 值。

　　例如：

```
>>X=[17.28  22.46  27.81  31.15  37.47  44.63  51.28]';
>>Y=[31.68  34.56  40.89  48.41  53.41  58.80  63.61]';
```

```
>> C=cov(X,Y)
C =
  146.2997  145.0340
  145.0340  147.3668
>> [R,P]=corrcoef(X,Y)
R =
    1.0000    0.9878
    0.9878    1.0000
P =
    1.0000    0.0000
    0.0000    1.0000
```

13. 最值及其所在的位置

格式：M = max(X)　　　　　　　%X 为向量，返回 X 中各元素的最大值；X 为矩阵，返回
　　　　　　　　　　　　　　　%X 中各列元素的最大值构成的行向量

　　　M = max(X,[],dim)　　　　%返回维度 dim 上的最大值

　　　M = max(X,[],'all')　　　　%返回计算 X 的所有元素的最大值

　　　[M,I] = max(＿＿)　　　　%返回 X 中最大值及在维度上的对应索引

　　　[M,I] = max(X,[],＿＿,'linear')　　　%返回 X 中最大值及在 X 中的对应线性索引，
　　　　　　　　　　　　　　　　　　　%满足 M = X(I)

　　　Z = max(X,Y)　　　　　　　　%返回从 X 或 Y 中提取的最大元素的数组

说明：最小值 "min" 的全部格式都与最大值 "max" 格式对应，即把最大值都改为最小值。

例如：

```
>>A = [3 6 -2; 7 1 -3]
>> [M,I] = max(A)
M =
    7    6   -2
I =
    2    1    1
>> [M,I] = max(A,[],2,'linear')
M =
    6
    7
I =
    3
    2
>> [M,I] = min(A,[],2,'linear')
M =
   -2
   -3
I =
    5
    6
```

14. 极差

格式：range(X)　　　　　%X 为向量，返回 X 中的最大值与最小值之差；X 为矩阵，返回
　　　　　　　　　　　　%X 中各列元素的最大值与最小值之差

　　　range(X,dim)　　　　%按 X 的维数 dim 计算极差

15. 四分位差

格式：tsiqr = iqr(ts)　　　　　　　　%返回时间序列数据样本的四分位差

　　　tsiqr = iqr(ts,Name,Value)　　　%使用一个或多个名称/值对组参数计算四分位差

说明：若 Name 取参数'MissingData'，则其对应的值取'remove'表示在计算四分位差之前删除缺失值；若 Name Value 取'interpolate'表示对数据进行插值来填充缺失值。若 Name 取参数'Quality'表示具体缺失的数据。

16. 百分位数

格式： Y = prctile(X,p)　　　　　　%根据百分比 p 返回 X 中元素的百分位数

　　　Y = prctile(X,p,'all')　　　　%返回 X 的所有元素的百分位数

　　　Y = prctile(X,p,dim)　　　　%返回维度 dim 上的百分位数

　　　Y = prctile(___,'Method',method)　%指定 method 值，返回精确或近似百分位数

例如：

```
>> X = (1:6)'*(2:7)
X =
     2     3     4     5     6     7
     4     6     8    10    12    14
     6     9    12    15    18    21
     8    12    16    20    24    28
    10    15    20    25    30    35
    12    18    24    30    36    42
>> range(X)
ans =
    10    15    20    25    30    35
>> tsiqr = iqr(X)
tsiqr =
     6     9    12    15    18    21
>> Y = prctile(X,[25 50 75])
Y =
    4.0000    6.0000    8.0000   10.0000   12.0000   14.0000
    7.0000   10.5000   14.0000   17.5000   21.0000   24.5000
   10.0000   15.0000   20.0000   25.0000   30.0000   35.0000
```

17. 众数

格式： M = mode(X)　　　　　　%X 为向量，返回 X 中频率出现最多的元素；X 为矩阵，

　　　　　　　　　　　　　　%返回 X 中各列元素频率出现最多的元素的行向量，相同

　　　　　　　　　　　　　　%时取最小值

　　　M = mode(X,'all')　　　　%返回 X 的所有元素的众数

　　　M = mode(X,dim)　　　　%返回维度 dim 上的元素的众数

　　　[M,F] = mode(___)　　　　%返回一个频率数组 F，与 M 对应元素出现的次数

　　　[M,F,C] = mode(___)　　　%返回单元数组 C，与 M 对应元素出现频率相同的所有值

　　　　　　　　　　　　　　%的排序向量

例如：

```
>>A = [6 6 3 8; 0 0 3 3; 0 3 5 8]
>> [M,F,C] = mode(A,2)
M =
     6
     0
     0
F =
     2
     2
     1
```

```
C =
   3×1 cell 数组
     {[      6]}
     {2×1 double}
     {4×1 double}
```

C{2}为 2×1 向量[0;3]，因为第二行中的值 0 和 3 出现次数为 F(2)=2，C{3}为 4×1 向量[0;3;5;8]，因为第三行中所有值出现次数为 F(3)=1。

18．忽略缺失数据的计算

由于缺失数据通常用 NaN 代替，所以忽略缺失数据的计算实际上就是忽略 NaN 值的计算。

格式：nanmean(X)   %计算忽略 X 中 NaN 值的均值

        nanmedian(X)   %计算忽略 X 中 NaN 值的中值

        nanmax(X)   %计算忽略 X 中 NaN 值的最大值

        nanmin(X)   %计算忽略 X 中 NaN 值的最小值

        nansum(X)   %计算忽略 X 中 NaN 值的和

例如：

```
>> X=[2  5  7  nan  8  3  6  9]
>> nanmean(X)
ans =
   5.7143
>> nanmedian(X)
ans =
   6
>> nanmax(X)
ans =
   9
>> nansum(X)
ans =
   40
```

8.2.2 概率分布函数

MATLAB 统计工具箱包含的概率分布及其命令字符如下：

正态分布（norm），对数正态分布（logn），泊松分布（poiss），指数分布（exp），连续均匀分布（unif），离散均匀分布（unid），β 分布（beta），二项分布（bino），几何分布（geo），超几何分布（hyge），韦伯尔分布（wbl），瑞利分布（rayl），F 分布（f），T 分布（t），γ 分布（gam）和卡方分布（chi2）。

对每一种分布都提供 5 类函数，其命令字符如下：

概率密度函数（pdf），累积分布函数（cdf），逆累积分布函数（inv），均值与方差（stat）和随机数生成（rnd）。

当需要一种分布的某一类函数时，只需将分布命令字符与函数命令字符连接起来，并输入自变量（可以是标量、数组或矩阵）和参数即可。

1．概率密度函数

格式：Y=normpdf(X,mu,sigma)   %返回期望为 mu、标准差为 sigma（默认值是 0

                                %和 1）的正态分布的概率密度函数在 X 点的值

        Y=exppdf(X,mu)   %返回参数为 mu 的指数分布的概率密度函数在 X

                                %点的值，mu 默认值为 1

Y=binopdf(X,n,p)	%返回参数为 n 和 p，事件发生 X 次的二项分布的 %概率密度函数值
Y=poisspdf(X,lambda)	%返回参数为 lambda，事件发生 X 次的泊松分布的 %概率密度函数值
Y=unifpdf(X,a,b)	%返回在区间[a,b]上均匀分布（连续）概率密度 %函数在 X 点的值，[a,b] 默认值为[0,1]

例如：

```
>>Y = normpdf(8,6,3)
Y =
   0.1065
>> Y = poisspdf(6,4)
Y =
   0.1042
```

2. 累积分布函数

格式：P=normcdf(X,mu,sigma)	%返回参数为 mu 和 sigma（默认值是 0 和 1）的 %正态分布的累积分布函数在 X 点的值
P=expcdf(X,mu)	%返回参数为 mu 的指数分布的累积分布函数在 % X 点的值，mu 默认值为 1
P=chi2cdf(X,v)	%返回自由度为 v 的卡方分布的累积分布函数在 X %点的值
P=tcdf(X,v)	%返回自由度为 v 的 T 分布的累积分布函数在 X %点的值
P=fcdf(X,v1,v2)	%返回第一自由度为 v1,第二自由度为 v2 的 F 分布的 %累积分布函数在 X 点的值

例如：

```
>>P = expcdf(5,3)
P =
   0.8111
>> P = chi2cdf(6,9)
P =
   0.2601
>> P=fcdf(3,12,16)
P =
   0.9787
```

3. 逆累积分布函数

MATLAB 中的逆累积分布函数是已知概率 P，P=P{ξ≤X}，求 X。

格式：X=norminv(P,mu,sigma)	%返回参数为 mu 和 sigma，概率值为 P 的正态 %分布的逆累积分布函数值 X
X=betainv(P,a,b)	%返回参数为 a 和 b，概率值为 P 的β分布的 %逆累积分布函数值 X
X=wblinv(P,a,b)	%返回参数为 a 和 b，概率值为 P 的韦伯尔分布的 %逆累积分布函数值 X
X=unidinv(P,N)	%返回参数为 N，概率值为 P 的离散均匀分布的 %逆累积分布函数值 X（在 1~N 之间的整数）

例如：

```
>> X=norminv(0.9,0,1)
X =
    1.2816
>> X=betainv(0.8,6,7)
X =
    0.5779
>>X = unidinv(0.5,20)
X =
    10
```

4．均值与方差

格式：[M,V]=normstat(mu,sigma)   %返回参数为 mu 和 sigma 的正态分布均值 M
    %和方差 V

    [M,V]=poisstat(lambda)   %返回参数为 lambda 的泊松分布的均值和方差

    [M,V]=expstat(mu))   %返回参数为 mu 的指数分布的均值和方差

    [M,V]=fstat(v1,v2)   %返回自由度为 v1、v2 的 F 分布的均值和方差

例如：

```
>>[M,V]=poisstat(0.5)
M =
    0.5000
V =
    0.5000
>> [M,V]=fstat(4,6)
M =
    1.5000
V =
    4.5000
```

5．随机数生成

格式：R=unifrnd(a,b,m,n)   %产生[a,b]上连续均匀分布的 m×n 随机数矩阵

    R=unidrnd(N,m,n)   %产生[1,N]上离散均匀分布的 m×n 随机数矩阵

    R=binornd(N,p,m,n)   %产生参数为 N 和 p 的二项分布 m×n 随机数矩阵

    R=normrnd(mu,sigma,m,n)   %参数为 mu 和 sigma 的正态分布 m×n 随机数矩阵

    R=lognrnd(mu,sigma,m,n)   %参数为 mu 和 sigma 的对数正态分布 m×n 随机数矩阵

    R=exprnd(mu,m,n)   %参数为 mu 的指数分布 m×n 随机数矩阵

    R=poissrnd(lambda,m,n)   %参数为 lambda 的泊松分布 m×n 随机数矩阵

    R=betarnd(a,b,m,n)   %参数为 a 和 b 的β分布 m×n 随机数矩阵

    R=gamrnd(a,b,m,n)   %参数为 a 和 b 的 γ 分布 m×n 随机数矩阵

    R=geornd(p,m,n)   %参数为 p 的几何分布 m×n 随机数矩阵

    R=hygernd(M,K,N,m,n)   %参数为 M、K、N 的超几何分布 m×n 随机数矩阵

    R=wblrnd(a,b,m,n)   %参数为 a 和 b 的韦伯尔分布 m×n 随机数矩阵

    R=raylrnd(b,m,n)   %参数为 b 的瑞利分布 m×n 随机数矩阵

例如：

```
>> R=unifrnd(0,3,2,5)
R =
```

```
       2.4442    0.3810    1.8971    0.8355    2.8725
       2.7174    2.7401    0.2926    1.6406    2.8947
>> R= unidrnd(3,2,5)
R =
     1     3     3     2     3
     3     2     1     3     3
>> R= hygernd(100,30,10,3,4)
R =
     4     3     4     1
     4     4     1     1
     4     2     2     4
>> R= lognrnd(1,2,4,5)
R =
     5.2090    2.2156    0.4820   24.2043    0.2397
     0.6006    1.6772    2.5597   24.9918    0.2932
    42.1231    5.1470    1.9547    0.4832    2.6813
     0.0887    5.0821    9.5392    3.1731   58.2801
>> R=wblrnd(0.4,3,2,4)
R =
     0.4101    0.4576    0.4438    0.2840
     0.3249    0.2635    0.3520    0.1948
```

8.2.3 统计作图

1. 箱线图

箱线图用于描述数据样本，或比较不同样本的均值。

格式：boxplot(X)   %若 X 为向量，绘制单个样本 X 的箱线图；若 X 为矩阵，
                         %按 X 每列绘制箱线图

      boxplot(X,g)   %使用 g 中包含的一个或多个分组变量创建箱线图
      boxplot(___,Name,Value)   %使用一个或多个名称/值对组参数选项

说明：对组参数（Name/Value）常用选择如下。

1）'notch'：其值为'on'时显示有凹口的箱线图，为'off'时显示一个矩形箱线图。

2）'grouporder'：控制绘图的顺序，使用{'字符串', '字符串',...}指定顺序。

3）'orientation'：其值为'vertical'时显示垂直箱线图（默认值），为'horizontal'时显示水平箱线图。

4）'sym'：绘图符号标志，可使用颜色。

例如，生成 3 个列向量的正态分布随机数，并组成一个矩阵 X：

```
>> x1=normrnd(0,1,600,1);
>> x2=normrnd(1,2,600,1);
>> x3=normrnd(2,1,600,1);
>> X=[x1 x2 x3];
>> boxplot(X)           %运行结果如图 8-7 所示
>> boxplot(X,'notch','on','sym','o', 'orientation','horizontal')
                        %运行结果如图 8-8 所示
```

例如，使用 MATLAB 内带数据，绘制箱线图：

```
>>load carsmall
>> boxplot(MPG, Origin)
```

运行结果如图 8-9 所示。

还可以对箱体进行排序，代码如下。

```
    >> boxplot(MPG, Origin, 'grouporder', {'France' 'Germany' 'Italy' 'Japan'
'Sweden' 'USA'})
```

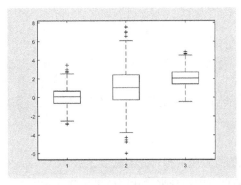

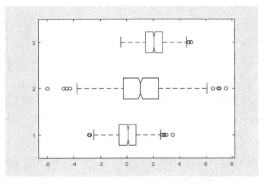

图 8-7　默认垂直箱线图　　　　　　　　　图 8-8　带凹口的水平箱线图

运行结果如图 8-10 所示。

箱体的上下边界线对应样本的第 25 个和第 75 个百分点处；箱体中间的直线是样本的中值，如果中值不在箱体的中间，表明存在倾斜度；两条边缘线段称为内限，在内限之外的点是异常点。

2. 频数直方图

（1）频率表

格式：tabulate(X)　　　　　　%显示向量 X 中数据的频率表。对于 X 中的每个唯一值，
　　　　　　　　　　　　　　%显示实例数和 X 中该值的百分比

　　　　tbl = tabulate(X)　　　%返回值 tbl：包含第 1 列为 X 的不同值，第 2 列为这些值的
　　　　　　　　　　　　　　%个数，第 3 列为这些值的频率

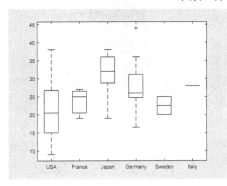

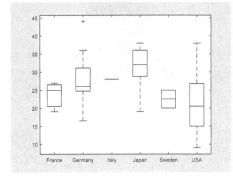

图 8-9　自动排序箱线图　　　　　　　　　图 8-10　固定排序箱线图

例如，统计数值频率表：

```
>> X=[1 -1 -2 0 -1 1 -2 0 2 1 0 2 2 -1 0 2 -1 1 2 -2];
>> tabulate(X)
```

显示结果如下：

```
   Value    Count    Percent
     -2        3       15.00%
     -1        4       20.00%
      0        4       20.00%
      1        4       20.00%
      2        5       25.00%
>> tbl = tabulate(X)
tbl =
    -2     3    15
```

```
    -1     4     20
     0     4     20
     1     4     20
     2     5     25
```

（2）频数直方图函数

利用函数 histogram 绘制自动生成小区间的直方图，详细情况参见第 5 章（5.3.3 节）直方图绘图部分。

（3）具有分布拟合的直方图

格式：histfit(data)   %绘制 data 中值的直方图并拟合正态密度函数
　　　histfit(data,nbins)   %指定 nbins 数的直方图，并拟合正态密度函数
　　　histfit(data,nbins,dist)   %指定 nbins 绘制直方图，指定分布 dist 拟合密度函数
　　　h = histfit(___)   %返回句柄向量 h，其中 h(1)是直方图，h(2)是密度曲线

例如：

```
>> X=normrnd(6,3,1000,1);
>> histfit(X)        %运行结果如图 8-11a 所示
>> histfit(X,15)     %运行结果如图 8-11b 所示
```

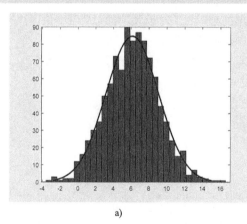
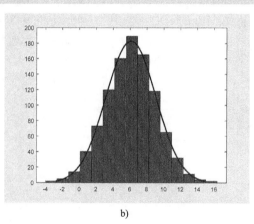

a)　　　　　　　　　　　　　　　　b)

图 8-11　附加正态密度曲线的直方图

a) 默认条数　b) 指定条的数量

3. 经验累积分布函数图形

格式：cdfplot(X)   %绘制样本 X 的经验累积分布函数图
　　　[h,stats] = cdfplot(X)   %返回经验 cdf 图线对象的句柄 h 和统计信息结构 stats

例如：

```
>> X=poissrnd(10,1,100);
>> [h,stats] = cdfplot(X)
h =
  Line - 属性:
            Color: [0 0.4470 0.7410]
        LineStyle: '-'
        LineWidth: 0.5000
           Marker: 'none'
       MarkerSize: 6
  MarkerFaceColor: 'none'
```

```
        XData: [-Inf 4 4 5 5 6 6 7 7 8 8 9 9 10 10 11 11 12 12 13 13 14 14 15 15
16 16 17 17 18 18 19 19 Inf]
        YData: [1x34 double]
        ZData: [1x0 double]
    stats =
      包含以下字段的 struct:
        min: 4
        max: 19
       mean: 10.4800
     median: 11
        std: 3.2333
```

运行结果如图 8-12 所示。

4. 绘制正态分布概率图形

格式：H=normplot(X)   %创建正态概率图，将 X 中的数据分布与正态分布进行比较

说明：用于图形化检验正态分布，样本数据在图中使用"+"显示；如果数据来自正态分布，则图形显示为直线，而其他分布可能在图中产生弯曲。

例如：

```
>> X=normrnd(0,1,1000,1);
>> H=normplot(X)    %显示图形如图 8-13 所示
H =
  3x1 Line 数组:
  Line
  Line
  Line
```

从句柄 H 和图 8-13 可看出 X 服从正态分布。

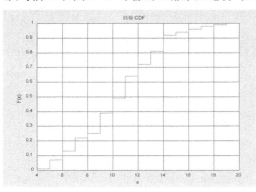

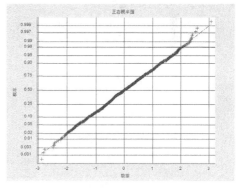

图 8-12　经验累积分布函数图形　　　　　　图 8-13　正态分布概率图形

5. 绘制韦伯尔分布概率图形

格式：H=wblplot(X) %创建韦伯尔概率图，将 X 中的数据分布与韦伯尔分布进行比较

说明：用于图形化检验韦伯尔分布，样本数据在图中使用"+"显示；如果数据来自韦伯尔分布，则图形显示为直线，而其他分布可能在图中产生弯曲。

例如：

```
>> X=wblrnd(2,1,200,1);
>> wblplot(X)
```

运行结果如图 8-14 所示。

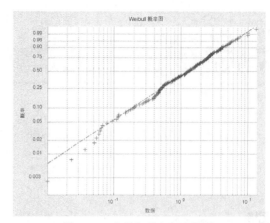

图 8-14   韦伯尔分布概率图形

6. 样本的概率图形

格式：P=capaplot(data,specs)　　　　　%data 所给样本数据，specs 指定范围，
　　　　　　　　　　　　　　　　　　%返回指定范围的概率 P 和样本概率图形

　　　　[P, H]=capaplot(data,specs)　　　%返回概率 P 和句柄 H 及绘图

例如：

```
>> X=normrnd(0,1,50,1);
>>P =capaplot(X,[-1.5,1.5])          %返回图形如图 8-15a 所示
P =
    0.9402
>>P =capaplot(X,[-inf,1.5])          %返回图形如图 8-15b 所示
P =
    0.9814
```

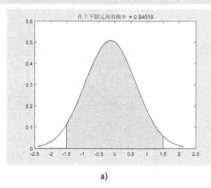
a)

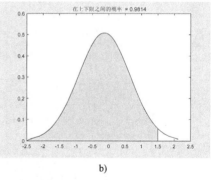
b)

图 8-15   样本的概率图形

a) 范围为[-1.5, 1.5]   b) 范围为[-inf, 1.5]

7. 在指定的界线之间绘制正态密度曲线

格式：P=normspec(S)　　　　　　　　%返回指定范围 S 的标准正态分布概率 P
　　　　　　　　　　　　　　　　　　%和密度曲线图

　　　　P=normspec(S,mu,sigma)　　　%返回指定范围 S、期望为 mu、标准差为
　　　　　　　　　　　　　　　　　　% sigma 的正态分布概率 P

　　　　P=normspec(S,mu,sigma,region)　% region 取'inside'（默认），表示阴影
　　　　　　　　　　　　　　　　　　%在界线内；'outside'表示阴影在界线外

例如:

```
>> P=normspec([-1.5,inf])                %返回图形如 8-16a 所示
P =
  0.9332
>> P=normspec([5.5,6.5],6,1, 'outside')   %返回图形如 8-16b 所示
P =
  0.6171
```

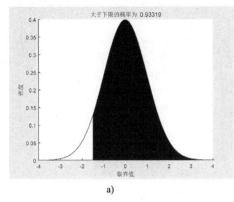
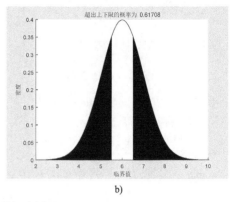

a)   b)

图 8-16   样本的概率图形

a) 范围为[-1.5, inf]   b) 范围为[5.5, 6.5],期望为 6,标准差为 1,阴影在界线外

8. 绘制 Quantile-Quantile 图（简称 Q-Q 图）

格式:qqplot(X)   %显示样本数据 X 的分位数与正态分布的理论分位数的 Q-Q 图。
                       %若 X 的分布是正态分布,则数据图呈线性

qqplot(X,pd)   %显示样本数据 X 的分位数与指定概率分布 pd 的理论分位数的
                   %Q-Q 图。若 X 的分布与 pd 指定的分布相同,则数据图呈线性。

qqplot(X,Y)   %显示 X、Y 两个样本数据的分位数 Q-Q 图,若 X、Y 为来自
                   %同一分布,则数据图呈线性

说明:显示一个或两个样本的 Q-Q 图,可用来检验一个样本是否正态分布,或两个样本是否来自于同一分布。例如:

（1）绘制正态分布的 Q-Q 图

```
>> X=normrnd(3,2,100,1);
>> qqplot(X)
```

运行结果如图 8-17 所示,并可看出 X 服从正态分布。

（2）绘制均匀分布的 Q-Q 图

```
>> X=rand(100,1);
>> qqplot(X)
```

运行结果如图 8-18 所示,可看出 X 不服从正态分布。

（3）绘制来自两个正态分布的 Q-Q 图

```
>> X=normrnd(0,1,100,1);
>> Y=normrnd(1,2,50,1);
>> qqplot(X,Y)
```

运行结果如图 8-19 所示,并可看出 X 和 Y 服从同分布。

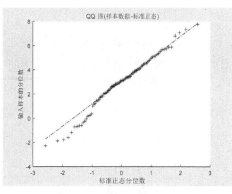

图 8-17　正态分布 Q-Q 图

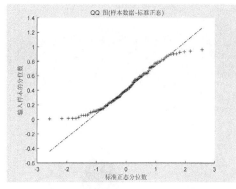

图 8-18　均匀分布的 Q-Q 图

（4）绘制来自两个不同总体的 Q-Q 图

```
>> X=normrnd(6,2,100,1);
>> Y=wblrnd(2,1,100,1);
>> qqplot(X,Y)
```

运行结果如图 8-20 所示，并可看出 X 和 Y 不服从同分布。

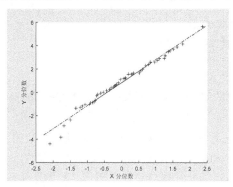

图 8-19　两个正态分布的 Q-Q 图

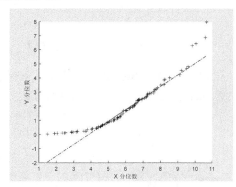

图 8-20　两个不同总体的 Q-Q 图

8.2.4　参数估计

1. 常用分布参数估计

（1）正态分布参数估计

格式：[muhat,sigmahat]= normfit(X)

　　　[muhat,sigmahat,muci,sigmaci] = normfit(X,alpha)

　　　[___]= normfit(X,alpha,censoring)

　　　[___]= normfit(X,alpha,censoring,freq)

说明：在显著性水平 alpha（默认值为 0.05）下，求数据 X 的正态分布参数的最大似然估计值，置信度为 100(1-alpha)%。censoring 指定 X 中的每个值是否都是右截尾，1 表示右截尾，0 表示完全观察；freq 指定观测的频率或权重。返回值 muhat 是 X 的均值估计值，sigmahat 是标准差估计值，muci 是均值区间估计范围，sigmaci 是标准差区间估计范围。

例如：

```
>> X=normrnd(0,1,45,1);
>>[muhat,sigmahat,muci,sigmaci] = normfit(X)
```

```
muhat =
    -0.0133
sigmahat =
    1.1008
muci =
    -0.3440
     0.3174
sigmaci =
     0.9113
     1.3905
```

若指定参数 censoring 有 20 个随机数是右截尾，25 个随机数是完全观察到，则有

```
>>[muhat,sigmahat,muci,sigmaci] = normfit(X,0.01,[ones(20,1);zeros(25,1)])
muhat =
     0.5930
sigmahat =
     1.3356
muci =
    -0.0150
     1.2010
sigmaci =
     0.9176
     1.9441
```

（2）指数分布参数估计

格式：muhat = expfit(X)

　　　[muhat,muci] = expfit(X,alpha)

　　　[___] = expfit(X,alpha,censoring)

　　　[___] = expfit(X,alpha,censoring,freq)

说明：在显著性水平 alpha（默认值为 0.05）下，求数据 X 的指数分布参数的最大似然估计值。muhat 是参数估计值，muci 是参数区间估计范围。参见函数 normfit。

例如：

```
>> X=exprnd(9,50,1);
>> [muhat,muci] = expfit(X,0.01)
muhat =
     9.1773
muci =
     6.5473
    13.6308
```

（3）泊松分布参数估计

格式：lambdahat = poissfit(X)

　　　[lambdahat,lambdaci] = poissfit(data,alpha)

说明：在显著性水平 alpha（默认值为 0.05）下，求数据 X 的泊松分布参数的最大似然估计值。lambdahat 是参数估计值，lambdaci 是参数区间估计范围。

例如：

```
>> X=poissrnd(6,45,1);
>> [lambdahat,lambdaci] = poissfit(X,0.1)
lambdahat =
     5.6000
lambdaci =
```

```
    5.0198
    6.1802
```

（4）均匀分布参数估计

格式：[ahat,bhat] = unifit(X)

　　　[ahat,bhat,aci,bci] = unifit(X,alpha)

说明：在显著性水平 alpha（默认值为 0.05）下，求数据 X 的均匀分布参数的最大似然估计值。ahat 和 bhat 是参数估计值，aci 和 bci 是参数区间估计范围。

例如：

```
>> X=unifrnd(3,6,45,1);
>> [ahat,bhat,aci,bci] = unifit(X,0.05)
ahat =
    3.0035
bhat =
    5.9059
aci =
    2.8037
    3.0035
bci =
    5.9059
    6.1057
```

（5）二项分布参数估计

格式：phat = binofit(X,n)

　　　[phat,pci] = binofit(X,n,alpha)

说明：在显著性水平 alpha（默认值为 0.05）下，求试验 n 次，成功发生 X 次的二项分布概率值估计及置信区间。

例如：

```
>> X=binornd(30,0.7)
X =
    23
>> [phat,pci] = binofit(X,30)
phat =
    0.7667
pci =
    0.5772    0.9007
```

（6）伽马分布参数估计

格式：phat = gamfit(X)

　　　[phat,pci] = gamfit(X,alpha)

　　　[___] = gamfit(X,alpha,censoring)

　　　[___] = gamfit(X,alpha,censoring,freq)

说明：在显著性水平 alpha（默认值为 0.05）下，求数据 X 的伽马分布参数的最大似然估计值。phat 是参数估计值，包含两个参数；pci 是对应两个参数的区间估计范围。参见函数 normfit。

例如：

```
>> X=gamrnd(3,6,1,100);
>> [phat,pci] = gamfit(X)
phat =
    3.4933    4.8364
```

```
pci =
   2.6801   3.6370
   4.5534   6.4313
```

（7）对数正态分布参数估计

格式：phat = lognfit(X)

  [phat,pci] = lognfit(X,alpha)

  [___] = lognfit(X,alpha,censoring)

  [___] = lognfit(X,alpha,censoring,freq)

说明：在显著性水平 alpha（默认值为 0.05）下，求数据 X 的对数正态分布参数的最大似然估计值。phat 是参数估计值，包含两个参数；pci 是对应两个参数的区间估计范围。参见函数 normfit。

例如：

```
>> X=lognrnd(2,1,1000,1);
>> [phat,pci] = lognfit(X)
phat =
   2.0121   1.0101
pci =
   1.9494   0.9676
   2.0748   1.0564
```

（8）韦伯尔分布参数估计

格式：parmhat = wblfit(X)

  [parmhat,parmci] = wblfit(X,alpha)

  [___] = wblfit(X,alpha,censoring)

  [___] = wblfit(X,alpha,censoring,freq)

说明：在显著性水平 alpha（默认值为 0.05）下，求数据 X 的韦伯尔分布参数的最大似然估计值。parmhat 是参数估计值，包含两个参数；parmci 是对应两个参数的区间估计范围。参见函数 normfit。

例如：

```
>> X=wblrnd(3,1,300,1);
>> [parmhat,parmci] = wblfit(X)
parmhat =
   2.8077   0.9431
parmci =
   2.4748   0.8638
   3.1855   1.0296
```

2．利用 mle 函数进行参数估计

格式：phat = mle(X)   %返回 X 的正态分布参数的极大似然估计

  phat = mle(X,'distribution',dist)   %返回 dist 指定的分布的参数估计值

  phat = mle(X,'pdf',pdf,'start',start)   %返回概率密度函数 pdf 指定的自定义分布

                                              %的参数估计值，指定初始参数值 start

  phat = mle(X,'pdf',pdf,'start',start,'cdf',cdf) %返回指定 pdf 和 cdf 的自定义分布

                                              %的参数估计值

  phat = mle(___,Name,Value)   %使用一个或多个名称/值对组参数

  [phat,pci] = mle(___)   %返回参数的 95%置信区间

例如：

```
>> X=normrnd(3,1,1000,1);
>> [phat,pci] = mle(X)
phat =
    3.0086    1.0085
pci =
    2.9459    0.9666
    3.0712    1.0553
>> X=betarnd(3,5,1,300);
>> [phat,pci]=mle(X,'distribution','beta')
phat =
    3.3685    5.3256
pci =
    2.8324    4.5146
    4.0059    6.2822
```

使用 pdf 输入参数自定义非中心卡方 pdf，估计非中心卡方分布的参数。例如：

```
>>rng default
>>X = ncx2rnd(6,2,500,1);    %自由度为 6、非中心参数为 2 的非中心卡方分布
>> [phat,pci] = mle(X,'pdf',@(x,v,d)ncx2pdf(x,v,d),'start',[1,1])
phat =
    6.2650    1.7425
pci =
    5.2338    0.6076
    7.2962    2.8773
```

8.2.5 假设检验

1．正态总体均值的检验

（1）方差已知的正态总体均值的 U 检验

格式：h = ztest(X,m,sigma)　　　　　%检验 X 的均值是否等于 m

　　　h= ztest(X,m,sigma,Name,Value)　　%使用一个或多个名称/值对组参数

　　　[h,p,ci,zval] = ztest(___)

说明：X 为正态总体的样本，m 为指定均值，sigma 为标准差，显著性水平 alpha 为 0.05。返回值 h=0，不能拒绝原假设；h=1，可以拒绝原假设。p 为概率，其值较小时则对原假设提出质疑。ci 为均值的置信区间，zval 是 Z 统计量值。Name/Value 可选择：'alpha'、'tail'等。

原假设 H_0：mu=m，mu 是 X 的均值；

备选假设 H_1：tail 取'both'，表示 mu≠m（默认）；

　　　　　　　tail 取'right'，表示 mu>m；

　　　　　　　tail 取'left'，表示 mu<m。

（2）方差未知的正态总体均值的 T 检验

格式：h = ttest(X,m)　　　　　　%检验 X 的均值是否等于 m

　　　h = ttest(X,m,Name,Value)　　%使用一个或多个名称/值对组参数选项

　　　h = ttest(X,Y)　　　　　　%检验 X 和 Y 的均值是否相等

　　　h = ttest(X,Y,Name,Value)　%X 与 Y 的样本个数必须相等

　　　[h,p,ci,stats] = ttest(___)

说明：stats 包含 T 统计量、自由度和标准差的值。其他参见函数 ztest。

原假设 H_0：mu_1 =mu_2，（mu_1 为 X 为均值，mu_2 为 Y 的均值）；

备选假设 H_1： tail 取'both'，表示 $mu_1 \neq mu_2$;

　　　　　　　　 tail 取'right'，表示 mu1>mu2;

　　　　　　　　 tail 取'left'，表示 mu1<mu2。

例如，在方差已知的情况下：

```
>> X=normrnd(5,3,1,500);
>> [h,p,ci,zval] = ztest(X,5,3)
h =
     0
p =
    0.6276
ci =
    4.6720    5.1979
zval =
   -0.4851
```

对上述随机数 X，在方差未知时，则采用 T 检验法，命令如下：

```
>> [h,p,ci,stats] = ttest(X,5)
h =
     0
p =
    0.6261
ci =
    4.6726    5.1972
stats =
  包含以下字段的 struct:
    tstat: -0.4875
       df: 499
       sd: 2.9857
```

上述两种方法的结果都是 h 为 0，表示接受原假设，即认为均值为 5 通过检验。

（3）方差未知但相等的正态总体均值的 T2 检验

格式：h = ttest2(X,Y)　　% X，Y 为两个正态总体的样本，其方差未知但相等

　　　[h,p,ci,stats] = ttest2(X,Y)　　%X 与 Y 的样本个数可以不相等

　　　[h,p,ci,stats] = ttest2(X,Y,Name,Value) %使用一个或多个名称/值对组参数

说明：参见函数 ttest。

例如：

```
>>X1=normrnd(6,1,200,1);
>>X2=normrnd(6.5,1,200,1);
>>X3=normrnd(6.1,1,100,1);
>> [h1,p1,ci1,stats1] = ttest2(X1,X2)
h1 =
     1
p1 =
    1.0572e-09
ci1 =
   -0.8233
   -0.4293
stats1 =
  包含以下字段的 struct:
    tstat: -6.2500
       df: 398
       sd: 1.0021
```

```
>> [h2,p2,ci2,stats2] = ttest2(X1,X3)
h2 =
   0
p2 =
   0.3952
ci2 =
  -0.1420
   0.3585
stats2 =
  包含以下字段的 struct:
   tstat: 0.8514
      df: 298
      sd: 1.0383
```

从上述结果来看，h1=1 表示拒绝原假设，即认为 X1 与 X2 的均值显著不同；h2=0 表示接受原假设，即认为 X1 与 X3 的均值没有显著的不同。

2．总体中位数的符号检验

格式：[p,h]= signtest(X)　　　　　　%检验 X 的中位数是否为 0

　　　[p,h,stats] =signtest(X,m)　　　　%检验 X 的中位数是否等于 m

　　　[p,h]= signtest(X,Y)　　　　　　%检验 X 与 Y 的中位数是否相等，X、Y 必须等长

　　　[p,h,stats]= signtest(X,Y,Name,Value)　　%使用一个或多个名称/值对组参数

说明：p 表示总体 X 的中位数为 0 或 m，以及两个总体 X、Y 的中位数相等的显著性概率。

h=0 表示不拒绝原假设，表明总体中位数没有显著差异；h=1 表示拒绝原假设，表明中位数有显著差异。stats 包含 Z 统计量和符号统计量的值。

（1）一个总体 X 检验的 tail 说明

原假设 H_0：Median=m，其中 Median 是 X 的中位数；

备选假设 H_1：tail 取'both'，表示 Median≠m（默认）；

　　　　　　　　tail 取'right'，表示 Median>m；

　　　　　　　　tail 取'left'，表示 Median<m。

（2）两个总体 X 与 Y 检验的 tail 说明

原假设 H_0：Median(X)= Median(Y)；

备选假设 H_1：tail 取'both'，表示 Median(X)≠Median(Y)（默认）；

　　　　　　　　tail 取'right'，表示 Median(X)>Median(Y)；

　　　　　　　　tail 取'left'，表示 Median(X)<Median(Y)。

例如：

```
>> X=normrnd(0,1,39,1);    %检验数据 X 的中位数是否为 0
>> [p1,h1,stats1] =signtest(X)
p1 =
   0.7493
h1 =
  logical
   0
stats1 =
  包含以下字段的 struct:
   zval: NaN
   sign: 18
>> [p2,h2,stats2] =signtest(X,1)   %检验数据 X 的中位数是否为 1
p2 =
```

```
      7.0255e-05
h2=
   logical
    1
stats2 =
   包含以下字段的 struct:
     zval: NaN
     sign: 7
```

由于 h1=0、h2=1，说明检验 X 的中位数是 0，而不是 1。

```
>> Y=unifrnd(-1,1,39,1);
>> [p,h]=signtest(X,Y,'alpha',0.01)
p =
    1.0000
h =
  logical
    0
```

结果 h=0，表示不拒绝原假设，说明 X 与 Y 的中位数无显著差异。

3. 总体中位数的符号秩检验

格式：[p,h]= signrank(X)　　　　　　%检验 X 的中位数是否为 0

　　　[p,h,stats] = signrank(X,m)　　　%检验 X 的中位数是否等于 m

　　　[p,h]= signrank(X,Y)　　　　　%检验 X 与 Y 的中位数是否相等，X、Y 必须等长

　　　[p,h,stats]= signrank(X,Y,Name,Value)　%使用一个或多个名称/值对组参数

说明：格式同 signtest。

例如：

```
>>rng('default')
>>X=normrnd(4,1,100,1);
>>Y= normrnd(2,2,100,1);
>> [p1,h1]=signrank(X,Y)    %检验数据 X 的中位数是否等于 Y 的中位数
p1 =
    1.3002e-13
h1 =
  logical
    1
>> [p2,h2]=signrank(X,Y,'tail','left')    %检验数据 X 的中位数是否小于 Y 的中位数
p2 =
    1.0000
h2 =
  logical
    0
>> [p3,h3]=signrank(X,Y,'tail','right')  %检验数据 X 的中位数是否大于 Y 的中位数
p3 =
    6.5856e-14
h3 =
  logical
    1
```

从结果来看，h1=1，说明 X 的中位数等于 Y 的中位数的原假设应拒绝；h2=0，说明应接受 X 的中位数小于 Y2 的中位数的原假设；h3=1，说明 X 的中位数大于 Y 的中位数的原假设应拒绝。

4. 正态分布的 Jarque-Bera 检验

Jarque-Bera 检验是利用偏度和峰度来检验样本是否来自均值和方差未知的正态分布。

格式： h = jbtest(X,alpha)　　　　　　　　　　%对 X 进行正态分布拟合优度测试

　　　　 h = jbtest(X,alpha,mctol)　　　　　　　%指定最大蒙特卡洛模拟法的一个终止容限 mctol

　　　　 [h,p,jbstat,critval] = jbtest(X,alpha,mctol)　　%返回多个输出参数

说明：若 h=0，则可以接受 X 服从正态分布；若 h=1，则可以拒绝 X 服从正态分布；p 为接受假设的概率值，其值越接近于 0，则可以拒绝是正态分布的原假设；jbstat 为统计量值；critval 为是否拒绝原假设的临界值，与显著水平 alpha 对应，返回一个非负值。若 alpha 范围为[0.001,0.50]，且样本数目不大于 2000，那么 jbtest 直接在预先算好的 critval 值表中查找和插值。如果设定 mctol，那么 jbtest 就通过蒙特卡洛模拟来确定 critval 的值。当 jbstat>critval 时，认为不服从正态分布。

例如：

```
>> X1=randn(1,200);        %产生正态分布
>> X2=rand(1,200);         %产生均匀分布
>> [h1,p1,jbstat1,critval1] = jbtest(X1)
h1 =
     0
p1 =
    0.3864
jbstat1 =
    1.6349
critval1 =
    5.6783
>> [h2,p2,jbstat2,critval2] = jbtest(X2)
h2 =
     1
p2 =
    0.0181
jbstat2 =
    9.2251
critval2 =
    5.6783
>> [h3,p3,jbstat3,critval3] = jbtest(X1,0.1,1)
h3 =
     0
p3 =
    0.3960
jbstat3 =
    1.6349
critval3 =
    3.7384
```

上述结果表明，h1=0 表示接受正态分布的假设；p1=0.3864 表示服从正态分布的概率；统计量的值 jbstat1=1.6349 小于接受假设的临界值 critval1=5.6783，因而整体接受原假设（测试水平为 5%），说明 X1 服从正态分布，与实际是一致的。

h2=1 表示拒绝正态分布的假设；p2=0.0181 表示服从正态分布的概率几乎为 0；统计量的值 jbstat2=9.2251 大于接受假设的临界值 critval2=5.6783，因而整体拒绝原假设，说明 X2 不服从正态分布，这与实际上是一致的（X2 为均匀分布）。

h3 所在的命令是在给定显著水平为 0.1 的情况下，需要指定标准差大小。检验结果与样本来自正态分布是一致的。

5. 样本分布的 Lilliefors 检验

Lilliefors 检验用来检验样本数据 X 是否服从正态分布、指数分布和极值分布的方法。

格式：h =lillietest(X)　　　　　　　　%对向量数据 X 进行正态分布拟合优度测试

　　　[h,p,kstat,critval]= lillietest(X,Name,Value)　 %使用一个或多个名称/值对组参数

说明：Name/Value 可选'alpha'（给定显著性水平）、'Distribution'（只取'norm'、'exp'、'ev'或'extreme value'（极值分布））和'mctol'（设定最大蒙特卡洛标准误差终止容限）。

h=0 表示可以接受原假设服从的分布；h=1 表示可以拒绝原假设服从的分布。

kstat 为统计量值，critval 为是否拒绝原假设的临界值，当 kstat>critval 时，认为拒绝原假设服从的分布。

例如：

```
>> X=normrnd(3,1,30,1);
>> [h,p,kstat,critval]= lillietest(X)
h =
    0
p =
   0.5000
kstat =
   0.0894
critval =
   0.1588
```

p 若超过列表值中最大数 0.5 时，则返回 0.5。从上述结果来看，检验 X 服从正态分布。

```
>> X=wblrnd(2,1,45,1);
h =
    1
p =
   1.0000e-03
kstat =
   0.1961
critval =
   0.1310
```

p 若小于列表值中最小数 0.001 时，则返回 0.001。从上述结果来看，检验 X 不服从正态分布。

```
>> X=evrnd(2,3,50,1);              %产生极值分布随机数
>> [h,p,kstat,critval]= lillietest(X)     %检验 X 是否服从极值分布
h =
    0
p =
   0.1983
kstat =
   0.1030
critval =
   0.1245
>> [h,p,kstat,critval]= lillietest(X,'Distribution','exp')    %检验 X 是否服从
                                                              %指数发布
h =
    1
p =
   1.0000e-03
kstat =
   0.4000
critval =
   0.1507
```

从结果来看，来自极值分布的随机数 X，检验其服从极值分布，而不服从指数分布。

6. 样本分布的 Kolmogorov-Smirnov 检验

用来检验样本数据服从任何指定分布的方法。

格式：h =kstest(X)　　　　　　%检验数据 X 是否服从标准正态分布

　　　　[h,p,ksstat,cv]= kstest(x,Name,Value)

说明：Name/Value 可选'alpha'（给定显著性水平）、'CDF'（指定分布函数的具体格式）和'Tail'（备选假设）。

原假设 H_0：F = CDF　（F 表示样本 X 的分布函数）；

备选假设 H_1：'Tail'取'unequal'，表示 F ≠ CDF（默认）；

　　　　　　　　'Tail'取'larger'，表示 F > CDF；

　　　　　　　　'Tail'取'smaller'，表示 F < CDF。

h=0 表示可以不拒绝原假设；h=1 表示可以拒绝原假设。p 为原假设成立的概率。ksstat 为统计量值，cv 为是否拒绝原假设的临界值。确定是否拒绝原假设，也可以观察在 alpha 下的概率 p，而无须比较统计量与临界点的大小。

```
>> X=wblrnd(2,1,45,1);
>> [h,p,ksstat,cv]=kstest(X,'CDF',[X,wblcdf(X,2,1)],'alpha',0.05)
h =
  logical
   0
p =
    0.6413
ksstat =
    0.1071
cv =
    0.1984
>> [h,p,ksstat,cv]=kstest(X,'CDF',[X,normcdf(X,2,1)],'alpha',0.05)
h =
  logical
   1
p =
    0.0229
ksstat =
    0.2185
cv =
    0.1984
```

从上述结果来看，数据 X 服从参数为 2 和 1 的韦伯尔分布，而不服从期望为 2、标准差为 1 的正态分布，这与 X 是由韦伯尔分布生成的随机数一致。

7. 两个总体一致性的秩和检验

用来检验两个总体的样本均值是否显著一致。

格式：[p,h] = ranksum(X,Y)　　　%X、Y 为两个总体的样本，可以不等长

　　　　[p,h,stats] = ranksum(X,Y,Name,Value)

说明：参见函数 signtest。

例如：

```
>> X1=normrnd(2,1,120,1);
>> X2=normrnd(2.5,1,100,1);
>> X3=poissrnd(2,80,1);
>> [p1,h1,stats1] = ranksum(X1,X2)
p1 =
```

```
      0.0012
h1 =
  logical
   1
stats1 =
  包含以下字段的 struct:
       zval: -3.2280
    ranksum: 11742

>> [p2,h2,stats2] = ranksum(X1,X3)
p2 =
    0.5664
h2 =
  logical
   0
stats2 =
  包含以下字段的 struct:
       zval: 0.5734
    ranksum: 12290
```

h1=1 表明 X1 和 X2 的样本均值不相同（虽然来自同一分布，但均值参数不同），h2=0 表明 X1 和 X3 的样本均值相同（虽然来自不同分布，但均值参数相同）。

8．两个以上总体一致性的 Kruskal-Wallis 检验

Kruskal-Wallis 检验是单因素非参数方差分析，用于检验两个以上的样本均值是否有显著差异。

格式：p = kruskalwallis(X)　　%X 列向量组成矩阵，返回概率 p、方差分析表和箱线图

　　　p = kruskalwallis(X,group)　　% group 由分类的变量、向量、单元数组组成，
　　　　　　　　　　　　　　　　　　　%并与 X 对应

　　　p = kruskalwallis(x,group,displayopt)　% displayopt 取'on'（默认）和'off'，表示
　　　　　　　　　　　　　　　　　　　　　　　%不显示方差分析表和箱线图

　　　[p,tbl,stats] = kruskalwallis(___)

说明：p 接近 0，则表示拒绝零假设，即认为至少有一个样本均值与其他样本均值存在显著性差异。tbl 为方差分析表，stats 是结构数组，包含各组名称 gnames、样本数 n、使用的检验法 source、平均秩 meanranks 与秩和统计量值 sumt。

例如：

```
>> x1=normrnd(2,1,20,1);
>> x2=normrnd(3,1,20,1);
>> x3=wblrnd(2.5,1,20,1);
>> X=[x1,x2,x3];
>> P = kruskalwallis(X)
```

运行结果显示概率 p、方差分析表（见图 8-21）和箱线图（见图 8-22）。

```
>>p = kruskalwallis(X)
p =
    0.0039
```

例如，给出由金属架构梁的强度测量值向量为"strength"，以及对应架构梁的金属合金类型向量为"alloy"，使用包含分组参数进行相同分布的检验。

```
>>strength = [82 86 79 83 84 85 86 87 74 82 ...
         78 75 76 77 79 79 77 78 82 79];
```

```
>>alloy = {'st','st','st','st','st','st','st','st',...
          'al1','al1','al1','al1','al1','al1',...
          'al2','al2','al2','al2','al2','al2'};
>> [p,tbl,stats] = kruskalwallis(strength,alloy,'off')
p =
    0.0018
tbl =
  4×6 cell 数组
    {'来源'}    {'SS'      }    {'df'}    {'MS'     }    {'卡方'    }    {'p 值(卡方)'}
    {'组' }    {[436.4063]}    {[ 2]}    {[218.2031]}    {[ 12.6302]}    {[  0.0018]}
    {'误差'}    {[220.0938]}    {[17]}    {[ 12.9467]}    {0×0 double}    {0×0 double }
    {'合计'}    {[656.5000]}    {[19]}    {0×0 double}    {0×0 double}    {0×0 double }
stats =
  包含以下字段的 struct:
       gnames: {3x1 cell}
            n: [8 6 6]
       source: 'kruskalwallis'
    meanranks: [15.9375 5 8.7500]
         sumt: 102
```

图 8-21　方差分析表

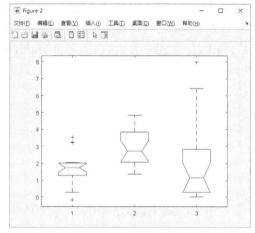

图 8-22　箱线图

8.3　数据的曲线拟合

曲线拟合就是寻求平滑曲线来最好地表现观察数据，建立变量之间的关系或变化趋势，得到拟合曲线的表达式。

8.3.1　多项式

1. 多项式的表达式和创建

1）多项式的一般形式表示为

$$f(x) = a_0 x^n + a_1 x^{n-1} + \cdots + a_{n-1} x + a_n \tag{8-1}$$

在 MATLAB 中，多项式表示成向量的形式，x 的幂次方按降序排列。只需将按降幂次序的多项式的每个系数填入向量中，就可在 MATLAB 中建立一个多项式。故式（8-1）的向量为

$$p = [a_0, a_1, \cdots, a_{n-1}, a_n] \tag{8-2}$$

反之，给出式（8-2）的向量，也可写出式（8-1）的多项式。

例如，多项式 $x^3 + 3x^2 - 5x + 6$ 对应的向量为[1 3 -5 6]，$s^5 + 3s^2 - 4s + 1$ 对应的向量为[1, 0, 0,3,-4,1]，注意缺项使用零补充。

2）MATLAB 中使用函数 sym2poly 将多项式形式转化成向量表示。

格式：p=sym2poly(f)　　　%将多项式表达式 f 转化为向量表达式 p

例如：

```
>> syms x
>> f=5*x^4-3*x^2+x-1
>> p=sym2poly(f)
p =
    5    0    -3    1    -1
```

2. 多项式求值

在 MATLAB 中使用函数 polyval 求多项式的值。

格式：y=polyval(p,x)　　　　%p 代表多项式各阶系数向量，x 为要求值的点，y 为所求
　　　　　　　　　　　　　　%多项式的值

例如，求 $s^5 + 3s^2 - 4s + 1$ 在 $s=6$ 处的值。

```
>> p=[1 0 0 3 -4 1];
>> y=polyval(p,6)
y =
    7861
```

3. 多项式求根

求多项式 $f(x)$ 的根就是找出多项式为零的 x 的值，即 $f(x) = 0$。

格式：x=roots(p)　　　%p 为系数多项式组成的行向量，x 为由根组成的列向量

例如，求解多项式 $x^3 - 7x^2 + 2x + 40$ 的根。

```
>> p=[1 -7 2 40];
>> x=roots(p)
x =
    5.0000
    4.0000
   -2.0000
```

4. 将向量变成符号多项式

格式：f= poly2sym(p)　　　%将系数多项式组成的向量 p 变成符号多项式 f

例如：

```
>> p=[1 3 0 2 1];
>>f= poly2sym(p)
 f =
    x^4+3*x^3+2*x+1
```

5. 使用多项式的根构造多项式

格式：p=poly(r)　　　　%r 为多项式根组成的向量，返回系数多项式向量 p

例如：

```
>> r=[1 2 -1];
>> p=poly(r)
p =
    1    -2    -1    2
```

```
>> y=poly2sym(p)
y =
    x^3-2*x^2-x+2
```

8.3.2 多项式曲线拟合法

8.3.2

曲线拟合就是设法找出某条光滑曲线，使它最佳地拟合数据，但不必经过任何数据点。最佳拟合是指在数据点的最小误差平方和，且所用的曲线限定为多项式时，那么曲线拟合称为多项式的最小二乘曲线拟合。

1．一元多项式的基本形式

一元多项式的基本形式可表示为

$$f(x) = a_0 x^n + a_1 x^{n-1} + \cdots + a_{n-1}x + a_n$$

式中，系数 $a_0, a_1, \cdots, a_n$ 是需要拟合的未知参数。

2．多项式拟合的命令

格式：p=polyfit(x,y,n)　　　　　%x、y 是同维向量，n 为拟合多项式次数，p 为拟合系数

　　　　Y=polyval(p,x)　　　　　　%Y 是 polyfit 所得的拟合多项式在 x 处的预测值

　　　　[p,S]=polyfit(x,y,n）　　　　% S 是一结构数组，包括 R、df 和 normr

　　　　[Y,DELTA]=polyconf(p,x,S,alpha)　　%预测值 Y，显著性为 1～alpha 的置信区间

　　　　　　　　　　　　　　　　　　　%为 Y±DELTA；alpha 默认值为 0.5

　　　　[p,S,mu]=polyfit(x,y,n)　　　　% mu=[mean(x); std(x)]，p 为中心化后的拟合系数

　　　　[Y,DELTA] = polyconf(p,X,S,param1,val1,param2,val2,…)　　　%预测值

　　　　　　　　　　% param 选项为'alpha'、'mu'、'predopt'、'simopt'，val 为其对应的值

说明：结构数组 S 中，R 是根据输入向量 x 构建范德蒙矩阵 V，然后进行 QR 分解，得到的上三角矩阵；df 为自由度，计算公式为 df=length(y)-(n+1)；normr 为残差范数，公式为 normr=norm（y-V*p）。mu 值的作用是通过 xhat=(x-mu(1))/mu(2)进行中心化和比例缩放，可以改善多项式及拟合算法的数值特征。

【例 8-6】 经测量某人从出生到成年之间的体重，得到年龄与体重的数据如表 8-2 所示，试建立年龄与体重之间的关系。

表 8-2　年龄与体重数据表

年龄/周岁	0	0.5	1	3	6	8	12	15	18
体重/千克	3.5	5	6	9	14	18	26	40	60

1）MATLAB 程序如下：

```
x=[0  0.5  1  3  6  8  12  15  18]';
y=[3.5  5  6  9  14  18  26  40  60]';
p=polyfit(x,y,3)        %三次拟合
Y=polyval(p,x)          %计算在 x 处的预测值
plot(x,y,'o',x,Y)
xlabel('年龄')
ylabel('体重')
```

运行结果如下：

```
p =
    0.0141   -0.2230   2.5809   3.5313
Y' =                    %为减少篇幅，显示 Y 的转置 Y'
```

3.5313   4.7678   5.9033   9.6478   14.0360   17.1301   26.7709   39.6895
60.0234

所以建立的多项式模型为

$$y = 0.0141x^3 - 0.2230x^2 + 2.5809x + 3.5313$$

其对应拟合曲线图如图 8-23 所示。

2）若对上述数据 x、y 执行以下命令：

```
>> [p,S]=polyfit(x,y,3)
>> [Y,DELTA]=polyconf(p,x,S)
```

运行结果如下：

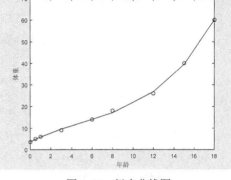

图 8-23　拟合曲线图

```
p =
    0.0141   -0.2230    2.5809    3.5313
S =
        R: [4x4 double]
       df: 5
    normr: 1.3904
Y' =                        %为减少篇幅，显示 Y 的转置 Y'
    3.5313   4.7678   5.9033   9.6478   14.0360   17.1301   26.7709   39.6895   60.0234
DELTA' =                    %为减少篇幅，显示 DELTA 的转置 DELTA'
    1.9382   1.8297   1.7811   1.8510   1.8932   1.8483   1.9529   1.9384   2.2226
```

从 2）的结果来看拟合系数 p、预测值 Y 都与 1）的结果相同。

3）若对上述数据 x、y 执行以下命令：

```
>> [p,S,mu]=polyfit(x,y,3)
>> [Y,DELTA]=polyconf(p,x,S,'mu',mu)
```

运行结果如下：

```
p =
    4.1750    3.3595   10.2699   15.5951
S =
        R: [4x4 double]
       df: 5
    normr: 1.3904
mu =
    7.0556
    6.6635
Y' =                        %为减少篇幅，显示 Y 的转置 Y'
    3.5313   4.7678   5.9033   9.6478   14.0360   17.1301   26.7709   39.6895   60.0234
DELTA' =                    %为减少篇幅，显示 DELTA 的转置 DELTA'
    1.9382   1.8297   1.7811   1.8510   1.8932   1.8483   1.9529   1.9384   2.2226
```

从 3）的结果来看，p 值与 1）、2）的结果都不同，但预测值 Y 和 DELTA 的结果都与 1）、2）的结果一致。

若要找出预测值的置信区间，只需执行命令 A=[Y-DELTA,Y+DELTA]即可。

8.3.3-1

8.3.3　多元线性回归法

1. 多元线性方程的一般形式

$$y = \beta_0 + \beta_1 x_1 + \cdots + \beta_k x_k \tag{8-3}$$

式中，系数 $\beta_0, \beta_1, \cdots, \beta_k$ 是需要求的未知参数。

为求解方程（8-3）中的参数 $\beta_0, \beta_1, \cdots, \beta_k$，这里给出观察值 $x_1, x_2, \cdots, x_k$ 和 y 的 n 个样本点 x_{ik} 和 y_i（$i = 1, 2, \cdots, n$），并使用矩阵表示如下：

$$Y = \begin{pmatrix} y_1 \\ y_2 \\ \vdots \\ y_n \end{pmatrix}, \quad X = \begin{pmatrix} 1 & x_{11} & x_{12} & \cdots & x_{1k} \\ 1 & x_{21} & x_{22} & \cdots & x_{2k} \\ \cdots & \cdots & \cdots & \cdots & \cdots \\ 1 & x_{n1} & x_{n2} & \cdots & x_{nk} \end{pmatrix}, \quad A = \begin{pmatrix} \beta_0 \\ \beta_1 \\ \vdots \\ \beta_k \end{pmatrix}, \quad \varepsilon = \begin{pmatrix} \varepsilon_1 \\ \varepsilon_2 \\ \vdots \\ \varepsilon_n \end{pmatrix}$$

则得到 k 元线性回归模型矩阵，即

$$Y = XA + \varepsilon \tag{8-4}$$

式中，$E(\varepsilon) = 0$，$\mathrm{cov}(\varepsilon, \varepsilon) = \sigma^2 I_n$（$I_n$ 为单位矩阵）。

利用最小二乘法原理求出矩阵方程（8-4）的估计值，即为未知参数 $\beta_0, \beta_1, \cdots, \beta_k$ 的值。

2. 多元线性回归法的命令

格式：b=regress(Y,X)　　　　　　　　　　%确定回归系数的点估计值

　　　[b,bint,r,rint,stats]=regress(Y,X,alpha)　　%求回归系数的点估计和区间估计并

　　　　　　　　　　　　　　　　　　　　　%检验回归模型

　　　Z=[ones(size(x1)),x1,x2,···,xk]*b　　%回归方程及预测

　　　Z=X*b　　　　　　　　　　　　　　%模拟值

说明：Y=[y1,y2,···,yn]'，X=[ones(size(x1)),x1,x2,···,xk]，其中 y1，y2，···，yn 与 x1，x2，···，xk 为原始数据，alpha 为显著性水平（默认值为 0.05）；b 为回归系数的最小二乘估计值；bint 为回归系数的区间估计；r 为模型拟合残差；rint 为残差的置信区间；stats 为用于检验回归模型的统计量，有 4 个值：可决系数 R^2、方差分析 F 统计量的值、方差分析的显著性概率 p 的值和模型方差估计值（剩余方差）。

【例 8-7】 某地区测得成年女子的身高 y、体重 $x1$ 及腿长 $x2$ 的数据如表 8-3 所示，试建立体重、腿长与身高的线性关系。

表 8-3　女子身高、体重与腿长的数据表

身高/厘米	145	146	147	149	150	153	154	155	156	157	158	159	160	162	164
体重/千克	50	47	49	49	51	52	54	53	55	53	54	54	55	56	56
腿长/厘米	85	88	91	92	93	93	95	96	98	97	96	98	99	100	102

MATLAB 程序如下：

```
x1=[50 47 49 49 51 52 54 53 55 53 54 54 55 56 56]';          %体重
x2=[85 88 91 92 93 93 95 96 98 97 96 98 99 100 102]';        %腿长
y=[145 146 147 149 150 153 154 155 156 157 158 159 160 162 164]';   %身高
X=[ones(15,1) x1,x2];
[b,bint,r,rint,stats]=regress(y,X)
```

运行结果如下：

```
b =
    35.9014
     0.7509
     0.8326
bint =
    18.6120   53.1908
```

```
        0.0872    1.4146
        0.4320    1.2332
    stats =
        0.9495    112.9022    0.0000    2.0577
```

从结果看出可决系数 R^2 为 0.9495；统计量 F 值为 112.9022 大于其临界值；F 对应的概率 p=0 小于显著性水平 0.05；剩余方差为 2.0577，比较小，表示模型参数通过检验，说明体重、腿长与身高有显著性的线性关系，故回归方程为

$$y = 35.9014 + 0.7509x_1 + 0.8326x_2$$

8.3.3-2

3.其他类型函数回归

多元线性回归命令也可以对非线性函数进行回归，例如，对指数函数、对数函数、反函数等各类函数进行回归处理。

【例 8-8】 研究某一质点在直线上运动的轨迹，观察时间与距离的数据如表 8-4 所示，试建立时间与距离的关系。

表 8-4 时间与距离的观测数据

时间/分	0	0.3	0.5	0.8	1	1.2	1.5	2.0	2.5
距离/厘米	0.5	0.82	1.0	1.14	1.2	1.25	1.35	1.39	1.45

使用函数 $y = a_0 + a_1 e^{-x} + a_2 x e^{-x}$ 来建立模型。

编写 MATLAB 程序如下：

```
x = [ 0    0.3    0.5    0.8    1    1.2    1.5    2.0    2.5 ]';
y = [ 0.5  0.82    1.0   1.14   1.2   1.25   1.35   1.39    1.45 ]';
X=[ones(size(x))  exp(-x)  x.*exp(-x)];
[b,bint,r,rint,stats]=regress(y,X) ;
b, stats
z=X*b;
plot(x,y,'k+',x,z,'r')
```

运行结果如下：

```
    b =
        1.4490
       -0.9394
        0.3003
    stats =
        0.9969    952.6076    0.0000    0.0004
```

从结果可看出，可决系数 R^2 为 0.9969；统计量 F 值为 952.6076，与 F 对应的概率 p 为 0，表示通过检验；且估计误差方差为 0.0004，非常小。其拟合曲线如图 8-24 所示。

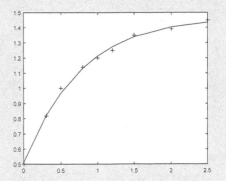

图 8-24 时间与距离拟合曲线

从图 8-24 也可看出曲线拟合非常好，因此质点运动距离与时间的关系为

$$y = 1.449 - 0.9394 e^{-x} + 0.3003 x e^{-x}$$

8.4 数据插值

插值是指在给定样本数据情况下，如何利用平滑的曲线估算出所给样本数据之间的其他点上的函数数值。MATLAB 提供了内插功能函数，并在曲线拟合和信号、图像处理中具有重要作用。

8.4.1 一维插值

1．多项式插值

格式：Vq = interp1(X,V,Xq)　　　　　　　　　%使用线性插值

　　　Vq = interp1(X,V,Xq,method)　　　　　　%指定插值方法

　　　Vq = interp1(X,V,Xq, method,extrapolation)　　%指定外插策略

说明：X 为自变量的取值范围；V 为与 X 同维的向量（或函数）；Xq 为要插值的点向量；Vq 是对应的插值结果；method 是字符串，用于指定插值方法，有以下几种情况。

- nearest （最邻近点插值）：将插值点设置成最接近于已有数据点的值。
- next （下一个邻近点插值）：将后面一个数据点作为插值点。
- previous （前一个邻近点插值）：将前面一个数据点作为插值点。
- 1inear （线性插值法）：根据相邻数据点的线性函数估计插值点，是默认设置。
- spline （三次样条插值）：在相邻数据点间建立三次多项式估计插值点。
- pchip（分段三次插值）：通过分段三次 Hermite 插值方法计算插值点的值。
- cubic（三次曲线插值）：同 pchip。
- makima（修正 Akima 三次 Hermite 插值）：产生的波动比 spline 小，不像 pchip 那样急剧变平。

extrapolation 用于指定外插策略。若设置为'extrap'，则表明使用与内插所用相同的方法来计算落在 X 域范围外的点；若指定一个标量值，则为所有落在 X 域范围外的点返回该标量值。如果指定 pchip、spline 或 makima 插值方法，则默认值为'extrap'。

【例 8-9】 使用不同插值方法对一维数据进行插值，并比较其不同。

```
X = 0:1:10;  V = sin(X);  Xq = 0:0.1:10;
Vq_nearest = interp1(X,V,Xq,'nearset');          %最邻近插值
Vq_next = interp1(X,V,Xq,'next');                %下一个邻近插值
Vq_previous = interp1(X,V,Xq,'previous');        %前一个邻近插值
Vq_linear = interp1(X,V,Xq);                     %默认插值方法是线性插值
Vq_spline = interp1(X,V,Xq,'spline');            %三次样条插值
Vq_pchip = interp1(X,V,Xq,'pchip');              %分段三次插值
Vq_cubic = interp1(X,V,Xq,'cubic');              %三次曲线插值
Vq_makima = interp1(X,V,Xq,'makima ');           %修正 Akima 三次 Hermite 插值
subplot(4,2,1);  plot(X,V,'o',Xq,Vq_nearest,'-');  title('最邻近插值');
subplot(4,2,2); plot(X,V,'o',Xq,Vq_next,'-') ; title('下一个邻近插值');
subplot(4,2,3); plot(X,V,'o',Xq,Vq_previous,'-') ; title('前一个邻近插值');
subplot(4,2,4); plot(X,V,'o',Xq,Vq_linear,'-') ; title('线性插值');
subplot(4,2,5); plot(X,V,'o',Xq,Vq_spline,'-'); title('三次样条插值');
subplot(4,2,6); plot(X,V,'o',Xq,Vq_pchip,'-'); title('分段三次插值');
subplot(4,2,7); plot(X,V,'o',Xq,Vq_cubic,'-'); title('三次曲线插值');
subplot(4,2,8); plot(X,V,'o',Xq,Vq_makima,'-');  title(' 修 正  Akima  三 次
Hermite 插值');
```

运行结果如图 8-25 所示。

2．快速傅立叶插值

一维快速傅立叶插值通过函数 interpft 来实现，该函数使用傅立叶变换把输入数据变换到频域，

然后使用更多点的傅立叶逆变换，变换回时域，其结果是对数据进行增采样。

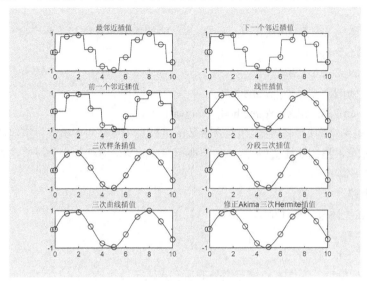

图 8-25　一维插值

格式：y = interpft(x,n)，　% x 是一个向量，n 为采样数

说明：x 是一个数据向量，其长度为 m，采样间隔为 dx，则数据 y 的采样间隔是 dx×m/n，注意 n 值必须大于 m。

【例 8-10】　利用一维快速傅立叶插值实现数据增采样。

```
x=0:1:10;
y=sin(x);
n=2*length(x);              %采样取 2 倍
yi=interpft(y,n);           %一维快速傅立叶插值
xi=0:0.5:10.5;
plot(x,y,'o',xi,yi,'-^');
title('一维快速傅立叶插值');
legend('原始数据','插值结果');
```

运行结果如图 8-26 所示。

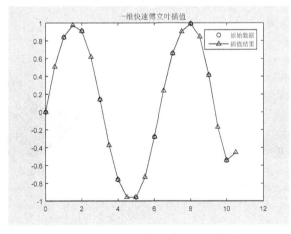

图 8-26　一维快速傅立叶插值

8.4.2 二维插值

若已知的数据集是三维空间中的一组离散点集，即被插值函数依赖于两个自变量变化时，插值函数也是一个二维函数 Z=f(X,Y)。

格式：Vq = interp2(X,Y,V,Xq,Yq)

Vq = interp2(X,Y,V,Xq,Yq,method)

Vq = interp2(X,Y,V,Xq,Yq,method,extrapval)

说明：X、Y 是两个向量，分别描述两个参数的采样点；V 是与参数采样点对应的函数值；Xq、Yq 是两个向量或标量，描述欲插值的点；Vq 是根据相应的插值方法得到的插值结果；method 用于指定插值方法，有如下情况。

● nearest：最邻近点插值。

● linear：双线性插值，默认值。

● spline：三次样条插值。

● cubic：二维三次曲线插值。

extrapval 指定标量值，为样本点域范围外的所有点赋予标量值。

【例 8-11】 利用二维三次曲线插值法对样本点域范围外进行插值。

1）在[-4, 4]的范围内从两个维度对函数进行采样绘制图形。

```
[X,Y] = meshgrid(-4:0.5:4);
Z = sqrt(X.^2 + Y.^2)+ eps;
V = sin(Z)./(Z);
surf(X,Y,V)
xlim([-6 6])
ylim([-6 6])
xlabel('x');  ylabel('y');  zlabel('z')          %结果如图 8-27 所示
```

2）对 X 和 Y 域以外延伸，进行三次插值，且域外所有值赋值为 0，并绘制图形。

```
figure(2)
[Xq,Yq] = meshgrid(-5:0.2:5);
Vq = interp2(X,Y,V,Xq,Yq,'cubic',0);
surf(Xq,Yq,Vq)
xlabel('x');  ylabel('y');  zlabel('z')          %结果如图 8-28 所示
```

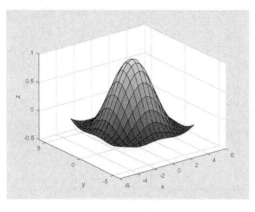

图 8-27　域内采样绘图

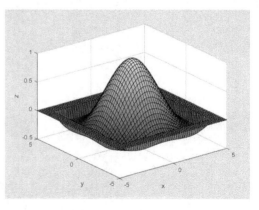

图 8-28　域外插值绘图

8.5 综合实例

数据的统计描述、插值和曲线拟合是数据处理的主要方法,并广泛应用在各个领域。本章实例将给出股票收益率的分布、人口预测,以及企业职工工资插值计算等问题。

8.5.1 股票收益率的概率分布

8.5.1

【例 8-12】 某股票 2020 年 2 月 3 日—4 月 20 日的交易日收盘价如表 8-5 所示,试将价格转化为收益率,并利用统计检验法判断其收益率是否服从正态分布,进而给出拟合参数值。

表 8-5 某股票 2020 年 2 月 3 日—4 月 20 日收盘价

日期	收盘价	日期	收盘价	日期	收盘价	日期	收盘价	日期	收盘价
2 月 3 日	5.32	2 月 18 日	5.66	3 月 4 日	5.84	3 月 19 日	5.16	4 月 3 日	4.41
2 月 4 日	5.27	2 月 19 日	5.68	3 月 5 日	5.99	3 月 20 日	5.15	4 月 7 日	4.49
2 月 5 日	5.33	2 月 20 日	5.88	3 月 6 日	5.81	3 月 23 日	4.88	4 月 8 日	4.45
2 月 6 日	5.46	2 月 21 日	5.8	3 月 9 日	5.55	3 月 24 日	4.87	4 月 9 日	4.45
2 月 7 日	5.38	2 月 24 日	5.78	3 月 10 日	5.62	3 月 25 日	4.9	4 月 10 日	4.39
2 月 10 日	5.41	2 月 25 日	5.67	3 月 11 日	5.52	3 月 26 日	4.59	4 月 13 日	4.34
2 月 11 日	5.44	2 月 26 日	5.77	3 月 12 日	5.53	3 月 27 日	4.49	4 月 14 日	4.41
2 月 12 日	5.44	2 月 27 日	5.94	3 月 13 日	5.72	3 月 30 日	4.35	4 月 15 日	4.35
2 月 13 日	5.35	2 月 28 日	5.75	3 月 16 日	5.35	3 月 31 日	4.36	4 月 16 日	4.38
2 月 14 日	5.39	3 月 2 日	5.85	3 月 17 日	5.28	4 月 1 日	4.43	4 月 17 日	4.35
2 月 17 日	5.78	3 月 3 日	5.83	3 月 18 日	5.15	4 月 2 日	4.45	4 月 20 日	4.34

MATLAB 程序如下。

1)输入数据,绘制收益率频数直方图。

```
X=[ 5.32  5.27  5.33  5.46   5.38  5.41  5.44  5.44  5.35  5.39  5.78…
    5.66  5.68  5.88  5.8  5.78  5.67  5.77  5.94  5.75  5.85  5.83…
    5.84  5.99  5.81  5.55  5.62  5.52  5.53  5.72  5.35  5.28  5.15…
    5.16  5.15  4.88  4.87  4.9   4.59  4.49  4.35  4.36  4.43  4.45…
    4.41  4.49  4.45  4.45  4.39  4.34  4.41  4.35  4.38  4.35  4.34];
Y=price2ret(X);         %将价格转换成收益率
histogram(Y,7)          %绘制直方图观察正态性
xlabel('收益率');  ylabel('频数')
```

运行结果如图 8-29 所示。

从图 8-29 可知,股票收益率近似服从正态分布。

2)使用函数 normplot 绘制图形法来检验所给数据是否服从正态分布。

```
figure(2)
normplot(Y)             %利用图检验正态分布
xlabel('收益率'); ylabel('概率')
```

运行结果如图 8-30 所示。

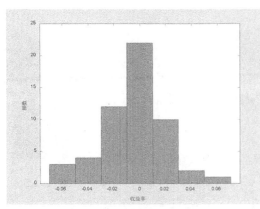

图 8-29　收益率频数直方图

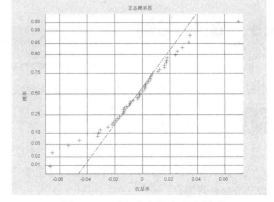

图 8-30　正态分布概率分布图形

从图 8-30 可知，所给数据大部分都在一条直线上，故可认为收盘价近似服从正态分布。

3）利用 Jarque-Bera 检验和 Lillietest 检验判断所给数据是否为正态分布。

```
[h1,p1,jbstat1,critval1] = jbtest(Y)      %Jarque-Bera 检验
[h2,p2,kstat2,critval2]= lillietest(Y)    %Lilliefors 检验
```

运行结果如下：

```
h1 =
     0
p1 =
    0.0550
jbstat1 =
    4.7341
critval1 =
    5.0365
h2 =
     0
p2 =
    0.4162
kstat2 =
    0.0844
critval2 =
    0.1200
```

结果显示 h1=0，h2=0，且满足 jbstat1 <critval1，kstat2 <critval2，故两种检验法都表示收益率服从正态分布。

4）利用极大似然估计法求出正态分布的期望和方差两个参数。

```
[muhat,sigmahat,muci,sigmaci] = normfit(Y)
[phat,pci] = mle(Y)
```

运行结果如下：

```
muhat =
   -0.0038
sigmahat =
    0.0242
muci =
   -0.0104
    0.0028
```

```
sigmaci =
    0.0204
    0.0299
phat =
   -0.0038    0.0240
pci =
   -0.0104    0.0204
    0.0028    0.0299
```

运行的结果表明，收益率均值为-0.0038，区间在-0.0104～0.0028 之间；而两种命令运行的标准差值略有不同，一个为 0.0242，另一个为 0.0240，但其标准差的范围是一致的，都在 0.0204～0.0299 之间。

8.5.2 我国人口数量预测

【例 8-13】我国从 1988—2019 年的人口数据如表 8-6 所示，试采用曲线拟合法和回归分析法建立数学模型，并预测我国未来人口数量的发展趋势。

8.5.2

表 8-6 我国人口数据 (单位：亿人)

年份	人口数	年份	人口数	年份	人口数	年份	人口数
1988	11.1026	1996	12.2389	2004	12.9988	2012	13.5404
1989	11.2704	1997	12.3626	2005	13.0756	2013	13.6072
1990	11.4333	1998	12.4761	2006	13.1448	2014	13.6782
1991	11.5823	1999	12.5786	2007	13.2129	2015	13.7462
1992	11.7171	2000	12.6743	2008	13.2802	2016	13.8271
1993	11.8517	2001	12.7627	2009	13.3474	2017	13.9008
1994	11.985	2002	12.8453	2010	13.4091	2018	13.9538
1995	12.1121	2003	12.9227	2011	13.4735	2019	14.0005

1）先输入数据，绘制出散点图。

```
x=1:32;                    %1988—2019 年的时间序号
y=[11.1026 11.2704 11.4333 11.5823 11.7171 11.8517 11.985 12.1121...
   12.2389 12.3626 12.4761 12.5786 12.6743 12.7627 12.8453 12.9227...
   12.9988 13.0756 13.1448 13.2129 13.2802 13.3474 13.4091 13.4735...
   13.5404 13.6072 13.6782 13.7462 13.8271 13.9008 13.9538 14.0005];
plot(x,y,'+')              % 绘制原始数据散点图
xlabel('时间序号')
ylabel('人口数/亿人')
```

运行结果如图 8-31 所示。

从图 8-31 可看出，数据点的走势是一条曲线，为此可使用多项式曲线来讨论。

2）利用拟合命令法预测。

```
p=polyfit(x,y,3)          %三次曲线拟合参数
Y=polyval(p,x);           %计算原始数据的预测值
figure(2)
```

```
plot(x,y,'+',x,Y)              %绘制原始数据拟合曲线图
xlabel('时间序号')
ylabel('人口数/亿人')
```

运行结果如下：

```
p =
    0.0001   -0.0049    0.1870   10.9090
```

由于标准格式只显示四项，因此 p 中第一项显示值有可能差别较大，为观察其具体值，只需在命令行窗口输入如下命令：

```
>> format long
>>p
p =
    0.000064450870347  -0.004867887299019   0.187014908771680   10.909033982202446
```

绘制的拟合图形如图 8-32 所示。

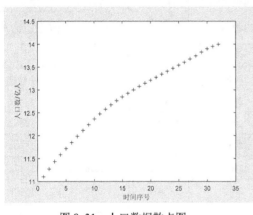

图 8-31   人口数据散点图

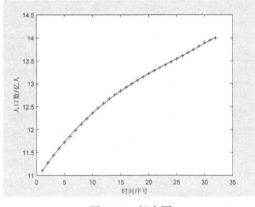

图 8-32   拟合图

从图 8-32 可知，拟合效果很好，故所建模型为

$$y = 0.000065x^3 - 0.004868x^2 + 0.187015x + 10.909034$$

利用模型进行预测：

```
z=33:38;                       %预测 2020—2025 年的时间序号
Z=polyval(p,z)                 %未来 6 年的人口预测值
figure(3)
plot(x,y,'+',[x z],[Y Z],'o-')        % 绘制预测值图
```

运行结果如下：

```
Z =
    14.0956   14.1734   14.2547   14.3398   14.4291   14.5229
```

绘制的预测值图形如图 8-33 所示。

3）利用回归命令法建立模型预测。

```
X=[ones(32,1), x', x'.^2 ,x'.^3];
[b,bint,r,rint,stats]=regress(y',X)
```

运行结果如下：

```
b =
    10.909033982202448
```

```
      0.187014908771679
     -0.004867887299019
      0.000064450870347
stats =
    1.0e+04 *
      0.000099982803517    5.426533181141036    0.000000000000000    0.000000013592715
```

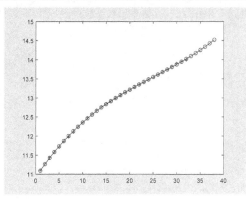

图 8-33　预测值图

从结果来看，回归命令法与拟合法的模型参数一致，只是顺序颠倒。而回归命令法还给出了检验结果信息（stats），其中，判定系数 R^2=0.9998，统计量 F=54265.33，概率 P=0，剩余方差 S=0.0001359，这些结果都说明回归效果非常好。故建立的模型为

$$y = 10.909034 + 0.187015x - 0.004868x^2 + 0.000065x^3$$

利用所建模型进行预测：

```
t=33:38;              %预测 2020—2025 年的时间序号
Z1=b(1)+b(2)*t+b(3)*t.^2+b(4)*t.^3  %预测值
```

运行结果如下。

```
Z1 =
   14.0956   14.1734   14.2547   14.3398   14.4291   14.5229
```

与拟合法预测结果完全一致。故 2020—2025 年我国人口的预测值分别为 14.0956、14.1734、14.2547、14.3398、14.4291 和 14.5229 亿人。

8.5.3　企业职工工资插值计算

【例 8-14】　某企业从1980—2020年，工龄为10年、20年和30年的职工的月均工资额如表8-7所示，试使用双线性插值和最邻近点插值法求出1985—2015年，每隔10年、工龄为15年和25年的职工月平均工资。

表 8-7　某企业职工月均工资额　　　　　　　　　　　　　　　　　（单位：元）

工资　工龄　年份	10 年	20 年	30 年
1980	800	1000	1600
1990	1350	1500	2800
2000	1780	2100	3500
2010	2600	2800	4800
2020	3500	4200	5600

MATLAB 程序如下：

```
X=1980:10:2020; Y=[10  20  30];
V=[800  1350  1780  2600  3500;
  1000  1500  2100  2800  4200;
  1600  2800  3500  4800  5600];
Xq=1985:10:2015;  Yq=[15; 25]
Vq=interp2(X,Y,V,Xq,Yq)        %双线性插值，默认值
[x,y]=meshgrid(X,Y);
plot3(x,y,V,'bo')
hold on
[xq,yq]=meshgrid(Xq,Yq);
plot3(xq,yq,Vq,'^k')
xlabel('时间/年');  ylabel('工龄/年');  zlabel('收入/元')
```

运行结果如下：

```
Vq =
  1.0e+03 *
  1.1625    1.6825    2.3200    3.2750
  1.7250    2.4750    3.3000    4.3500
```

绘制的图形如图 8-34 所示。

若选用"最邻近插值法（nearest）"，只需将程序中的内插命令改写为：

```
Vq=interp2(X,Y,V,Xq,Yq,'nearest')        %最邻近插值法
```

运行结果如下：

```
Vq =
     1500        2100        2800        4200
     2800        3500        4800        5600
```

绘制的图形如图 8-35 所示。

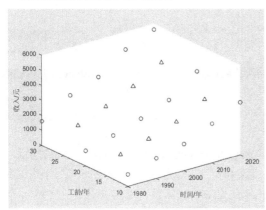

图 8-34　双线性插值

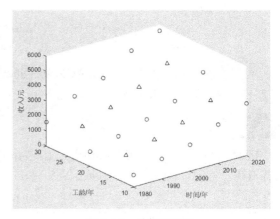

图 8-35　最邻近插值

8.6　思考与练习

1. 选择一只股票，将其"日期"和"日收盘价"数据分别存放在一个 Excel 文件和一个文本文件（.txt）里，试求：

1）利用 xlsread、textread、readtable、readmatrix 或 readcell 等函数分别将 Excel 文件和文本文件

数据读入 MATLAB 的工作区中。

2）利用工具栏导入法将两个文件数据导入 MATLAB 的工作区中。

2．某道工序使用自动化车床连续加工某种零件，由于刀具等出现故障，而且故障是完全随机的，并假定生产任一零件时出现故障机会均相同。工作人员是通过检查零件来确定工序是否出现故障的。现积累有 60 次故障记录，故障出现时该刀具完成的零件数如下：

412	450	464	782	645	746	569	706	503	580
936	453	365	517	765	658	538	913	580	764
427	536	740	729	528	394	831	549	762	696
875	1089	761	470	600	523	664	954	592	617
632	860	735	664	392	637	490	777	308	630
691	630	549	584	310	516	639	462	486	220

试求：

1）绘制频数直方图观察该刀具出现故障时完成的零件数是否服从正态分布。

2）利用绘图函数 normplot 判断所给数据分布的正态性检验。

3）利用函数 jbtest 对所给数据进行正态分布拟合优度测试。

4）利用函数 normfit 估计此正态分布的两个参数值。

5）在方差未知的情况下对均值 $\mu=615$ 进行假设检验。

6）计算所给数据的均值、标准差、偏差和峰度。

3．现有一组实验数据 x 和 y，如表 8-8 所示。

表 8-8　实验数据值

x	0	2	4	6	8	10	12	14	16	18
y	5.6	6.5	8.3	9.5	9.8	10.2	10.5	10.7	11	11.3

试求：

1）利用拟合命令（polyfit）来拟合这组数据的三阶多项式。

2）利用回归命令（regress）来拟合这组数据的三阶多项式。

4．观察某地区一天从早上 7 点到 18 点共 12 个小时的室外温度，一小时测量一次温度，其数据如表 8-9 所示，试使用一维不同插值法估计在 10 点半、12 点半和 15 点半时的温度。

表 8-9　某地区白天 12 小时的室外温度

时间/点	7	8	9	10	11	12	13	14	15	16	17	18
温度/C°	16	17	19	22	26	28	29	28	27	24	21	17

第9章 最优化计算

最优化问题是专门研究如何从多个方案中科学合理地提出最佳方案，其过程是找出反映实际问题最优化所要达到的目标和各种约束条件，即建立数学模型，并合理选择优化方法对模型进行求解。最优化已广泛应用在土木工程、机械工程、运输调度、生产控制、经济规划、经济管理等生产和科研领域。本章介绍利用 MATLAB 优化工具箱中的函数来求解函数最值、线性规划与非线性规划等优化问题。

本章重点
- 函数最值问题
- 线性规划问题
- 非线性规划问题
- 整数规划问题
- 二次规划问题

9.1 无约束优化问题

无约束优化问题就是在没有约束条件下寻求目标函数的最小值或最大值。本节主要利用 MATLAB 中的函数求解一元函数和多元函数在区间上的最值问题。

9.1.1 一元函数最小值

单变量函数在某区间上求最小值的标准形式为

$$\min_x f(x) \quad x_1 \leqslant x \leqslant x_2$$

格式：x = fminbnd(fun,x1,x2)　　　　　%返回函数 fun 在 x1 < x < x2 上的局部最小值 x

　　　　x=fminbnd(fun,x1,x2,options)　　%指定优化参数选项 options，使用 optimset 设置

　　　　[x,fval] = fminbnd(＿＿)　　　　%返回目标函数最优值 fval

　　　　[x,fval,exitflag,output] = fminbnd(＿＿)

说明：fun 表示目标函数的表达式字符串、MATLAB 自定义函数的函数柄或句柄函数。

exitflag：返回算法终止原因。若 exitflag=1 表示目标函数收敛于解 x 处，说明优化收敛到局部最优解；exitflag=0 表示已经达到函数计算或迭代的最大次数，说明优化失败；exitflag=-1 表示由输出函数或绘图函数停止；exitflag=-2 表示边界不一致，意味着 x1>x2；exitflag<0 目标函数不收敛。

output：返回优化过程信息，有 4 个分量。iterations 表示执行的迭代次数，funcCount 表示函数计算次数，algorithm 表示优化算法，message 表示退出信息。

对于最大值问题，需转换为最小值处理：$-f(x)$ 在区间$[a,b]$上的最小值就是 $f(x)$ 在区间$[a,b]$上的最大值。

【例 9-1】 计算函数 $y = e^x - \sin x - 1$ 在区间[-1, 1]上的最小值。

1）直接在命令行窗口中输入目标函数字符串。

```
>> [x,fval,exitflag,output]=fminbnd('(exp(x)-sin(x)-1)',-1,1)
x =
```

```
    4.3009e-06
fval =
    9.2486e-12
exitflag =
    1
output =
  包含以下字段的 struct:
    iterations: 10
    funcCount: 11
    algorithm: 'golden section search, parabolic interpolation'
      message: '优化已终止:当前的 x 满足使用 1.000000e-04 的 OPTIONS.TolX 的终止条件'
```

2）先自定义函数。在 MATLAB 编辑器中建立函数 M 文件为

```
function f = fun1(x)
    f=exp(x)-sin(x)-1;
end
```

保存为 fun1.m，然后在命令行窗口输入以下命令：

```
>> [x,fval]=fminbnd(@fun1,-1,1)            %或 fminbnd('fun1',-1,1)
x =
    4.3009e-06
fval =
    9.2486e-12
```

3）利用句柄函数。在命令行窗口输入以下命令：

```
>> fun2=@(x)exp(x)-sin(x)-1;
>> [x,fval]=fminbnd(fun2,-1,1)
x =
    4.3009e-06
fval =
    9.2486e-12
```

结果显示 x 近似为 0 时，函数最小值也为 0。

9.1.2 多元函数最小值

无约束多元函数最小值的标准形式为

$$\min_{x} f(x) \qquad x 为向量$$

1. 利用 fminsearch 函数求最小值

格式：x = fminsearch(fun,x0)   %返回 fun 在初始值 x0 处的最优解 x

x = fminsearch(fun,x0,options)   %指定优化参数选项 options，使用 optimset 设置

[x,fval] = fminsearch(___)   %返回目标函数最优值 fval

[x,fval,exitflag,output] = fminsearch(___)

说明：fun 表示目标函数的表达式字符串、MATLAB 自定义函数的函数柄、句柄函数或内联函数。

exitflag：返回算法终止原因。若 exitflag=1 表示目标函数收敛于解 x 处，说明优化收敛到局部最优解；exitflag=0 表示已经达到函数计算或迭代的最大次数，说明优化失败；exitflag=-1 表示算法由输出函数终止，说明没有收敛到局部最优解 x。

output：返回优化过程信息。当 output 的值为 iterations 时表示优化过程的迭代次数，为 funcCount 时表示函数计算次数，为 algorithm 时表示采用 Nelder-Mead 型简单搜寻法的算法，为 message 时表示退出消息。

【例 9-2】 求一元函数 $y = x^3 - 2x^2 - 6x + 5$ 的最小值。

```
>>[x,fval] = fminsearch('x^3-2*x^2-6*x+5',0)          %初始点设为 0
x =
    2.2301
fval =
   -7.2362
```

【例 9-3】 求二元函数 $y = x_1^3 + 2x_1 x_2^2 - 6x_1 x_2 + x_2^3$ 的最小值。

1）利用目标函数字符串。

```
>> fun3='x(1)^3+2*x(1)*x(2)^2-6*x(1)*x(2)+x(2)^3';
>> x0=[0,0];
>> [x,fval] =fminsearch(fun3,x0)
x =
    1.1325    0.9288
fval =
   -2.1035
```

2）利用句柄函数。

```
>> [x,fval] =fminsearch(@(x) x(1)^3+2*x(1)*x(2)^2-6*x(1)*x(2)+x(2)^3, [0,0])
x =
    1.1325    0.9288
fval =
   -2.1035
```

3）利用内联函数。

```
>> fun4=inline('x(1)^3+2*x(1)*x(2)^2-6*x(1)*x(2)+x(2)^3');
>> x0=[0,0];
>> [x,fval,exitflag,output] = fminsearch(fun4,x0)
x =
    1.1325    0.9288
fval =
   -2.1035
exitflag =
     1
output =
  包含以下字段的 struct:
    iterations: 69
     funcCount: 132
     algorithm: 'Nelder-Mead simplex direct search'
       message: '优化已终止:当前的 x 满足使用 1.000000e-04 的 OPTIONS.TolX 的终止
条件, F(X) 满足使用 1.000000e-04 的 OPTIONS.TolFun 的收敛条件'
```

2. 利用函数 fminunc 求最小值

格式： x = fminunc(fun,x0)   %返回 fun 在初始值 x0 处的最优解 x

　　　 x = fminunc(fun,x0,options)   %指定优化参数选项 options

　　　 [x,fval] = fminunc(___)   %返回目标函数最优值 fval

　　　 [x,fval,exitflag,output,grad,hessian] = fminunc(___)

说明： fun 为目标函数的表达式字符串、MATLAB 自定义函数的函数柄、句柄函数或内联函数。

exitflag：返回算法终止原因。exitflag 取 1 为梯度的模小于优化容差；取 2 为 x 的变化小于步长容差；取 3 为目标函数值的变化小于函数容差；取 5 为目标函数的预测下降小于函数容差；取 0 为迭代次数或函数计算次数超出其最大次数；取-1 为算法已被输出函数终止；取-3 为当前迭代的目标函数低于限值。正值都表示收敛到局部最优解 x 处。

output：返回优化过程信息。当 output 的值为 Iterations 时表示执行的迭代次数；为 funcCount 时表示函数计算次数；为 stepsize 时表示步长的大小（只用在中型算法）；为 lssteplength 时表示相对于搜索方向的线搜索步的步长（仅适用于'quasi-newton'算法）；为 firstorderopt 时表示一阶最优化的度量；为 algorithm 时表示优化算法；为 message 时表示退出信息。

grad：返回目标函数在最优解 x 点的梯度值。

hessian：返回目标函数在最优解 x 点的 Hessian 矩阵值。

【例 9-4】 求函数 $y = x_1^2 - x_1 x_2 + 6x_1 + x_2^2$ 的最小值。

```
>> fun5=inline('x(1)^2-x(1)*x(2)+6*x(1)+x(2)^2');
>>x0=[-1,-1];
>> [x,fval,exitflag,output,grad,hessian] = fminunc(fun5,x0)
x =
   -4.0000   -2.0000
fval =
  -12.0000
exitflag =
     1
output =
  包含以下字段的 struct:
      iterations: 7
       funcCount: 24
        stepsize: 1.3488e-04
    lssteplength: 1
   firstorderopt: 4.5299e-06
       algorithm: 'quasi-newton'
         message: 'Local minimum found'
grad =
   1.0e-05 *
    0.0775
   -0.4530
hessian =
    2.0000   -1.0000
   -1.0000    2.0000
```

9.1.3 优化选项 options 的设置

1. 优化选项 options 的属性

优化选项 options 常用的属性如下。

- Display：取值为'off'或'none'表示不显示输出；取值为'iter'表示显示每次迭代输出；取值为'final'表示仅显示最终输出（默认值）；取值为'notify'表示在函数不收敛时显示输出。
- FunValCheck：检查目标函数值是否有效。当目标函数返回的值是 complex 或 NaN 时，若 FunValCheck 为'on'表示显示错误；取值为'off'（默认值）表示不显示错误。
- MaxFunEvals：允许函数求值的最大次数，取值为正整数。
- MaxIter：允许迭代的最大次数，取值为正整数。

- PlotFcns：绘制算法执行过程中的各个进度测量值。例如，取值为@optimplotx 表示绘制当前点图，@optimplotfunccount 表示绘制函数计数图，@optimplotfval 表示绘制函数值图。
- TolX：变量 X 最终允许容差。
- TolFun：函数值最终允许容差。

优化选项 options 的属性类型对每种求解器都有所不同，具体使用时可查看各种算法的 options 选项说明。

2. 选项 options 的 optimset 设置

格式：options =optimset(Name,Value)   %使用一个或多个名称/值对组参数

optimset   %不带输入或输出参数，显示完整的选项列表及其有效值

options= ptimset   %不带输入参数，创建选项结构体 options，所有字段设置为[]

options=optimset(optimfun)   %创建包含与优化函数 optimfun 相关的所有参数
                                  %名称及其默认值

options=optimset(oldopts,Name,Value) %创建 oldopts 的副本，使用指定的值
                                     %修改指定的选项

options=optimset(oldopts,newopts)   %合并现有选项结构体 oldopts 和新选项
                                     %结构体 newopts

例如，在例 9-1 中，使用优化选项 options 显示迭代过程。

```
>>fun2=@(x)exp(x)-sin(x)-1;
>>options = optimset('Display','iter');
>>x = fminbnd(fun2,-1,1,options)
```

运行结果如下：

```
Func-count      x          f(x)          Procedure
      1     -0.236068    0.0236085       initial
      2      0.236068    0.0323789       golden
      3     -0.527864    0.0935528       golden
      4     -0.027472    0.000370468     parabolic
      5     -0.0188322   0.000175105     parabolic
      6      0.00450945  1.01982e-05     parabolic
      7      0.0929569   0.00459136      golden
      8      0.000105133 5.52682e-09     parabolic
      9     -2.90325e-05 4.21434e-10     parabolic
     10      4.30085e-06 9.2486e-12      parabolic
     11      3.76342e-05 7.08184e-10     parabolic
优化已终止：
当前的 x 满足使用 1.000000e-04 的 OPTIONS.TolX 的终止条件
```

例如，在例 9-3 中，使用优化选项 options 绘制迭代过程的函数值图。

```
>>fun4=inline('x(1)^3+2*x(1)*x(2)^2-6*x(1)*x(2)+x(2)^3');
>>x0=[0,0];
>>options = optimset('PlotFcns',@optimplotfval);
>>x = fminsearch(fun4,x0,options)
```

运行结果如图 9-1 所示。

3. 选项 options 的 optimoptions 设置

大部分算法都可使用函数 optimoptions 来设置 options 选项。

格式：options = optimoptions(SolverName)   %返回 SolverName 求解器的一组默认选项

options = optimoptions(SolverName,Name,Value)   %使用指定值更改指定参数

options = optimoptions(oldoptions,Name,Value)   %返回 oldoptions 的副本选项

options = optimoptions(SolverName,oldoptions)   %将 oldoptions 中使用的选项

%复制到 options 选项

例如，在例 9-4 中，使用优化选项 options 绘制迭代过程函数计数图。

```
>> fun5=inline('x(1)^2-x(1)*x(2)+6*x(1)+x(2)^2');
>>x0=[-1,-1];
>>options =optimoptions('fminunc','PlotFcns',@optimplotfunccount);
>> [x,fval] = fminunc(fun5,x0,options)
```

运行结果如图 9-2 所示。

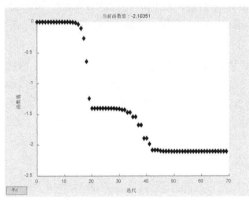

图 9-1   绘制迭代过程的函数值图

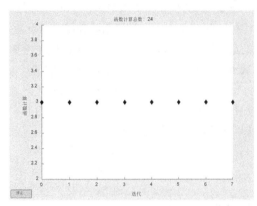

图 9-2   绘制迭代过程函数计数图

9.2   约束优化问题

约束优化问题就是在有约束条件下寻求目标函数的最小值或最大值。本节主要利用 MATLAB 中的函数求解线性规划、非线性规划、整数规划和二次规划等问题。

9.2.1   线性规划问题

线性规划问题是目标函数和约束条件均为线性函数，其标准形式如下。

目标函数： $\min_{x} f^{\mathrm{T}} x$

约束条件： $Ax \leqslant b$ ， $Aeq \cdot x = beq$ ， $lb \leqslant x \leqslant ub$

9.2.1

式中，f、x、b、beq、lb、ub 为列向量；A、Aeq 为矩阵。f^{T} 为目标函数的系数行向量，x 为决策向量。A 和 b 分别为不等式约束表达式左端的系数矩阵和右端的常数向量；Aeq 和 beq 分别为等式约束表达式左端的系数矩阵和右端的常数向量；lb、ub 为 x 的下界和上界。

如果求解目标函数的最大值，则只需将目标函数乘以负值，就转化为求最小值。解出后再把目标函数的符号改回来。若不等式约束是大于等于形式，只需在不等式两端乘上负号，即可改为小于等于形式。

格式：x = linprog(f,A,b)   %不等式约束 Ax ≤ b 的目标函数向量 f 的最优解 x

x = linprog(f,A,b,Aeq,beq)   %含有等式约束 Aeq·x = beq ,若没有不等式约束,

%则 A=[ ]，b=[ ]

$$x = \text{linprog}(f,A,b,Aeq,beq,lb,ub)$$ %指定 x 的范围 lb ≤ x ≤ ub ，若没有不等式
%或等式约束，使用空矩阵[]代替
$$x = \text{linprog}(f,A,b,Aeq,beq,lb,ub,options)$$ %指定优化参数选项 options
$$[x,fval] = \text{linprog}(\underline{\quad})$$ %返回目标函数最优值 fval
$$[x,fval,exitflag,output,lambda] = \text{linprog}(\underline{\quad})$$ %返回多个输出参数

说明：exitflag：返回算法终止原因。取 3 表示约束相对容差可行，约束绝对容差不可行；取 1 表示函数收敛于解 x；取 0 表示迭代次数超过最大允许值；取-2 表示目标函数无最优可行解；取-3 表示目标函数无界；取-4 表示算法执行过程中遇到非数值 NaN；取-5 表示原始问题与对偶问题都无可行解；取-7 表示搜索方向的模太小，迭代无法继续；取-9 表示求解器失去可行性。

output：返回优化过程信息。output 取值为 iterations 表示优化过程的迭代次数，algorithm 表示使用的优化算法，cgiterations 表示共轭梯度迭代次数，message 表示退出信息，constrviolation 表示约束函数的最大值，firstorderopt 表示一阶最优化度量。

lambda：拉格朗日乘数。lambda 的取值：ineqlin 是线性不等式约束条件，eqlin 是线性等式约束条件，upper 是变量的上界约束条件，lower 是变量的下界约束条件。它们的返回值分别表示相应的约束条件在优化过程中是否有效。lambda 中的非零元素表示对应的约束是有效约束。

【例 9-5】 求下列优化问题。

目标函数： $\min \ z = -x_1 - 3x_2 - 6x_3$

约束条件： $\begin{cases} x_1 - 2x_2 + x_3 \leqslant 3 \\ 3x_1 + 2x_2 + 5x_3 \leqslant 12 \\ 2x_1 + x_2 + 4x_3 = 9 \\ x_1, x_2, x_3 \geqslant 0 \end{cases}$

MATLAB 程序如下：

```
f=[-1; -3; -6] ; A=[1 -2 1; 3 2 5] ; b=[3; 12] ;
Aeq=[2 1 4] ; beq=9; lb=[0;0;0] ;
>> [x,fval,exitflag,output,lambda] =linprog(f,A,b,Aeq,beq,lb)
```

运行结果如下：

```
Optimal solution found.
x =
         0
    1.0000
    2.0000
fval =
  -15.0000
exitflag =
     1
output =
  包含以下字段的 struct:
        iterations: 3
     constrviolation: 0
           message: 'Optimal solution found.'
         algorithm: 'dual-simplex'
      firstorderopt: 3.5527e-15
lambda =
  包含以下字段的 struct:
     lower: [3x1 double]
     upper: [3x1 double]
```

```
      eqlin: -1.0000
    ineqlin: [2x1 double]
>> lambda.ineqlin
ans =
     0
     2
>> lambda.lower
ans =
    3.0000
         0
         0
```

所以最优解为 $x_1 = 0, x_2 = 1, x_3 = 2$，最小值为-15，不等式约束条件第 2 个和下界约束条件第 1 个是有效的。

在使用 linprog 命令时，系统默认参数至少为 3 个，但如果需要给定第 5 个参数，则第 4 个参数也必须给出，否则系统无法认定给出的是第 5 个参数。遇到无法给出时，则使用空矩阵"[]"替代。

【例 9-6】 某企业生产 A、B 两种产品，所用原料均为甲、乙、丙 3 种，生产一件产品所需原料和所获利润及库存原料情况如表 9-1 所示，试问在所有库存原料的情况下，如何安排 A、B 两种产品的生产数量可以获得最大利润？

表 9-1 产品数据表

产品＼原料	甲/千克	乙/千克	丙/千克	利润/元
A	4	2	2	8000
B	3	4	3	10000
库存原料量	400	360	260	

设生产 A 产品 x_1 件，生产 B 产品 x_2 件，z 为所获利润，则所求问题为

目标函数：　max　$z = 8000x_1 + 10000x_2$

约束条件：
$$\begin{cases} 4x_1 + 3x_2 \leqslant 400 \\ 2x_1 + 4x_2 \leqslant 360 \\ 2x_1 + 3x_2 \leqslant 260 \\ x_1, x_2 \geqslant 0 \end{cases}$$

先将目标函数乘以负值，把求最大值问题转化为求最小值问题。

MATLAB 程序如下：

```
f=[-8000, -10000]; A=[4 3; 2 4; 2 3]; b=[400 360 260];
[x,fval]=linprog(f,A,b)
```

运行结果如下：

```
Optimal solution found.
x =
   70.0000
   40.0000
fval =
 -9.6000e+05
```

最优最大值就是把结果中 fval 值的符号取负值。故当 A 产品生产 70 件，B 产品生产 40 件时，获得最大利润为 960000 元。

9.2.2 非线性规划问题

非线性有约束的多元函数的标准形式如下。

目标函数：$\min\limits_{x} f(x)$

约束条件：$A \cdot x \leqslant b$ ， $Aeq \cdot x = beq$ （线性约束）

$\quad\quad\quad\quad C(x) \leqslant 0$ ， $Ceq(x) = 0$ （非线性约束）

$\quad\quad\quad\quad lb \leqslant x \leqslant ub$ （边界条件）

格式：x = fmincon(fun,x0,A,b) %含线性不等式约束条件 $A \cdot x \leqslant b$ 、目标函数 fun 在

$\quad\quad\quad\quad\quad\quad\quad\quad\quad\quad\quad\quad\quad\quad$ %初始值 x0 点的最优解 x

$\quad\quad\quad$x = fmincon(fun,x0,A,b,Aeq,beq) %含线性等式约束条件 $Aeq \cdot x = beq$ 。若没有

$\quad\quad\quad\quad\quad\quad\quad\quad\quad\quad\quad\quad\quad\quad$ %线性不等式约束 $A \cdot x \leqslant b$ ，则 A=[ ]，b=[ ]

$\quad\quad\quad$x = fmincon(fun,x0,A,b,Aeq,beq,lb,ub) %指定 x 的范围 $lb \leqslant x \leqslant ub$,若没有线性

$\quad\quad\quad\quad\quad\quad\quad\quad\quad\quad\quad\quad\quad\quad$ %不等式或等式约束，使用空矩阵[]代替

$\quad\quad\quad$x = fmincon(fun,x0,A,b,Aeq,beq,lb,ub,nonlcon)

$\quad\quad\quad\quad\quad$%指含非线性不等式约束 $C(x) \leqslant 0$ 和等式约束 $Ceq(x) = 0$ ， $lb \leqslant x \leqslant ub$

$\quad\quad\quad\quad\quad$%若没有界，可设 lb=[ ]，ub=[ ]。

$\quad\quad\quad\quad\quad$%nonlcon 的作用是通过输入的向量 x 来计算非线性约束 $C(x) \leqslant 0$ 和

$\quad\quad\quad\quad\quad$% $Ceq(x) = 0$ 在 x 处的估计 C 和 Ceq，通过指定函数柄来使用。例如，

$\quad\quad\quad\quad\quad$%若写成如下形式：

$\quad\quad\quad\quad\quad$% x = fmincon(@fun,x0,A,b,Aeq,beq,lb,ub,@myfun)

$\quad\quad\quad\quad\quad$%这时，需先建立非线性约束函数：

$\quad\quad\quad\quad\quad$% function [C,Ceq] =myfun(x)

$\quad\quad\quad\quad\quad$%C = … % 计算 x 处的非线性不等式约束 $C(x) \leqslant 0$ 的函数值

$\quad\quad\quad\quad\quad$%Ceq = … % 计算 x 处的非线性等式约束 $Ceq(x) = 0$ 的函数值

$\quad\quad\quad\quad\quad$%并保存为 mufun.m。

$\quad\quad\quad$x = fmincon(fun,x0,A,b,Aeq,beq,lb,ub,nonlcon,options) %指定优化选项

$\quad\quad\quad$[x,fval] = fmincon(___)

$\quad\quad\quad$[x,fval,exitflag,output,lambda,grad,hessian] = fmincon(___)

说明：x 为最小值点，fval 为目标函数最优值，exitflag 为返回算法的终止原因，output 为优化过程信息，lambda 为拉格朗日乘数体现哪一个约束有效，grad 为目标函数在 x 处的梯度，hessian 为目标函数在 x 处的海森矩阵。

【例 9-7】 求下面问题在初始点（0，1）处的最优解。

目标函数： $\min \quad z = x_1^2 + x_2^2 - x_1 x_2 - 2x_1 - 5x_2$

约束条件： $\begin{cases} (x_1-1)^2 - x_2 \leqslant 0 \\ -2x_1 + 3x_2 \leqslant 6 \end{cases}$

解：1）建立非线性约束函数文件。

```
function [C, Ceq]=myfun1(x)
C=(x(1)-1)^2-x(2);        %非线性约束
Ceq=[ ];                  %无非线性等式约束
end
```

2）建立 M 文件。

```
fun6='x(1)^2+x(2)^2-x(1)*x(2)-2*x(1)-5*x(2)';
x0=[0 1];  A=[-2 3];  b=6;
Aeq=[ ];  beq=[ ];        %无线性等式约束
lb=[ ];  ub=[ ];          %x 没有下、上界
[x,fval]=fmincon(fun6,x0,A,b,Aeq,beq,lb,ub,@myfun1)
```

运行结果如下：

```
x =
    2.9994    3.9992
fval =
  -13.0000
```

【例 9-8】 求下面问题在初始点（1，1）处的最优解。

目标函数：　　$\min\quad z=-2x_1-x_2$

约束条件：　$\begin{cases} x_1^2+x_2^2 \leqslant 25 \\ x_1^2-x_2^2 \leqslant 7 \\ 0 \leqslant x_1 \leqslant 6 \\ 0 \leqslant x_2 \leqslant 10 \end{cases}$

解：1）建立非线性约束函数文件。

```
function  [C, Ceq]=myfun2(x)
C=[x(1)^2+x(2)^2-25;x(1)^2-x(2)^2-7];
Ceq=[ ];        %无等式约束
end
```

2）建立 M 文件。

```
fun7='-2*x(1)-x(2)';        %目标函数
x0=[1;1];  lb=[0;0];  ub=[6;10];
[x,fval,exitflag,output,lambda,grad,hessian]=fmincon(fun7,x0,[],[],[],[],
lb,ub,@myfun2)
```

运行结果如下：

```
x =
    4.0000
    3.0000
fval =
  -11.0000
exitflag =
     1
output =
  包含以下字段的 struct:
         iterations: 9
          funcCount: 30
      constrviolation: 0
           stepsize: 4.9311e-06
          algorithm: 'interior-point'
      firstorderopt: 2.0005e-08
         cgiterations: 0
            message: 'Local minimum found that satisfies the constraints.'
lambda =
  包含以下字段的 struct:
          eqlin: [0x1 double]
```

```
     eqnonlin: [0x1 double]
      ineqlin: [0x1 double]
        lower: [2x1 double]
        upper: [2x1 double]
    ineqnonlin: [2x1 double]
grad =
  -2.0000
  -1.0000
hessian =
   0.5007    0.0061
   0.0061    0.3431
```

若约束条件只有线性函数（无非线性），则直接建立 M 文件即可。

【例 9-9】 求下面问题在初始点（1，1，1）处的最优解。

目标函数：   max $z = x_1 x_2 + x_1 x_3 + x_2 x_3$

约束条件： $\begin{cases} x_1 - 2x_2 + x_3 \geqslant 0 \\ 2x_1 - x_2 + x_3 \leqslant 50 \end{cases}$

MATLAB 程序如下：

```
fun8= '-x(1)*x(2)-x(1)*x(3)-x(2)*x(3)';   %转化为求最小值
x0=[1,1,1];  A=[-1 2 -1;2 -1 1];  b=[0;50];
[x,fval]=fmincon(fun8,x0,A,b)
```

运行结果如下：

```
x =
 -50.0000  100.0000  250.0000
fval =
 -7.5000e+03
```

故函数在（-50，100，250）处取得最优解，且最大值为 7500。

初始点一般不唯一，例如，选取 x0=[10,50,100]，上述求解结果不变。若初始点不同，求解结果也不同，这时需要求最优值 fval 来决定哪个解更好。

【例 9-10】 求函数 $f(x_1, x_2) = 1 + \dfrac{x_1}{1 + x_2} - 3x_1 x_2 + x_2(1 + x_1)$ 在 $0 \leqslant x_1 \leqslant 1$，$0 \leqslant x_2 \leqslant 2$ 上的最优解。

1）在初始点（0.5，1）处求解。

```
fun9 = @(x)1+x(1)/(1+x(2)) - 3*x(1)*x(2) + x(2)*(1+x(1))
x0 = [0.5,1];
lb = [0,0]; ub = [1,2];
[x,fval] = fmincon(fun9,x0,[],[],[],[],lb,ub)
```

运行结果如下：

```
x =
   1.0000    2.0000
fval =
  -0.6667
```

2）在初始点（0.1，0.2）处求解。

```
fun9 = @(x)1+x(1)/(1+x(2)) - 3*x(1)*x(2) + x(2)*(1+x(1))
x0 = [0.1,0.2];
lb = [0,0]; ub = [1,2];
[X,FVAL] = fmincon(fun9,x0,[],[],[],[],lb,ub)
```

运行结果如下：

```
X =
   1.0e-06 *
    0.4000     0.4000
FVAL =
    1.0000
```

解 X=（0.000004，0.000004）的目标函数值 FVAL=1 高于解 x=(1,2)的目标函数值 fval ＝-0.6667，说明第一个解 x 是局部最小值解，而此解 X 是最优解。

9.2.3 整数规划问题

利用 intlinprog 函数求解混合整数线性规划问题。整数规划的标准形式如下。

目标函数：$\min_x f^T x$

约束条件：$Ax \leqslant b$，$Aeq \cdot x = beq$，$lb \leqslant x \leqslant ub$，$x$ 取整数

格式：

x = intlinprog(f,intcon,A,b)	%求 f 在不等式约束条件 A x ≤ b 下的最小值 x
x = intlinprog(f,intcon,A,b,Aeq,beq)	%带等式约束条件 Aeq·x = beq 的整数规划
x = intlinprog(f,intcon,A,b,Aeq,beq,lb,ub)	% lb ≤ x ≤ ub
x = intlinprog(f,intcon,A,b,Aeq,beq,lb,ub,x0)	%使用初始可行点 x0 进行优化
x = intlinprog(f,intcon,A,b,Aeq,beq,lb,ub,x0,options)	%指定优化选项 options
[x,fval,exitflag,output] = intlinprog(___)	

说明：intcon：整数约束组成的正整数向量，指定决策变量 x 中应取整数值的分量，即由 x(i)取整数的位置 i 组成，例如，intcon = [1,3,6]表示 x(1)、x(3)和 x(6)取整数值。

exitflag：返回算法终止原因。取 3 表示约束相对容差可行，绝对容差不可行；取 2 表示求解器提前停止，找到整数可行解的点；取 1 表示收敛到最优解 x；取 0 表示求解器提前停止，找不到整数可行解的点；取-2 表示找不到整数可行解的点；取-3 表示根 LP 问题无界，取-9 表示求解器失去可行性。

output：返回优化过程信息。output 取值为 relativegap 表示在分支定界算法中计算的目标函数上界（U）和下界（L）之间的相对百分比差；absolutegap 表示在分支定界算法中计算的目标函数上界和下界之间的差；numfeaspoints 表示找到可行解的点的个数；numnodes 表示分支定界算法的节点个数；constrviolation 表示约束违反度，在违反约束时为正值；message 表示退出信息。

【例 9-11】求整数规划的最优解。

目标函数：$\min \quad z = 8x_1 + x_2$

约束条件：$\begin{cases} x_1 + 2x_2 \geqslant -14 \\ 4x_1 + x_2 \geqslant 33 \\ 2x_1 + x_2 \leqslant 20 \\ \quad x_2 \text{取整数} \end{cases}$

MATLAB 程序如下：

```
f = [8; 1];
intcon = 2;
A = [-1,-2;-4,-1;2,1];    %改变不等式符号
b = [14;-33;20]
 x = intlinprog(f,intcon,A,b)
```

运行结果如下：

```
        LP:    Optimal objective value is 59.000000.
        Optimal solution found.
        Intlinprog stopped at the root node because the objective value is within a gap
tolerance of the optimal value,
        options.AbsoluteGapTolerance = 0 (the default value). The intcon variables
are integer within tolerance,
        options.IntegerTolerance = 1e-05 (the default value).
        x =
            6.5000
            7.0000
```

【例 9-12】 求 0-1 整数规划的最优解。

目标函数： $\min \quad z = x_1 + 2x_2 + 3x_3 + x_4 + x_5$

约束条件： $\begin{cases} 2x_1 + 3x_2 + 5x_3 + 4x_4 + 7x_5 \geqslant 8 \\ x_1 + x_2 + 4x_3 + 2x_4 + 2x_5 \geqslant 5 \\ x_1, x_2, x_3, x_4, x_5 = 0 或 1 \end{cases}$

MATLAB 程序如下：

```
        f=[1;  2;  3;  1;  1];
        intcon=[1 2 3 4 5];
        A=[-2  -3  -5  -4  -7;  -1  -1  -4  -2  -2];  %改变不等式符号
        b=[-8;  -5];
        lb= zeros(5,1);
        ub= [1;1;1;1;1];
        [x,fval]=intlinprog(f,intcon,A,b,[],[],lb,ub)
        x ' =                                          %为减少篇幅，这里显示 x 的转置 x'
            1    0    0    1    1
        fval =
            3
```

对 0-1 规划，只需在 intcon 中将变量设置为整数，并指定其下界为 0，上界为 1。

9.2.4 二次规划问题

二次规划问题（quadratic programming）的标准形式如下。

目标函数： $\min \dfrac{1}{2}\boldsymbol{x}^T\boldsymbol{Hx} + \boldsymbol{f}^T\boldsymbol{x}$

约束条件： $\boldsymbol{Ax} \leqslant \boldsymbol{b}$ ， $\boldsymbol{Aeq} \cdot \boldsymbol{x} = \boldsymbol{beq}$ ， $\boldsymbol{lb} \leqslant \boldsymbol{x} \leqslant \boldsymbol{ub}$

式中， $\boldsymbol{f}$ 、 $\boldsymbol{x}$ 、 $\boldsymbol{b}$ 、 $\boldsymbol{beq}$ 、 $\boldsymbol{lb}$ 、 $\boldsymbol{ub}$ 为列向量； $\boldsymbol{H}$ 、 $\boldsymbol{A}$ 、 $\boldsymbol{Aeq}$ 为矩阵。

其他形式的二次规划问题都可转化为标准形式。

格式：x = quadprog(H,f)

    x = quadprog(H,f,A,b)   % Ax ≤ b

    x = quadprog(H,f,A,b,Aeq,beq)   % Aeq· x = beq

    x = quadprog(H,f,A,b,Aeq,beq,lb,ub)   % lb ≤ x ≤ ub

    x = quadprog(H,f,A,b,Aeq,beq,lb,ub,x0)   % x0 为初始点

    x = quadprog(H,f,A,b,Aeq,beq,lb,ub,x0,options)   %指定的优化参数

    [x,fval] = quadprog(___)

    [x,fval,exitflag,output,lambda] = quadprog(___)

说明：H 为二次目标项，指定为实对称矩阵；f 为线性目标项，指定为实数向量。x 为最小值点；

fval 为目标函数最优值。

exitflag：返回算法终止原因。取 1 表示函数收敛于解 x，成功求得最优解；取 2 表示步长大小小于步长容差，满足约束条件；取 3 表示求得一个解，目标函数值的变化小于函数容差；取 4 表示找到局部最小值，最小值不唯一；取 0 表示迭代次数超出最大容差；取-2 表示问题无最优可行解；取-3 表示目标函数无界；取-4 表示当前搜索方向不是下降方向，无法继续迭代；取-6 表示检测到非凸问题；取-8 表示无法确定步长方向。

output：返回优化过程信息。output 取值为 Iterations 表示迭代次数，algorithm 表示优化算法，cgiterations 表示 PCG 迭代总数，constrviolation 表示约束函数的最大值，firstorderopt 表示一阶最优化度量，linearsolver 表示内部线性求解器的类型，message 表示退出消息。

lambda：拉格朗日乘数。lambda 取值：lower 为下界 lb，upper 为上界 ub，ineqlin 为线性不等式，eqlin 为线性等式。

【例 9-13】 求二次规划的最优解。

目标函数： $\min \quad z = x_1^2 + 4x_2^2 - 4x_1x_2 + 3x_1 - 4x_2$

约束条件：
$$\begin{cases} 2x_1 + x_2 \leqslant 2 \\ -x_1 + 2x_2 \leqslant 3 \\ x_1, x_2 \geqslant 0 \end{cases}$$

解：将其化成标准形式：

$$\min \quad z = \frac{1}{2}(x_1 \quad x_2)\begin{pmatrix} 2 & -4 \\ -4 & 8 \end{pmatrix}\begin{pmatrix} x_1 \\ x_2 \end{pmatrix} + \begin{pmatrix} 3 \\ -4 \end{pmatrix}^{\mathrm{T}}\begin{pmatrix} x_1 \\ x_2 \end{pmatrix}$$

MATLAB 程序如下：

```
H=[2 -4; -4 8]; f=[3; -4];
A=[2 1; -1 2]; b=[2; 3];
lb=[0; 0];
[x,fval,exitflag,output,lambda] = quadprog(H,f,A,b,[],[],lb)
```

运行结果如下：

```
x =
    0.0000
    0.5000
fval =
   -1.0000
exitflag =
    1
output =
  包含以下字段的 struct:
          message: '↵Minimum found that satisfies the constraints…'
        algorithm: 'interior-point-convex'
    firstorderopt: 8.4403e-10
    constrviolation: 0
       iterations: 4
     linearsolver: 'dense'
     cgiterations: []
lambda =
  包含以下字段的 struct:
    ineqlin: [2x1 double]
      eqlin: [0x1 double]
      lower: [2x1 double]
      upper: [2x1 double]
```

```
>> lambda.ineqlin
ans =
   1.0e-09 *
   0.5627
   0.0205
>> lambda.lower
ans =
   1.0000
   0.0000
```

只有第一个约束下界 $x_1 \geqslant 0$ 有效，其他约束条件都无效。

9.3 综合实例

优化问题在各个领域广泛应用。本章实例将给出优化问题在证券资产投资组合、营养配餐问题、指派问题等方面的应用。

9.3.1 证券资产投资组合

【例 9-14】 某股民要购买 3 只股票，并根据市场状况判断这 3 只股票的预期收益率分别为 0.25、0.15 和 0.2，且要求股票 1 与股票 3 权重之和小于股票 2 权重，股票 3 至少购买 20%的份数，求解在上述约束条件下收益率最大的投资组合（市场不允许卖空）。

这是一个线性规划问题。

目标函数：$\max \quad 0.25x_1 + 0.15x_2 + 0.2x_3$

约束条件：$\begin{cases} x_1 + x_3 \leqslant x_2 \\ x_1 + x_2 + x_3 = 1 \\ 0 \leqslant x_1, x_2 \leqslant 1 \\ 0.2 \leqslant x_3 \leqslant 1 \end{cases}$

求解问题的 MATLAB 命令如下：

```
f=[-0.25 -0.15 -0.2]';
A=[1 -1 1];  b=0;
Aeq=[1 1 1];  beq=1;
lb=[0 0 0.2]';
ub=[1 1 1]';
[x,fval]=linprog(f,A,b,Aeq,beq,lb,ub)
```

运行结果如下：

```
Optimal solution found.
x =
   0.3000
   0.5000
   0.2000
fval =
   -0.1900
```

即对 3 只股票分别购买 30%、50%和 20%时，组合收益率最大，且收益率最大值为 19%。

9.3.2 营养配餐问题

【例 9-15】 假定一个成年人每天需要从食物中获得 5000 千卡的热量、120 克蛋白质和 600 毫克的钙。如果市场上只有普遍的猪肉、鸡蛋、大米和白菜 4 种食品可供选择，经测定它们每千克大约所含的热量、营养成分和市场价格如表 9-2 所示，问每天如何选择才能在满足营养的前提下使购买食品的费用最小？

表 9-2   热量、营养成分和市场价格表

序　号	1	2	3	4
食品/每千克	猪肉	鸡蛋	大米	白菜
热量/千卡	4000	1700	3430	410
蛋白质/克	145	180	80	2
钙/毫克	60	560	90	430
价格/元	26	8	5	3

解：设 x_1、x_2、x_3、x_4 分别表示猪肉、鸡蛋、大米和白菜 4 种食品每天的购入量，并连同每人每天所需的数据量，构建表格如表 9-3 所示。

表 9-3   表 9-2 的变形及未知变量

	猪肉	鸡蛋	大米	白菜	营养要求
热量/千卡	4000	1700	3430	410	5000
蛋白质/克	145	180	80	2	120
钙/毫克	60	560	90	430	600
价格/元	26	8	5	3	
食品需要量/千克	x_1	x_2	x_3	x_4	

按照表 9-3 数据，可得配餐问题的线性规划模型为

目标函数　　　 $\min \quad 26x_1 + 8x_2 + 5x_3 + 3x_4$

约束条件：
$$\begin{cases} 4000x_1 + 1700x_2 + 3430x_3 + 410x_4 \geqslant 5000 \\ 145x_1 + 180x_2 + 80x_3 + 2x_4 \geqslant 120 \\ 60x_1 + 560x_2 + 90x_3 + 430x_4 \geqslant 600 \\ x_1, x_2, x_3, x_4 \geqslant 0 \end{cases}$$

使用 MATLAB 程序求解时，应将约束条件化成标准形式，即将每个不等式两边乘以负号。程序如下：

```
f=[26; 8; 5; 3];
A=-[4000 1700 3430 410 ; 145 180 80 2; 60 560 90 430]
b=-[5000; 120; 600]
lb=[0; 0; 0; 0];
[x,fval]=linprog(f,A,b,[],[],lb)
```

运行结果如下：

```
Optimal solution found.
x =
        0
   0.0791
   1.2965
   1.0210
fval =
   10.1782
```

从解 x 的结果看，每天只需要吃 79.1 克鸡蛋、1.2965 千克大米和 1.021 千克白菜就能保证所需的营养要求，且成本值 fval 只需 10.18 元。

若为了更好保证体质，要求每天必须吃少量的猪肉和鸡蛋，如限制每天必需吃猪肉不少于 250 克和一个鸡蛋（约 65 克），则这时只需将程序的下界 lb 改为

```
lb=[0.250  0.065  0  0];
[X,FVAL]=linprog(f,A,b,[],[],lb)
```

运行结果如下：

```
Optimal solution found.
X =
    0.2500
    0.0650
    1.0066
    1.0651
FVAL =
   15.2486
```

从解 X 的结果看，只要 250 克猪肉、65 克鸡蛋、1.0066 千克大米和 1.0651 千克白菜也能保证所需的营养要求，且成本值 FVAL 为 15.25 元。

9.3.3 指派问题

某工程有 n 项任务，需要 n 个人去完成，每人只能做一件。由于每人能力不同，完成每项任务用的时间、费用也不同。因此，如何安排某人做某项任务使完成效率最高或总的时间最省（费用最小），这就是指派问题，它是 0-1 规划问题。

指派问题的数学模型如下：

设第 i 个人去完成第 j 项任务所需时间为 c_{ij}，由 c_{ij} 为元素构成的矩阵 C 称为效益矩阵。再设决策变量 x_{ij} 表示第 i 个人是否参与第 j 项任务，若参与则 $x_{ij}=1$，否则 $x_{ij}=0$，由 x_{ij} 为元素构成的矩阵 X 称为决策矩阵，则目标函数 z 为求极小值，则

$$\min \quad z = \sum_{i=1}^{n}\sum_{j=1}^{n}c_{ij}x_{ij}$$

约束条件：
$$\sum_{i=1}^{n}x_{ij}=1,(j=1,2,\cdots,n) \qquad \%表示每人做一项任务$$

$$\sum_{j=1}^{n}x_{ij}=1,(i=1,2,\cdots,n) \qquad \%表示每项任务有一人做$$

【例 9-16】 设完成某一产品需 4 道工序，现由甲、乙、丙、丁 4 个人去加工，加工所需时间如表 9-4 所示，若每人只限加工一道工序，问如何指派任务才能使总的加工工时最小。

表 9-4 4 人加工 4 道工序所需的时间 （单位：h）

	工序 1	工序 2	工序 3	工序 4
甲	6	12	10	8
乙	18	7	16	10
丙	16	19	18	12
丁	10	20	17	9

按照指派问题模型，编写 MATLAB 程序如下：

```
C=[6  12  10  8;  18  7  16  10;  16  19  18  12;  10  20  17  9];  %效率矩阵 C
n=size(C,1);            %计算 C 的行数 n
f=C(:);                 %计算目标函数系数 f，将矩阵 C 按列排成一个列向量即可。
intcon =1:16;           %指定全部变量都是取 0 或 1 的整数
A=[];b=[];              %没有不等式约束
%下面产生形成等约束的系数矩阵 Aeq
Aeq=zeros(2*n,n^2);
for i=1:n
    for j=(i-1)*n+1:n*i
        Aeq(i,j)=1;
    end
    for k=i:n:n^2
        Aeq(n+i,k)=1;
    end
end
Aeq                     %等约束的系数矩阵
beq=ones(2*n,1);        %等式约束右端项
lb=zeros(n^2,1);        %决策变量下界
ub=ones(n^2,1);         %决策变量上界
[X,FVAL] =intlinprog(f,intcon,A,b,Aeq,beq,lb,ub)
x=reshape(X,n,n)        %将列向量 X 按列排成一个 n 阶方阵 x
```

运行结果如下：

```
LP:              Optimal objective value is 39.000000.
Optimal solution found.
X' =             %显示 X 的转置 X'
    0  0  0  1  0  1  0  0  1  0  0  0  0  0  1  0
FVAL =
    39
x =
    0    0    1    0
    0    1    0    0
    0    0    0    1
    1    0    0    0
```

故最优解为丁选择工序 1，乙选择工序 2，甲选择工序 3，丙选择工序 4，且总用时为 39h。

9.4 思考与练习

1．计算函数 $y = x^2 - \dfrac{54}{x}$ 在区间[-5，-1]上的最小值。

2．求二元函数 $z = e^{2x_1}(x_1 + x_2^2 + 2x_2)$ 的最小值。

3．求线性规划问题：

目标函数： $\min z = -4x_1 + x_2 + 7x_3$

约束条件为：
$$\begin{cases} x_1 + x_2 - x_3 = 5 \\ 3x_1 - x_2 + x_3 \leqslant 4 \\ x_1 + x_2 - 4x_3 \leqslant -7 \\ x_1, x_2 \geqslant 0 \end{cases}$$

4．求下面问题在初始点（0，$\frac{3}{4}$）处的最优解。

目标函数：　　　$\min \quad z = 2x_1^2 + 2x_2^2 - 2x_1x_2 - 4x_1 - 6x_2$

约束条件：　　$\begin{cases} x_1 + 5x_2 \leqslant 5 \\ 2x_1^2 - x_2 \leqslant 0 \\ x_1, x_2 \geqslant 0 \end{cases}$

5．求下面问题在初始点（10，10，10）处的最优解。

目标函数：　　　　　$\max \quad z = x_1x_2x_3$

约束条件：　　　　$0 \leqslant x_1 + 2x_2 + 2x_3 \leqslant 72$

6．求二次规划的最优解：

目标函数：　　$\min \quad z = \frac{1}{2}x_1^2 + x_2^2 - x_1x_2 - 2x_1 - 6x_2$

约束条件：　　$\begin{cases} x_1 + x_2 \leqslant 2 \\ -x_1 + 2x_2 \leqslant 2 \\ 2x_1 + x_2 \leqslant 3 \\ x_1, x_2 \geqslant 0 \end{cases}$

7．某企业生产 A、B、C 三种产品，每种产品利润分别为 600、500 和 400 元。它所用部件 P1～P4 和部件的生产能力如表 9-5 所示，求如何安排 A、B、C 的生产计划，才能使产品的计划利润最大。

表 9-5　某产品所用部件及部件的生产能力

产品 ＼ 部件	P1/件	P2/件	P3/件	P4/件	产品每台计划利润/元
A	2	1	1	1	600
B	1	2	1	2	500
C	1	1	2	0	400
部件每月生产能力/件	1000	800	800	750	

第 10 章 Simulink 动态仿真

Simulink 是 MATLAB 中的一种可视化仿真工具，提供一个动态系统建模、仿真和综合分析的集成环境。利用 Simulink 对实际问题进行建模仿真的过程就如同搭积木一样简单，结构和流程清晰、仿真精细、适应面广。现已应用于机械动力系统、机器人自动控制、航空航天系统、电子信号处理及金融财会和生物医学等领域。本章以 Simulink 10.1（MATLAB R2020a 自带）版本为例介绍模型建立方法和运行仿真等问题。

本章重点
- 模型构建
- 建模方法
- 系统仿真

10.1 Simulink 窗口

本节对 Simulink 窗口的基本界面模型编辑窗口组成及菜单功能，以及仿真模型构成和步骤做一个整体介绍，为进一步建立仿真模型打下基础。

10.1.1 Simulink 启动与界面

在 MATLAB 命令行窗口中输入 simulink，按〈Enter〉键；或在 MATLAB 操作窗口主页选项卡下，单击工具栏的"Simulink"按钮 都可打开 simulink 界面。首先弹出"Simulink Start Page"界面，如图 10-1 所示。

图 10-1 Simulink Start Page 界面

该界面中的"Simulink"包括"Blank Model""Blank Subsystem""Blank Library""Blank Project""Folder to Project""Project form Git""Project form SVN"和"Code Generation"8 个选项模板。鼠标指针移到每个模板处即显现出创建本项目的按钮，单击此按钮就弹出创建本项目窗口。例如，鼠标指针移动到"Blank Library"模板，单击"Create Library"按钮，弹出创建新模块库窗口，如图 10-2 所示。

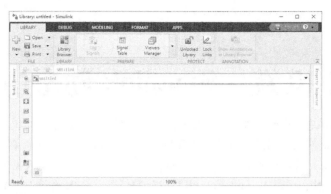

图 10-2　创建模块库窗口

10.1.2　模型编辑窗口

1. 创建新模型窗口

Simulink Start Page 界面（见图 10-1），鼠标指针移动到"Blank Model"模板，单击"Create Model"按钮，即可打开一个名为"untitled- Simulink"的空白模型窗口，如图 10-3 所示。

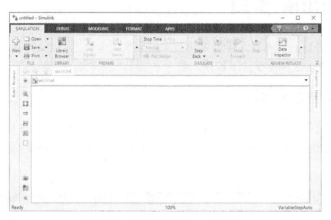

图 10-3　新建模型窗口（默认）

2. 模型窗口组成

模型窗口主要包括功能选项卡、快速访问工具栏、SIMULINK 选项卡展开后的菜单工具栏、列工具条、模型框图窗口、状态栏，及隐藏的模型浏览器（见图 10-4）和属性查看器（见图 10-5）窗口等部分组成。

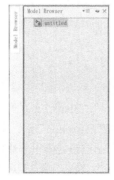

图 10-4　模型浏览器窗口

图 10-5　属性查看器窗口

3. SIMULATION 命令面板

SIMULATION 命令面板包括 FILE（文件）、LIBRARY（模型库）、PREPARE（装备）、SIMULATE（仿真）和 REVIEW RESULTS（审查结果）等菜单项，如图 10-6 所示。

图 10-6 SIMULATION 命令面板

具体功能如表 10-1 所示。

表 10-1 SIMULATION 命令面板及功能

命令面板名称	按 钮 名 称	功 能
FILE（文件）	New（新建）	新建模型（Model）、子系统（SubSystem）、模型图（Chart）或库（Library）、架构（Architecture）、项目（Projects）等
	Open（打开）	打开模型等文件
	Save（保存）	模型保存、模型另存为，保存类型为 simulink models(*.slx)
	Print（打印）	打印图窗或保存为特定文件格式
LIBRARY（模型库）	Library Browser（模型库浏览器）	提供公共模块库和专业模块库为选择模块使用。公共模块库包括：附加数学与离散（Additional Math & Discrete）、消息或事件（Messages&Events）、模型扩充（Model-Wide Utilities）、模型检测（Model Verification）、端口与子系统（Ports & Subsystems）、信号属性（Signal Attributes）、信号路径（Signal Routing）、接收器输出（Sinks）、输入源（Sources）、字符串（String）、用户自定义函数（User-Defined）、快速插入（Quick Insert）等模块库（见图 10-7）
PREPARE（装备）	Signal Monitoring（信号监测）	使用日志信号记录（Log Signals）、附加查看器（Add Viewer）、信号面板（Signal Table）、查看器管理（Viewers Manager）、配置日志记录（Configure Logging）、正常模式可见性（Normal Mode Visibility）等进行信号检测
	Input & Parameter Tuning（输入参数调优）	使用连接输入（Connect Inputs）、信号编辑器（Signal Editor）、调优参数（Tune Parameters）等进行调优
	Configuration & Simulation 配置和仿真	提供模型设置（Model Settings）、参考模型（Reference Model）、属性查看器（Property Inspector）、更新模型（Update Model）等配置仿真
SIMULATE（仿真）	Stop Time	设置仿真时间，仿真时间与时钟时间不同
	Normal	选择仿真模式（正常模式）
	Fast Restart	快速启动仿真
	Step Back	返回上一步
	Run	运行仿真
	Step Forward	向前一步
	Stop	停止仿真
REVIEW RESULTS（审查结果）	Data Inspector（数据查看器）	检查并比较数据和仿真结果，能够可视化并比较多种类型的数据，以验证和迭代模型设计

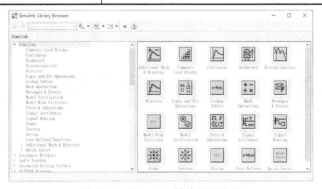

图 10-7 Simulink 模块库浏览器

4．DEBUG 命令面板

DEBUG（调试）命令面板包括 PERFORMANCE（性能）、DIAGNOSTICS（诊断）、TOOLS（工具）、BREAKPOINTS（设置断点）、COMPILE（编译）和 SIMULATE（仿真）等菜单项，如图 10-8 所示。

图 10-8　DEBUG 命令面板

具体功能如表 10-2 所示。

表 10-2　DEBUG 命令面板及功能

命令面板名称	按 钮 名 称	功　　能
PERFORMANCE（性能）	Performance Advisor（性能咨询）	使用性能咨询（Performance Advisor）、解算法分析器（Solver Profiler）、仿真分析器（Simulink Profiler）来检查和改进模型仿真性能
DIAGNOSTICS（诊断）	Diagnostics（模型配置参数）	检测与求解器设置有关问题的参数
	Information Overlays（查看信息）	查看采样时间信息，显示表示特定采样时间的颜色编码和注释
TOOLS（工具）	Trace Signal（跟踪信号）	跟踪信号开始点、结束点，或重新跟踪
	Comment Out（添加注释）	添加注释去掉模块的输出信号使信号数据不通过，利用信号线暂时替换注释，或不含有无注释模块
	Output Values（输出值）	显示选取信号的输出值、删去所有的输出值
BREAKPOINTS（设置断点）	Pause Time（暂停时间）	设置暂停时间数值
	Add Breakpoint（增加断点）	对所选模块增加断点、显示或不显示断点、删去所有断点
	Breakpoint List（断点列表）	对断点进行列表
COMPILE（编译）	Update Model（更新模型）	更新模型来检查静态错误，及更新变量、链接块和引用模型来更新模块
SIMULATE（仿真）	Step Back	返回上一步
	Run	运行仿真
	Step Forward	向前一步
	Stop	停止仿真

5．MODELINE 命令面板

MODELINE（模式）命令面板包括 EVALUATE & MANAGE(评估和管理)、DESIGN （设计）、SETUP（设置）、COMPONENT（组件）、COMPILE（编译）和 SIMULATE（仿真）等菜单项，如图 10-9 所示。

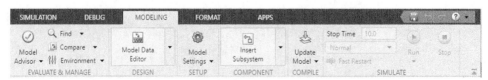

图 10-9　MODELINE 命令面板

具体功能如表 10-3 所示。

表 10-3　MODELINE 命令面板及功能

命令面板名称	按钮名称	功能
EVALUATE & MANAGE（评估和管理）	Model Advisor（模型咨询）	检查模型是否能够准确、高效地进行仿真，找出可能导致仿真不准确或效率不高的条件和配置设置
	Find（查找）	查找 Simulink 对象、状态流程对象，查找引用变量，或在模块图中查找与替换等
	Compare（比较）	查看、合并，比较两模型不同
	Environment（环境）	对库浏览器（Library Browser）、浏览器栏（Explorer Bar）、放大缩小视图（Zoom）、智能引导（Smart Guides）、显示或隐藏工具条（Toolstrip）、显示或隐藏状态条（Status Bar）等进行设置
DESIGN（设计）	Data Repositories（数据存储库）	使用基础工作区（Base Workspace）、模型工作区（Model Workspace）、数据字典（Data dictionary）、引用变量（referenced variables）等进行数据存储
	Data Management（数据管理）	使用属性检查器（Property Inspector）、模型数据编辑器（Model Data Editor）、模型资源管理器（Model Explorer）、总线编辑器（Bus Editor）、查表编辑器（Lookup Table Editor）等进行数据管理
	System Design（系统设计）	使用计划表管理器（Schedule Editor）、模型界面（Model Interface）、依赖分析仪（Dependency analyzer）、系统设置报告（System Design Reports）、变量管理（variant Manager）、仿真自定义代码（Simulation Custom Code）、笔记（Notes）等对系统进行设置
SETUP（设置）	Model Settings（模型设计）	对模型进行设计
	Model Properties（模型属性）	对模型属性进行设置
COMPONENT（组件）	Insert Component（插入组件）	插入子系统（Insert Subsystem）、虚拟子系统（Atomic Subsystem）、变体子系统（Variant Subsystem）等；插入模块图（Insert Chart）、模块域（Insert Area）、引用模型（Referenced Model）、由输入信号创建总线（Bus Creator）和从传入总线中选择信号（Bus Selector）等
	Create Component（创建组件）	使用创建系统（Create Subsystem）、虚拟子系统（Atomic Subsystem）、变体子系统（Variant Subsystem）、使能子系统（Enabled Subsystem）、触发子系统（Triggered Subsystem）、函数调用子系统（Function-call Subsystem）等选择库创建组件
	Convert or expand（转换或扩展）	选择子系统进行转换或扩展。转换为变体子系统（Variant Subsystem）和模型模块（Convert to Variant），判断虚拟子系统（is Atomic Subsystem），扩展子系统（Expand Subsystem）
	Model Mask（模型封装）	创建模型封装（Create Model Mask），设置模型封装参数（Model Mask parameters）
COMPILE（编译）	Update Model（更新模型）	编译模型来检查静态错误
SIMULATE（仿真）	Stop Time	设置仿真时间
	Normal	选择仿真模式（正常模式）
	Fast Restart	快速启动仿真
	Run	运行仿真
	Stop	停止仿真

6. FORMAT 命令面板

FORMAT（格式）命令面板包括 COPY&VIEW（复制和查看）、LAYOUT（布局）、FONT&PARAGRAPH（字体和段落）、STYLE（样式）等菜单项，如图 10-10 所示。

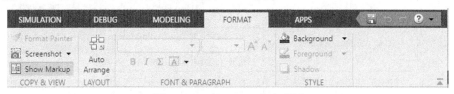

图 10-10　FORMAT 命令面板

具体功能如表 10-4 所示。

表 10-4　FORMAT 命令面板及功能

命令面板名称	按钮名称	功能
COPY&VIEW （复制和查看）	Format Painter （格式刷）	复制和粘贴格式
	Screenshot （屏幕截图）	复制模型截图并发送到剪贴板
	Show Markup （显示注释）	配置注释，以便隐藏或显示
LAYOUT （布局）	Auto Arrange	自动改进模型布局
FONT&PARAGRAPH （字体和段落）	A Bold\I	格式设置（字体、大小、文字等）
STYLE （样式）	Background	背景颜色设置
	Foreground	前景颜色设置
	Shadow	阴影设置

7. APPS 命令面板

APPS（应用程序）命令面板包括 ENVIRONMENT（环境）和 APPS（工具箱）两菜单项，如图 10-11 所示。

图 10-11　APPS 命令面板

具体功能如表 10-5 所示。

表 10-5　APPS 命令面板及功能

命令面板名称	按钮名称	功能
ENVIRONMENT （环境）	Get Add-Ons （获取扩展）	获取扩展（Get Add-Ons）、扩展管理（Manage Add-Ons）、硬件支持包（Get Hardware Support Packages）等
APPS （应用程序）	Control System （控制系统）	包含线性化管理（Linearization Manages）、模型线性化（Model Linearizer）、控制系统设计（Control System Designer）参数估计(Parameter Estimator)、响应优化器（Response Optimizer）、机器人操作系统（Robot Operating System）等应用程序
	Code Generation （代码生成）	包含嵌入代码（Embedded Coder）、仿真代码（Simulink Coder）、定点工具（Fixed-Point Tool）等应用程序
	Signal Processing and Wireless Communications （信号处理和无线通信）	包含逻辑分析（Logic Analyzer）、鹰眼望远镜（Bird's-Eye Scope）、视频查看器（Video Viewer）等应用程序
	Model Verification and Test （模型验证和测试）	包含需求查看器（Requirements Viewer）、需求管理（Requirements Manager）、克隆检测器（Clone Detector）、模型咨询（Model Advisor）、设计验证器（Design Verifier）、覆盖分析器（Coverage Analyzer）、仿真测试（Simulink Test）等应用程序
	Code Verification and Test （代码验证和测试）	包含 SIL/PIL 管理（SIL/PILManager）、代码检查（Code Inspector）、多空间代码验证器（Polyspace Code Verifier）、FIL 向导程序（FIL Wizard）、HDL 模拟器（HDL Cosimulator）等应用程序
	Simulation Graphics and Reporting （模拟图形和报告）	包含 3D 动画播放器（3D Animation Player）、3D 世界编辑器（3D World Editor）、报告产生器（Report Generator）等应用程序

8．工具栏

模型窗口中有一列工具栏，从上到下按钮的功能如下。

⊕：隐藏和显示模块浏览器栏。

⊕：选择放大、缩小。

⟦⟧：选择最适合的视图。

⇒：采样时间。

A≡：注释。

▨：图像。

□：区域。

▣：查看标记。

▤：查看标记。

《：隐藏和显示模块浏览器。

9．状态栏

状态栏是仿真过程中的状态信息，在编辑窗口的最下方一栏。主要包含如下内容。

● 模型状态信息，例如，"Ready"表示模型已准备就绪等待系统的仿真命令，"Running"表示仿真正在运行。

● 查看错误提示，只有在出现错误时显示。

● 图面比例，如"100%"表示编辑框模型的显示比例。

● 仿真进程条。

● VariableStepAuto：解法，最大步长（自动）。例如，"Auto（ode45）"表示仿真所采用的算法（默认算法）。

10．模型框图窗口

模型框图窗口是模型编辑区，主要建立由输入/输出模块、被模拟的系统模块，以及信号线等组成的系统模型。

10.1.3 模型构成及步骤

1．仿真模型的构成

一个典型的 Simulink 仿真模型由以下 3 大模块组成。

（1）信号源模块

信号源为系统的输入，包括常数信号源、函数信号发生器（如正弦波和阶跃函数）及用户自己在 MATLAB 中创建的自定义信号。

（2）被模拟的系统模块

系统模块作为仿真的中心模块，是 Simulink 仿真建模所要解决的主要问题。

（3）输出显示模块

系统的输出由显示模块接收。输出显示的形式包括示波器显示、图形显示及输出到数据文件或 MATLAB 工作区。

2．仿真过程的步骤

1）打开一个空白的模型窗口。

2）打开模块库浏览器（Simulink Library Browser）界面。浏览或搜索特定模块，将相应模块库中所需的模块拖到模型窗口中，移动模块和调整模块大小。

3）设置各个模块的参数。双击需要进行参数设置的模块，在弹出的对话框中，上半部分为参数说明，仔细阅读可以帮助用户设置参数；下半部分供用户填写模块参数。

4）连接模块。使用信号线将各个模块连接起来，搭建所需要的系统模型。

5）设置仿真参数。使用模块编辑窗口中的"MODELING"命令面板，单击"Model Settings"按钮，打开仿真参数设置对话框，设置仿真参数。

6）启动仿真。单击模型窗口工具栏的"运行"按钮 ▶，仿真将执行。并可借助示波器等模块，显示仿真结果。

7）保存模型。

10.1.4 Simulink 的实例演示

下面按照模型构建的步骤，给出一个简单示例，说明 Simulink 仿真过程。

【例 10-1】 创建求解微分方程 $\dfrac{\mathrm{d}x}{\mathrm{d}t} = \sin t, x(0) = 0$ 的正弦信号仿真模型。

此微分方程的解为 $x(t) = -\cos t + 1$，建立的仿真信号应该与此函数的曲线一致。仿真过程如下。

（1）打开空白模块窗口

在"Simulink Start Page"页面（见图 10-1），鼠标指针移动到"Blank Model"模板，单击"Create Model"按钮，即可打开一个名为"untitled-Simulink"的空白模型窗口（见图 10-3）。在此窗口中创建 Simulink 模型。

（2）添加模块

1）在打开的空白模型窗口中，单击工具栏中的"Library Browser"按钮，弹出 Simulink 库模块浏览器"Simulink Library Browser"窗口（见图 10-7），单击左侧目录中的输入源模块库（Sources），显示如图 10-12 所示的模块组。

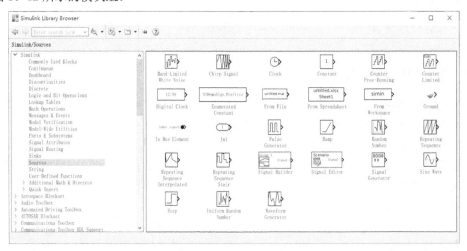

图 10-12　Sources 模块库

把正弦波模块"Sine Wave"拖动到空白模型窗口，如图 10-13 所示，则此模块的一个复制模块被放到模型框图窗口中。

2）在 Simulink 库模块浏览器窗口目录中继续打开连续模块库（Continuous），并将其包含的积分模块"Integrator"拖动到模型窗中，如图 10-14 所示。其中模块"Integrator"的输入为导数 dy/dx，输出为 x。

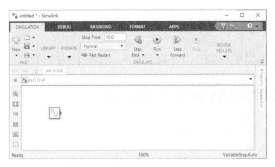

图 10-13　添加正弦波模块　　　　　　图 10-14　添加积分模块

3）在库模块浏览器窗口目录中打开输出显示模块库（Sinks），将其包含的示波器模块"Scope"拖动到模型窗中，如图 10-15 所示。

（3）连接模块

把鼠标指针放到正弦波模块的输出口处（即模块右边的">"符），则鼠标指针即变为十字叉形，然后按下鼠标左键，拖动鼠标指针到积分模块的输入框（即模块左边的">"符），当释放鼠标左键后，Simulink 会用带有指向信号传输方向箭头的连线替代端口符号，如图 10-16 所示。采用同样的方法连接另一根信号线，并完成整个图形，如图 10-17 所示。

图 10-15　添加示波器模块　　　　　　图 10-16　连接模块信号线

（4）运行仿真

双击示波器"Scope"模块，打开"Scope"窗口。直接单击模型窗口工具栏的"运行仿真"按钮，仿真将执行，结果在示波器窗口中显示，如图 10-18 所示。

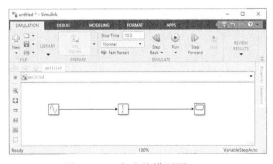

图 10-17　完成的模型图　　　　　　　图 10-18　仿真结果显示

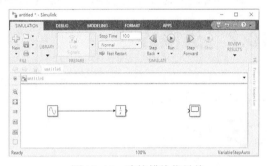

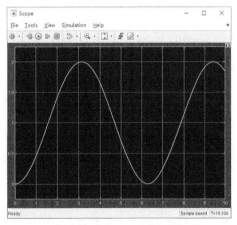

从图 10-18 结果来看，与所给微分方程的解函数 $x(t) = -\cos t + 1$ 的曲线一致。

（5）保存模型

单击模型窗口工具栏的"保存"按钮 ![]，将该模型保存为 li10_1.slx 文件，如图 10-19 所示。

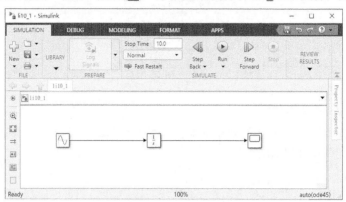

图 10-19　保存后的模型图

上述给出了仿真过程的简单操作，其中的模块参数、仿真参数都是使用的默认值。从图 10-19 中可以看出状态栏中显示出的最终仿真解法是 auto(ode45)。

10.2　建模方法

本节详细介绍整个模型的创建过程，包括模块操作、编辑信号线和标注模型等操作方法，使读者在建模时更加得心应手。

10.2.1　模块操作

1．模块选定

在进行模块操作之前，应先打开一个新的模型窗口。

（1）从 Simulink 的模块库中选择所需的模块方法

单击所需要的模块，然后将其拖动到需要创建仿真模型的窗口，这时所需要的模块将出现在模型窗口中。

（2）在模型窗口中选定模块

● 选中单个模块：在模块上单击，模块的四角处出现小黑块编辑框，即选中模块。

● 选中多个模块：先按〈Shift〉键，然后单击所需选定的模块；或使用鼠标拖出矩形虚线框，将所有待选模块框在其中，则矩形框中所有的模型均被选中。

● 右击并在弹出的快捷菜单中选择"Select All"命令。

2．模块复制

（1）在不同模型窗口（包含模型库窗口）之间复制模块

● 选中模块，使用鼠标将其拖到另一模型窗口，释放鼠标。

● 右击并在弹出的快捷菜单中选择"Copy"和"Paste"命令。

（2）在同一模型窗口内的复制模块

● 选中模块，按下鼠标右键，拖动模块到合适的地方，释放鼠标。

● 按住〈Ctrl〉键，再使用鼠标拖动模块到合适的地方，释放鼠标。

复制后所得模块与原模块属性相同，在同一模型窗口中，这些模块名后面自动加上相应的编号来进行区分。

3．模块移动

（1）在同一模型窗口移动模块

选中需要移动的模块，使用鼠标将模块拖到合适的地方。

（2）在不同模型窗之间移动模块

在不同模型窗之间移动模块，在使用鼠标移动的同时按下〈Shift〉键。

当模块移动时，与之相连的连线也随之移动。

4．模块删除

● 选中模块，按〈Delete〉键。

● 选中模块并右击，从弹出的快捷菜单中选择"Delete"命令。

5．调整模块大小

选中需要改变大小的模块，出现小黑块编辑框后，使用鼠标拖动编辑框，可实现放大或缩小。

6．模块旋转

（1）模块旋转 90°

选中模块并右击，从弹出的快捷菜单中选择"Rotate & Flip"→"Clockwise"命令，可以将模块按顺时针方向旋转 90°，选择"Counterclockwise"命令，可以将模块按逆时针方向旋转 90°。

（2）模块旋转 180°

选中模块并右击，从弹出的快捷菜单中选择"Rotate & Flip"→"Flip Block"命令，可将模块旋转 180°。

7．模块名的编辑

（1）修改模块名

单击模块名，出现虚线编辑框就可对模块名进行修改。

（2）模块名字体设置

选中模块并右击，从弹出的快捷菜单中选择"Format"→"Font Style for selection"命令，打开字体对话框设置字体。

（3）模块名的显示和隐藏

选中模块并右击，从弹出的快捷菜单中选择"Format"→"Hide /Show Name"命令，可隐藏或显示模块名。

（4）模块名的翻转

选中模块并右击，从弹出的快捷菜单中选择"Rotate & Flip"→"Flip Block Name"命令可将模块名称旋转 180°。

8．颜色设定

选中模块并右击，从弹出的快捷菜单中选择"Format"→"Foreground Color"命令，可改变模块的前景颜色；选择"Format"→"Background Color"命令，可改变模块的背景颜色；选择"Format"→"Shadow"命令，可设置阴影。

也可直接使用模块编辑窗口中的 FORMAT 命令面板，单击"Background""Foreground"和"Shadow"按钮来设定颜色。

9．模块参数设置

Simulink 中几乎所有模块都有一个模块参数对话框，内有模块功能说明和用户设置参数。打开模型参数对话框的方法如下。

● 双击要设置的模块就会弹出模块参数对话框。

● 在模型窗口选中模块并右击，从弹出的快捷菜单中选择"Block parameters"命令。

对于不同的模块，对话框会有所不同，用户可以按要求对其进行设置。

10．模块注释

添加模型的文本注释。在需要当作注释区的位置双击，就会出现编辑框，在编辑框中输入文字注释即可。

10.2.2 模块连接

1．手动连接模块

模块间的连接是用信号线完成的，其方法是先将鼠标指针指向一个模块的输出端，待鼠标指针变为十字符后，按下鼠标左键并拖动，直到另一模块的输入端。如果两个模块在一条水平线，则信号线是直线，如图 10-20 所示。如果两个模块不在一条水平线上，则信号线是折线，如图 10-21 所示。

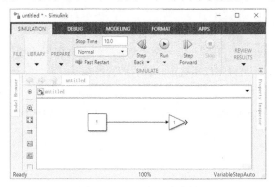
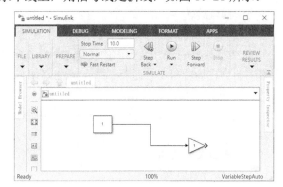

图 10-20 同水平线连接　　　　　　图 10-21 不同水平线连接

若将信号线添加分支线，需将鼠标指针指向信号线的分支点上，按住鼠标右键，鼠标指针变为十字符，拖动鼠标直到分支线的终点，释放鼠标，如图 10-22 和图 10-23 所示。

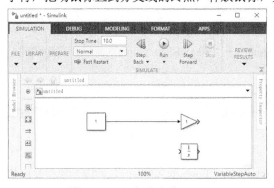
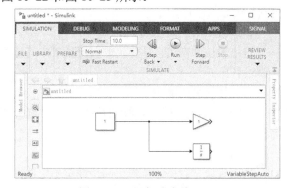

图 10-22 添加分支线（一）　　　　　　图 10-23 添加分支线（二）

2．自动连接模块

1）先选择模块，然后按住〈Ctrl〉键，单击目标模块，则 Simulink 会自动把源模块的输出端口与目标模块的输入端口相连。如在图 10-24 中，是先选择模块"Constant"，然后按住〈Ctrl〉键，再单击模块"Gain"，产生的一条信号线。

2）Simulink 还能绕过某些干扰连接模块。如在图 10-24 中，需要将模块"Sine Wave"与模块

"Integrator"连接，同样采用上述操作即可自动产生一条折线图，如图 10-25 所示。

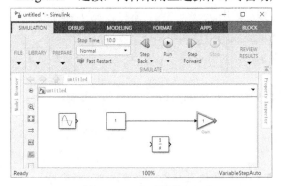

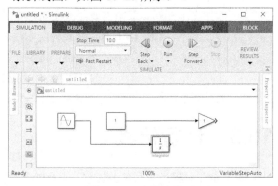

图 10-24　自动连接（一）　　　　　　　　图 10-25　自动连接（二）

3）一组源模块与一个目标模块连接。只要选择这组源模块，然后按住〈Ctrl〉键，再单击目标模块，就会自动产生多条信号线，如图 10-26 和图 10-27 所示。

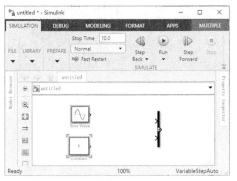

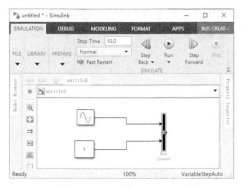

图 10-26　组模块连接（一）　　　　　　　图 10-27　组模块连接（二）

3. 在信号线中插入模块

如果模块只有一个输入端口和一个输出端口，则该模块可直接被插入到一条信号线中。如将图 10-28 中的"Gain"模块插到"Constant"与"Unit Delay"模块之间，只需将"Gain"模块拖到信号线上即可，如图 10-29 所示。

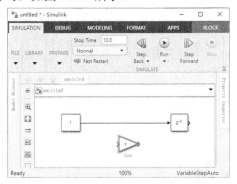

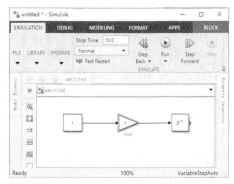

图 10-28　插入模块（一）　　　　　　　　图 10-29　插入模块（二）

4. 删除信号线

先选中信号线，然后按〈Delete〉键，或右击，在弹出的快捷菜单中选择"Delete"命令即可删除。

5．信号线文本注释

1）添加文本注释。双击需要添加文本注释的信号线，则出现一个空的文本框，在其中输入文本。

2）修改文本注释。单击需要修改的文本注释，出现虚线编辑框即可修改文本。

3）移动文本注释。单击文本注释，拖动出现的编辑框即可移动注释。

4）删除文本注释。右击文本注释，在弹出的快捷菜单中选择"Delete label"命令即可删除注释。

5）复制文本注释。右击文本注释，在弹出的快捷菜单中选择"Copy label"命令即可复制注释。

10.3　运行仿真

本节主要对模型仿真参数设置、数据输入/输出、启动仿真及仿真结果显示等内容进行介绍，逐步建成一个完备的 Simulink 仿真系统。

10.3.1　设置仿真参数

使用模块编辑窗口中"MODELING"选项卡下的命令面板，单击"Model Settings"按钮 ⚙ ▾，打开仿真参数设置对话框，如图 10-30 所示。

图 10-30　仿真参数设置对话框

此对话框包含以下选项。

- Solver：用于设置仿真起始和停止时间，选择微分方程求解算法类型和求解方法，及解法描述。
- Data Import/Export：用于管理工作区数据的导入和导出。
- Math and Data Types：用于设置非正规数的模拟（仿真优化模式）和数据类型。
- Diagnostics：用于设置在仿真过程中出现各类错误时发出警告的等级。
- Hardware Implementation：用于设置实现仿真的硬件。
- Model Referencing：用于设置模型引用的有关参数。
- Simulation Target：用于设置仿真模型目标。
- Code Generation：用于生成仿真代码、嵌入代码等。
- Coverage：用于使能覆盖率分析（全系统、引用系统、子系统），及包含 MATLAB 文件、C++ 语言和 S 函数的分析。

下面主要介绍 Solver 和 Data Import/Export 两类选项。

1．Solver 类选项的参数设置

Solver 类选项的参数设置如图 10-30 所示。

（1）Simulink time（仿真时间）

"Start time"仿真的起始时间，默认为 0.0；"Stop time"仿真的结束时间，默认为 10.0。时间单位为秒（s），但与实际时钟的秒不同。例如，仿真时间为 10s，如果步长为 0.1s，则仿真要执行 100 步。

（2）Solver selection（算法选项）

在"Type"选项中选择算法类别：变步长"Variable-step"算法和固定步长"Fixed-step"算法，其右侧设置仿真解法"Solver"的具体算法类型。

1）变步长模式的仿真算法主要如下。

● auto(Automatic solve selection)：自动选择解法。

● Discrete(no continous states)：适用于没有连续状态变量的离散系统。

● ode45(Dormand-Prince)：四/五阶龙格-库塔法，采用单步算法，适用于大多数连续或离散系统，但不适用刚性系统。仿真时通常先使用该算法试试（默认值）。

● ode23(Bogacki-Shampine)：二/三阶龙格-库塔法，采用单步算法，在误差限要求不高和求解问题不太难的情况下，可能会比 ode45 更有效。

● ode113(Adams)：一种阶数可变算法，它在误差容许要求严格的情况下通常比 ode45 有效。

● ode15s(stiff/NDF)：一种基于数值微分公式的算法，采用多步算法，适用于刚性系统。对解决问题比较困难，或使用 ode45 效果不好，就可使用本算法。

● ode23s(stiff/Mod. Rosenbrock)：采用单步算法，专门用于刚性系统，能解决某些 ode15s 所不能解决的问题。

● ode23t(mod.stiff/Trapezoidal)：无数字震荡的算法，用于求解适度刚性问题。

● ode23tb(stiff/TR-BDF2)：在较大的容许误差下可能比 ode15s 方法有效。

● odeN(Nonadaptive)：包含非自适应和自适应两种过零检测算法选择。

● daessc(DAE solve for Simscape)：用于 Simscape 的 DAE 求解器。

2）固定步长模式的仿真算法如下。

● auto(Automatic solve selection)：自动选择解法。

● Discrete(no continous states)：用于不存在连续状态变量的系统。

● ode5、ode8(Dormand-Prince)：使用 5 阶和 8 阶精度的 ode5 和 ode8 求解器(Dormand-Prince 算法)，适用于大多数连续或离散系统。

● ode4(Runge-Kutta)：使用 4 阶精度的 ode4 求解器（龙格-库塔算法）。

● ode3(Bogacki－Shampine)：使用 3 阶精度的 ode3 求解器（Bogacki－Shampine 算法）。

● ode2(Heun)：使用具有 2 阶精度的 ode2 求解器（Heun 算法）

● ode1(Euler)：使用 1 阶精度的 ode1 求解器（欧拉算法）。

● ode14x(extrapolation)：使用 ode14x 隐式求解器（Extrapolation 算法）。

● ode1be(Backward Euler)：使用一阶反欧拉积分法的 ode1be 求解器。

（3）Solver details（解法详细说明）

1）变步长模式下的参数设置。

● Max step size：算法能够使用的最大时间步长，默认值为"仿真时间/50"。

● Min step size：算法能够使用的最小时间步长。

● Intial step size：初始时间步长，一般使用"auto"默认值。

- Relative tolerance：相对误差，默认值为 1e-3，表示状态计算值需要精确到 0.1%。
- Absolute tolerance：绝对误差，若设置为 "auto"，则初始绝对误差为 1e-6。
- Shape preservation：模型的保存，建议保存为 "Disable all"。
- Zero-crossing options：过零点选项，包括过零点控制、算法、时间误差、信号阀值设置。
- Tasking and sample time options：任务和采样时间选项，包括两个复选框：一是 "数据传输自动处理速率转换" 复选框（Automatically handle rate transition for data transfer），可以导致插入速率转换代码而不需要相应的模型构造；二是 "更高优先级值表示任务优先级" 复选框（Higher priority value indicates higher task priority），决定样本时间属性的优先级是使用最低值作为最高优先级，还是使用最高值作为最高优先级。

2）固定步长模式下的参数设置。

- Fixed-step size：固定步长大小选取自动设置。
- Tasking and sample time options：任务和采样时间选项，包括周期采样时间约束选择和 4 个复选框。其中，周期采样时间约束（periodic sample time constraint）包括非约束（Unconstraint）、确保样本时间独立（Ensure sample time independent）和指定（Specified）3 个选项；4 个复选框包括：指定 Simulink 单独还是分组执行具有周期采样时间的模块（treat each discrete rate as a separate task）、是否允许模型启用并行任务（allow tasks to execute concurrently on target）、是否选取数据传输自动处理速率转换（Automatically handle rate transition for data transfer），以及选择或清除更高优先级值表示任务优先级（Higher priority value indicates higher task priority）。

2. Data Import/Export（数据输入和输出）选项

数据输入和输出参数设置窗口如图 10-31 所示。

图 10-31　输入和输出参数设置

（1）Load from workspace（从工作区载入数据）

- Input：用来设置初始信号。如果在 Simulink 系统中选用输入模块 "In1"，则必须选中该选项，并填写在 MATLAB 工作区中的输入数据的变量名称，例如，[t,u] 或 TU。且向量的第一列 t 为仿真时间，如果输入模块中有 n 个，则 u 的第 1、2、…、n 列分别输入模块 "In1" "In2" … "Inn"。
- Initial state：从 MATLAB 工作区获得的状态初始值的变量名。填写 MATLAB 工作区已经存在的变量，变量的次序与模块中各个状态中的次序一致。用来设置系统状态变量的初始值。初始值 "xInitial" 可为列向量。

（2）Save to workspace or file（保存结果到工作区或文件）

● Time：时间变量名，存储输出到 MATLAB 工作区的时间值，默认名为 tout。

● States：状态变量名，存储输出到 MATLAB 工作区的状态值，默认名为 xout。

● Output：输出变量名，如果模型中使用"Out"模块，那么就必须选中该选项。数据的存放方式与输入 Input 情况类似。

● Final state：最终状态值输出变量名，存储输出到 MATLAB 工作区的最终状态值。

● Format：设置保存数据的格式，包括按数组（Array）、结构数组（Structure）、带时间的结构数组（Structure with time ）和数据集（Dataset）。

● Signal logging：在仿真过程中使信号输出到工作区，默认名为 logsout。

● Data stores：数据存储。检查记录数据存储内存变量。

● Log Dataset data to file：将已记录的仿真数据存储到.mat 文件。

● Single simulation output：将所有仿真输出结果作为单一对象输出，输出变量为 out。

（3）Simulation Data Inspector（仿真数据检查器）

提供是否选择在仿真数据检查器中保存工作区的数据记录复选框（record logged workspace data in Simulation Data Inspector）。

（4）Additional parameters（附加参数）

在"Save option"（存储选项）中，给出参数设置。

● Limit data points to last：保存变量的数据长度。

● Decimation：保存步长间隔，默认值为 1，即对每一个仿真时间点产生值都保存；若为 n，则每隔 n-1 个仿真时刻就保存一个值。

【例 10-2】 建立 Simulink 模型，设置仿真参数，仿真信号 $y = \cos 3t + \cos 5t$ 。

1）在 MATLAB 命令行窗口输入：

```
>> t=linspace(0,6*pi,200);
>> u1=cos(3*t);
>> u2=cos(5*t);
```

按〈Enter〉键后变量 t、u1 和 u2 都装入 MATLAB 工作区中。

2）打开一个新的模型窗口，从"Sources"库中添加两个输入模块："In1"输入信号"u1=cos(3*t)"，"In2"输入信号"u2=cos(5*t)"；从"Math Operations"库中添加加法模块"Add"；从"Sinks"库中添加输出模块"Out1"和示波器模块"Scope"。然后使用信号线连接，如图 10-32 所示。

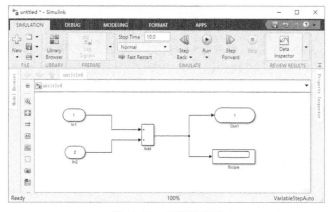

图 10-32　模型构建图

3）设置仿真参数。使用模块编辑窗口中的"MODELING"命令面板，单击"Model Settings"按钮 ⚙·，打开仿真参数设置对话框。

先对仿真算法（Solver）进行设置：设定"Type"为固定步长"Fixed-step"，解法"Solver"为"discrete"，步长长度"Fixed-step size"为0.05，其他参数使用默认值，如图10-33所示。

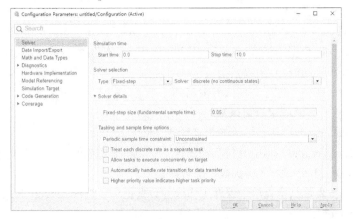

图 10-33　仿真算法设置

其次对数据输入/输出变量（Data Import/Export）进行设置：选中"Input"复选框，并在文本框中输入[t',u1',u2']，选中"Time"和"Output"复选框，其他参数默认，如图10-34所示。设置完毕后单击"OK"按钮。

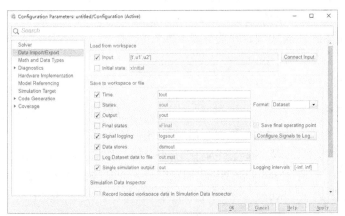

图 10-34　输入输出数据设置

4）返回模型界面（见图10-32），单击工具栏中的"运行仿真"按钮 ▶，进行系统仿真。仿真图中状态栏最右边的算法由默认状态"VariableStepAuto"，变为与仿真参数设置对应的"FixedStepDiscrete"。双击"Scope"模块，显示结果如图10-35所示。

5）仿真结果数据已进入工作区，变量名为out。其中，out包含tout、yout、ErrorMessage和SimulationMetadata等内容。

10.3.2　输入与输出数据

上面已讨论数据输入/输出可使用设置仿真参数窗口中的"Data Import/Export"选项来设置，下面介绍使用Simulink库中的模块来输入/输出数据。

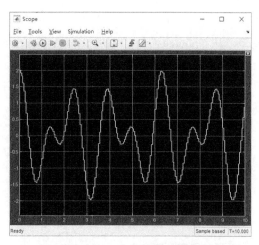

图 10-35　仿真结果示波图

1. 输入数据

在 Source 模块库中提供了两种常用模块"From File"和"From Workspace"，来输入自定义的信号源。其中，"From File"模块将从".mat"文件中获取信号矩阵，信号以行的方式存放，第一行表示时间变量，其余每行存放的是信号源序列；"From Workspace"模块将从 MATLAB 的工作区中指定的数组或结构数组中读取数据。

（1）"From Workspace"模块主要参数

● Data：指定工作空间中某个变量或表达式，它代表一个二维数据矩阵或一个包含了信号数值和时间数值的结构数组变量。

● Sample time：采样间隔，默认值为 0。

● Interpolate data：选择是否对数据插值。

● Enable zero-crossing detection：选择是否启用过零检测。启用过零检测会允许求解器执行更大的时间步长，从而可加快仿真速度。

● From output after final data value by：确定该模块在读取完最后时刻的数据后，模块的输出值。

（2）"From File"模块主要参数

● File name：输入数据的文件名，默认值为 untitled.mat。

● Sample time：采样间隔，默认值为 0。

● Data extrapolation before first data point：在第一个时间点之前选择数据外插方法。

● Data interpolation within time range：在时间范围内的数据内插方法。

● Data extrapolation after last data point：在最后一个时间之后选择数据外插方法。

● Enable zero-crossing detection：选择是否启用过零检测。

【**例 10-3**】　分别使用"From Workspace"和"From File"模块输入数据，建立函数 $y = e^{-t^2}\cos\dfrac{t}{2}$ 在区间 $[0,4\pi]$ 上的 Simulink 仿真模型。

（1）利用"From Workspace"模块输入数据

1）在 MATLAB 命令行窗口中输入命令：

```
>> t=linspace(0,4*pi,100);
>> y=exp(-t.^2).*cos(t./2);
>> Ts=[t',y'];
```

将变量 Ts 装入工作区中。

2）打开一个新的模型窗口，从"Sources"库中添加"From Workspace"模块，从"Sinks"库中添加示波器"Scope"模块，如图 10-36 所示。

3）设置"From Workspace"模块参数"Data"。双击"From Workspace"模块，打开模块参数对话框，在"Data"文本框中输入"Ts"，如图 10-37 所示。

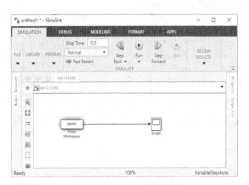

图 10-36　From Workspace 输入模型图

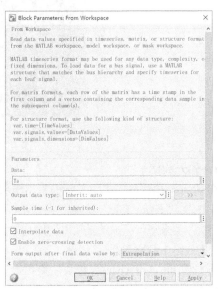

图 10-37　"From Workspace"模块参数设置

4）返回模型界面（见图 10-36），设置仿真时间为 6，单击"运行仿真"按钮 ⊙，进行系统仿真。双击"Scope"模块，查看仿真结果，如图 10-38 所示。

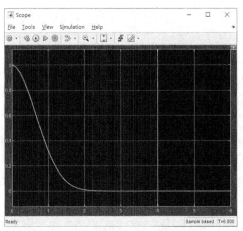

图 10-38　仿真结果

（2）利用"From File"模块输入数据矩阵

1）在 MATLAB 编辑窗口建立 M 文件，文件中的代码如下：

```
t=linspace(0,4*pi,100);
y=exp(-t.^2).*cos(t./2);
T=[t;y];
save shurudata T
```

任取一个文件名保存上述 M 文件，如文件名为 "juzhen.m"，保存路径为 C:\Users\qdybs。然后在 MATLAB 命令行窗口输入：

```
>> juzhen
```

这时文件名为 "shurudata.mat" 的数据文件就保存到 MATLAB 当前工作目录 C:\Users\qdybs 中。

2）打开一个新的模型窗口，从 "Sources" 库中添加 "From File" 模块，从 "Sinks" 库中添加示波器 "Scope" 模块，如图 10-39 所示。

3）设置 "From File" 模块参数 "File name"。双击 "From File" 模块，打开模块参数对话框，在 "File name" 文本框中输入 "shurudata.mat"，其他参数使用默认值，如图 10-40 所示。

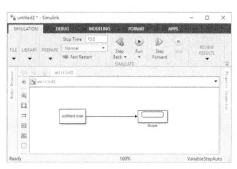

图 10-39 "From File" 输入模型

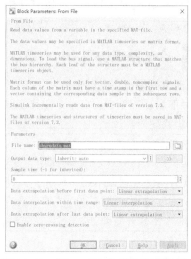

图 10-40 "From File" 模块参数设置

4）返回模型界面（见图 10-39），设置仿真时间为 6，单击 "运行仿真" 按钮 ⏵，进行系统仿真。双击 "Scope" 模块，查看仿真结果，其图形与图 10-38 完全一样。

2. 输出数据

（1）数据输出到工作区

如果仿真结果中的数据输出到工作区，并写入到返回变量，可使用输出模块 "Out1"。此模块主要参数如下。

● Port number：输出端口数，默认值为 1。

● Port dimensions：输出信号的维数，默认值为-1，表示动态设置维数；可设置成 n 维向量或 m×n 维矩阵。

● Sample time：采样间隔，默认值为-1，表示与前一个模块采样间隔相同。

（2）数据写入到工作区

使用 "To Workspace" 模块可把输出变量写入到 MATLAB 工作区，其主要参数如下。

● Variable name：模块的输出变量，默认值为 simout。

● Limit data points to last：限制输出数据点的数目，模块会自动进行截取数据的最后 n 个点（n 为设置数），默认值为 inf。

● Decimation：步长因子，默认值为 1。

● Save format：输出变量格式，可指定为数组、结构数组、时间序列等。

● Sample time：采样间隔，默认值为-1。

（3）数据输出为数据文件

使用"To File"模块，输出仿真数据到".mat"文件，其文件格式按行存放，每行对应一个变量，第一行为时间数据，第二行开始的各行为其他输出变量相应的仿真值。

"To File"模块主要参数如下。

- File name：保存数据的文件名，默认值为 untitled.mat。如果没有指定路径，则存于 MATLAB 工作区目录。
- Variable name：在文件中所保存矩阵的变量名，默认值为 ans。
- Save format：输出变量格式，可指定为数组和时间序列。
- Decimation：步长因子，默认值为 1。
- Sample time：采样间隔，默认值为-1。

10.3.3 启动系统仿真

1. 使用模型窗口启动仿真

在当前运行的模型窗口中，单击工具栏中的"运行仿真"按钮 ⊙ ，进行系统仿真。

2. 仿真结果输出

（1）示波器显示

若仿真结果需要在示波器"Scope"上显示，则首先双击示波器模块，打开示波器窗口（见图 10-41），启动仿真后，信号就显示在"Scope"窗口中了。

"Scope"窗口提供了独立的菜单命令和工具栏供用户操作使用，其工具栏功能如下。

- ⊚：设置参数属性。　　　　⊛：步数选项。
- ⊙：仿真运行。　　　　　　▷：向前仿真。
- ⬤：停止仿真。　　　　　　⫶：高清仿真模块。
- ⊕：视图放大缩小。　　　　⊡：选择最适合的视图。
- ⚡：触发器。　　　　　　　⬚：光标测量。

例如，例 10-2 和例 10-3 的运行结果都是使用示波器显示的。

（2）使用"Out1"模块输出并显示

首先使用输出模块"Out1"，将仿真结果中的数据输出到工作区，然后在 MATLAB 命令行窗口输入绘图命令，输出信号可显示在 MATLAB 图形窗口。

在例 10-2 中，利用输出到工作区的变量 tout 和 yout 来绘制图形。只需在 MATLAB 命令行窗口输入命令：

```
>>plot(tout,yout)
```

则输出曲线可显示在 MATLAB 图形窗口，显示结果如图 10-42 所示。

图 10-42 显示的曲线与图 10-35 中示波器显示的曲线一致。

（3）使用"To Workspace"模块输出并显示

建立将正弦信号进行积分之后的数据，使用"To Workspace"模块输出模型，如图 10-43 所示。

"To Workspace"模块的参数设置："Variable name"为 ysin；"Save format"为 Array（按行数组），如图 10-44 所示。

启动仿真，结果以默认名称 out 输出到工作区，其中时间变量 tout 与输出变量 ysin 包含在 out 中，这时只要在 MATLAB 命令行窗口输入：

```
>> plot(out.tout, out.ysin)
```

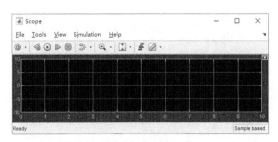

图 10-41　示波器界面

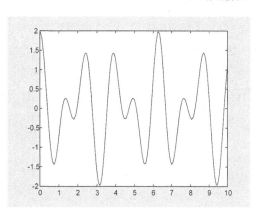

图 10-42　Out1 模块输出的图形显示

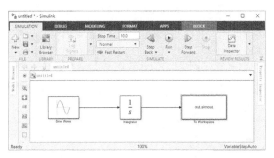

图 10-43　"To Workspace"输出模型

图 10-44　"To Workspace"模块参数设置

运行结果如图 10-45 所示。

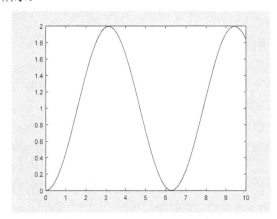

图 10-45　"To Workspace"模块的图形显示

（4）使用 "To File" 模块输出并显示

使用 "To File" 模块，将仿真数据输出到 ".mat" 文件中，保存在 MATLAB 当前工作目录，然后通过 MATLAB 窗口操作，显示其图形。

例如，建立将正弦信号进行积分之后的数据，输出为数据文件的仿真模型，如图 10-46 所示。

"To File"模块的参数设置："File name"为 shuju.mat；"Variable name"为 sj；"Save format"为 Array（按行数组），如图 10-47 所示。

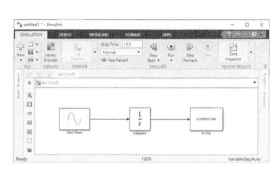

图 10-46 "To File"输出模型   图 10-47 To File 模块参数设置

启动仿真，输出结果后，这个文件名为 shuju.mat 的文件自动创建并保存在 MATLAB 当前工作目录，例如 C:\Users\qdybs 中，这时只要在 MATLAB 命令行窗口输入：

```
>> load shuju
>> sj
```

即可显示变量 sj 的数据，其中包含两行，第一行为时间数据，第二行为对应仿真时间相应的 sj 输出值。再输入命令：

```
>> plot(sj(1,:),sj(2,:))
```

即可显示"To File"文件的输出数据图形，其结果与图 10-45 完全一致。

（5）使用"XY Graph"模块显示

"XY Graph"是 X 轴、Y 轴双输入示波器模块，它有两个输入端口，第一个输入端口为 x 轴坐标，第二个输入端口为 y 轴坐标，其绘制二维图形。

1）在 MATLAB 命令行窗口输入：

```
>> t=linspace(0,2*pi,100);
>> u=cos(t);
```

运行以上命令，将变量 t、u 载入工作区中（Sources 库）。

2）建立图 10-48 所示的仿真模型，并将增益模块"Gain"的值设为 0.5。输入模块"In1"中的参数设置为："Solver"选项，算法选择固定步长"Fixed-step"，解法为"Ode8"，步长为 0.01；"Data Import/Export"选项，选中"Input"选项，并在文本框中输入[t',u']，其他参数使用默认值。

3）启动仿真，输出结果如图 10-49 所示。

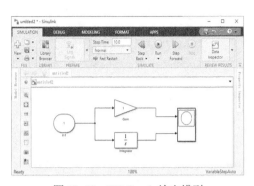

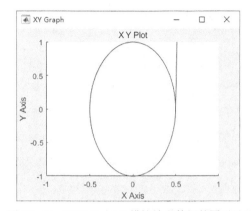

图 10-48　XY Graph 输出模型　　　图 10- 49　"XY Graph"模块输出数据的图形显示

【**例 10-4**】　使用源模块库（Sources）输入信号，建立曲线 $y = 2\sin 3t + \sin^2 t$ 的 Simulink 仿真模型。

正弦信号由输入源模块库（Sources）中的"Sine Wave"模块提供，求和与求积由数学运算模块库（Math Operations）中的"Add"和"Product"产生，输出波形由输出显示模块库（Sinks）中的示波器模块"Scope"显示，操作过程如下。

1）打开空模型编辑窗口，并将上述模块从各自库中拖到模型窗中，如图 10-50 所示，其中正弦信号有 3 个模块，"Sine Wave"取信号"2sin3t"，"Sine Wave1"和"Sine Wave2"都取信号"sint"。

2）用信号线将各模块连接起来，组成系统仿真模型，如图 10-51 所示。

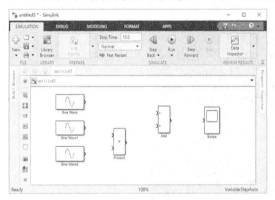

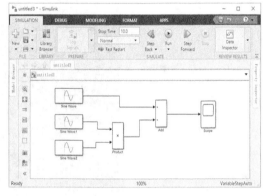

图 10-50　输入源模块库选取　　　　　图 10-51　输入源模块库仿真模型

3）设置模块参数。先双击各个正弦信号源模块"Sine Wave"，打开"Block Parameters:Sine Wave"对话框，如图 10-52 所示。在"Amplitude"文本框中分别输入 2、1、1，"Frequency"文本框中分别输入 3、1、1，其余参数不改变。对求和与求积模块参数都不改变。（实际上，图 10-52 中设置的是"Sine Wave"模块的属性，其他两个正弦模块"Sine Wave1"和"Sine Wave2"的属性取默认值即可）。

4）设置系统仿真参数。在模块编辑窗口中的"MODELING"命令面板中，单击"Model Settings"按钮 ⚙▾，打开仿真参数设置对话框，对算法（Solver）进行设置。把算法选择中的"Type"设为"Variable-step"算法，并将其右侧的算法"Solver"设置为"ode45(Dormand-Prince)"，其他参数不变，如图 10-53 所示。

5）仿真操作。双击示波器模块"Scope"，打开示波器窗口。在模型窗口中，单击"运行仿真"按钮 ▷，或直接在示波器窗口工具栏中，单击"运行"按钮 ▷，就可在示波器窗口中看到仿真结果的变化曲线，如图 10-54 所示。

图 10-52 "Sine Wave"模块属性设置　　　　图 10-53 设置系统仿真参数

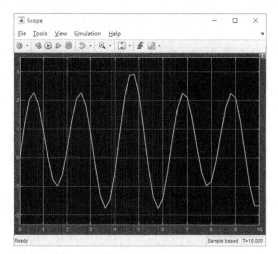

图 10-54 示波器显示

10.4 库模块介绍

Simulink 模块库包括公共模块库和专业模块库，下面只对公共模块库中部分子库的组成及模块功能进行简单说明，以便用户对模块有个初步印象，在进行建模仿真时，能尽快地找到需要的模块。

1. 常用模块子库

常用模块（Commonly Used Blocks）子库是在 Simulink 建模仿真时，将使用最为频繁的基本模块集中在一起形成的模块库，这些模块在其他模块库中都可以找到，为初学者提供了快捷的模块选取路径。该库包含的模块如图 10-55 所示，其功能如表 10-6 所示。

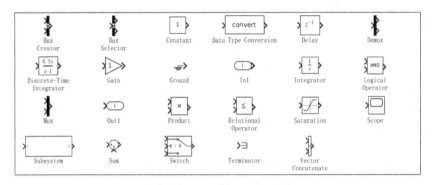

图 10-55　常用模块子库

表 10-6　常用模块子库中模块名及功能

模　块　名	功　　能
Bus Creator	总线信号生成器，将多个输入信号合并成一个总线信号
Bus Selector	总线信号选择器，用来选择总线信号中的一个或多个
Constant	常数模块，输出常量信号
Data Type Conversion	数据类型转换模块，将信号转换为其他数据类型
Delay	延迟模块
Demux	信号分离器，将输入向量转换成标量，分解输出
Discrete-Time Integrator	离散时间积分器模块
Gain	增益模块
Ground	信号接地模块
In1	输入接口模块
Integrator	连续积分器模块
Logical Operator	逻辑操作模块
Mux	信号合成器模块，将输入的向量、标量或矩阵合成
Out1	输出接口模块
Product	乘法模块，执行标量、向量或矩阵的乘法
Relational Operator	关系操作模块，输出布尔类型数据
Saturation	饱和度模块，定义输入信号的最大和最小值
Scope	输出示波器模块
Subsystem	创建子系统模块
Sum	求和模块，加法器
Switch	开关切换模块，由第二个输入信号选择在第一路或第三路之间切换
Terminator	信号终端模块，用来连接没有与其他模块相连的输出端口，防止在 MATLAB 窗口给出警告信息
Vector Concatenate	相同数据类型的向量输入信号串联

2．连续系统模块子库

连续系统模块（Continuous）子库主要包含了连续系统的仿真模块，该库包含的模块如图 10-56 所示，其功能如表 10-7 所示。

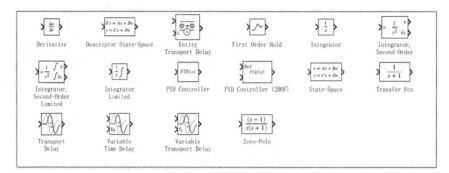

图 10-56　连续系统模块子库

表 10-7　连续系统模块子库模块名及功能

模 块 名	功 能
Derivative	数值微分器模块
Descriptor State-Space	状态空间描述器模块，模型线性隐式系统
Entity Transport Delay	实体传输延迟模块，在仿真事件消息的传播中引入延迟
First Order Hold	一阶保持模块，按指定采样间隔操作的一阶采样和保持
Integrator	连续时间信号积分器模块
Integrator Second-Order	输入信号二次积分器
Integrator Second-Order Limited	输入信号二次有限积分器
Integrator Limited	有限积分器模块
PID Controller	连续时间或离散时间 PID 控制器
PID Controller(2DOF)	连续时间或离散时间双自由度 PID 控制器
State-Space	线性状态空间模块
Transfer Fcn	线性传递函数模型
Transport Delay	传输延迟模块，输入信号延时一个固定时间再输出
Variable time Delay	可变时间延迟模块
Variable Transport Delay	可变传输延迟模块，输入信号延时一个可变时间再输出
Zero-Pole	零—极点增益模块，以零点和极点表示的传递函数模型

3．非连续系统模块子库

非连续系统模块（Discontinuities）子库主要包含了不连续系统的仿真模块，该库包含的模块如图 10-57 所示，其功能如表 10-8 所示。

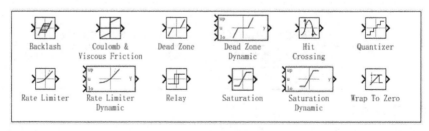

图 10-57　非连续系统模块子库

表 10-8 非连续系统模块子库模块名及功能

模 块 名	功 能
Backlash	磁滞回环模块，可实现输入和输出变化相同的系统，模拟间隙非线性系统（如齿轮）
Coulomb & Viscous Friction	库仑与黏性摩擦模块，模拟在零点不连续，在其余点线性的增益系统
Dead Zone	死区模块，设定死区范围，提供零值输出区域
Dead Zone Dynamic	动态死区模块，动态提供输出为零的区域
Hit Crossing	检测穿越点模块，检测信号穿越设定值的点，穿越时输出为 1，否则输出为 0
Quantizer	量化器模块，按给定间隔将输入离散化
Rate Limiter	速率限制模块，限制信号的变化速率，即一阶导数，使输出的变化不超过指定界限
Rate Limiter Dynamic	动态速率限制模块，动态限制信号的变化速率
Relay	继电器模块，在两个值中轮流输出
Saturation	饱和度模块，对一个信号限定上下限，设置输出信号的上下限幅值
Saturation Dynamic	动态饱和非线性模块，动态设置输出信号的上下限幅值
Wrap To Zero	归零模块，若输入信号超过限定值，则产生零输出，否则输入信号无变化输出

4. 离散系统模块子库

离散系统模块（Discrete）子库主要包含不连续系统的仿真模块，该库包含的模块如图 10-58 所示，其功能如表 10-9 所示。

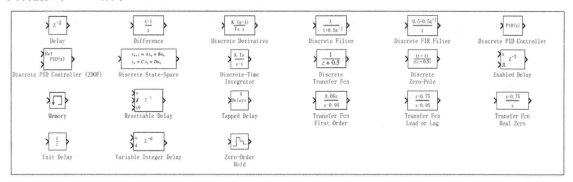

图 10-58 离散系统模块子库

表 10-9 离散系统模块子库模块名及功能

模 块 名	功 能
Delay	延迟模块，按固定或可变采样时间延迟输入信号
Difference	离散差分器模块，对输入信号进行差分运算，输出当前输入信号与前一个采样值之差
Discrete Derivative	离散微分器模块：对输入进行离散微分运算
Discrete Filter	离散时间滤波器，用于实现无限脉冲响应（IIR）与有限脉冲响应（FIR）滤波器
Discrete FIR Filter	离散时间 FIR 滤波器模块，实现有限脉冲响应（FIR）滤波器
Discrete PID Controller	离散时间 PID 控制器

（续）

模 块 名	功 能
Discrete PID Controller(2DOF)	离散时间双自由度 PID 控制器
Discrete State-Space	离散状态空间模型模块，实现离散状态空间系统，模块接收一个输入，并产生一个输出
Discrete-Time Integrator	离散时间信号积分器模块，对输入信号的离散时间进行积分运算
Discrete Transfer Fcn	离散传递函数模块，用于建立离散传递函数模型
Discrete Zero-Pole	离散零—极点模块，用于以零极点表示的离散传递函数模型
Enabled Delay	使能延迟模块
Memory	存储单元模块，输出前一个时间步长时刻的输入值
Resettable Delay	复位延迟模块
Tapped Delay	触发延迟模块，延迟 N 个周期后输出全部的输入信息
Transfer Fcn First Order	一阶传递函数模块，用于建立一阶的离散传递函数模型
Transfer Fcn Lead or Lag	传递函数超前或滞后补偿器模块，用于实现输入离散时间信号的传递函数超前或滞后的补偿
Transfer Fcn Real Zero	实数零点传递函数模块，用于只有实数零点而无极点的离散传递函数
Unit Delay	单位延迟模块，信号采样后保持一个采样周期后再输出
Variable Integer Delay	可变采样延迟模块，实现可变采样时间延迟输入信号
Zero-Order Hold	零阶保持器模块，实现一个以指定采样率的采样与保持操作，模块接收一个输入，并产生一个输出

5. 数学运算模块子库

数学运算模块（Math Operations）子库主要包含大量用于实现数学运算的模块，该库包含的模块如图 10-59 所示，其功能如表 10-10 所示。

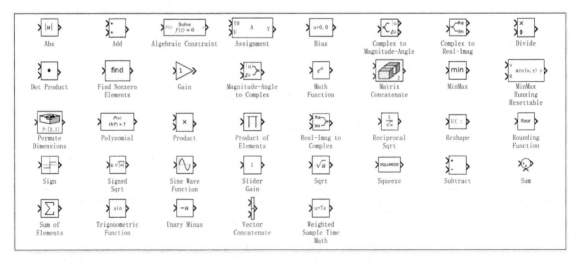

图 10-59 数学运算模块子库

表 10-10　数学运算模块子库模块名及功能

模 块 名	功 能	模 块 名	功 能
Abs	绝对值模块	Product of Elements	元素连乘器模块
Add	加法模块	Real-Imag to Complex	实、虚部合成复数模块
Algebraic Constraint	限制输入信号模块	Reciprocal Sqrt	平方根倒数模块
Assignment	指定元素赋值模块	Reshape	改变数据维数模块
Bias	偏差模块	Rounding Function	取整运算函数模块
Complex to Magnitude-Angle	计算复数信号的幅值和相角模块	Sign	符号函数模块
Complex to Real-Imag	输出复数信号的实部和虚部模块	Signed Sqrt	输入信号绝对值的平方根模块
Divide	除法模块	Sine Wave Function	正弦波函数模块
Dot Product	点积（内积）模块	Slider Gain	使用滚动条设置增益模块
Find Nonzero Elements	查找非零元素模块	Sqrt	开平方运算模块
Gain	增益模块	Squeeze	从多维信号中删除单一维度模块
Magnitude-Angle to Complex	幅值和相角转化为复数信号模块	Subtract	减法模块，对信号进行加法或减法运算
Math Function	执行数学函数模块	Sum	求和模块
Matrix Concatenation	矩阵串联连接模块	Sum of Elements	元素求和模块
MinMax	输出最小或最大值模块	Trigonometric Function	三角函数模块
MinMax Running Resettable	确定信号随时间而改变的最小值或最大值模块	Unary Minus	取负运算模块
Permute Dimensions	重整多维数组维数模块	Vector Concatenate	向量串联连接模块
Ploynomial	显示输入量的多项式系数模块	Weighted Sample Time Math	加权采样时间数学运算模块
Product	乘积模块		

6. 接收器模块子库

接收器模块（Sinks）子库主要提供信号的显示或信号的输出连接。该库包含的模块如图 10-60 所示，其功能如表 10-11 所示。

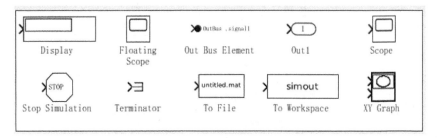

图 10-60　接收器模块子库

表 10-11　接收器模块子库模块名及功能

模 块 名	功 能
Display	数字显示器模块，以数字形式显示输入的变量数值
Floating Scope	悬浮示波器模块，没有固定的输入端口
Out Bus Element	输出总线元素模块，是一个虚拟总线

(续)

模 块 名	功 能
Out1	输出端口模块
Scope	示波器模块，显示信号的波形
Stop Simulation	终止仿真模块，当输入信号为非零时结束仿真
Terminator	信号终端模块，用来连接没有与其他模块相连的输出端口，防止在 MATLAB 窗口给出警告信息
To File	输出到文件模块，将数据输出到 MAT 文件
To Workspace	输出到工作区模块，将数据输出到 MATLAB 的工作区
XY Graph	XY 轴双输入示波器模块，有两个输入端口，第一个输入端口为 x 轴坐标，第二个输入端口为 y 轴坐标绘制图形

7. 输入源模块子库

输入源模块（Sources）子库主要提供大量的信号发生器模块。该库包含的模块如图 10-61 所示，其功能如表 10-12 所示。

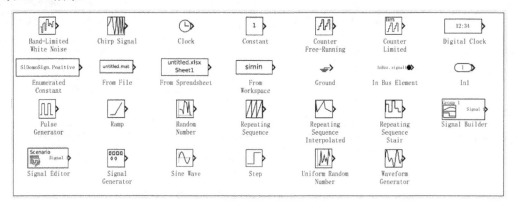

图 10-61　输入源模块子库

表 10-12　输入源模块子库模块名及功能

模 块 名	功 能
Band-Limited White Noise	带宽限制白噪声模块，连续系统引入白噪声
Chirp Signal	线性调频信号模块，产生频率递增的正弦波信号
Clock	时钟信号模块，显示和提供仿真时间
Constant	常数值信号模块
Counter Free-Running	无限计数器模块，进行累加计数达到指定最大值后溢出归零
Counter Limited	有限计数器模块，进行累加计数达到指定上限后归零
Digital Clock	数字时钟信号模块，以指定采样间隔输出仿真时间的数字钟
Enumerated Constant	枚举常数信号模块
From File	从文件读取信号模块，从 MAT 数据文件读取数据
From Spreadsheet	从电子表格读取信号模块
From Workspace	从工作区读取信号模块，从 MATLAB 工作区读取数据
Ground	信号接地模块，用来连接输入端口未与其他模块相连的模块
In Bus Element	总线元素模块

（续）

模 块 名	功 能
In1	输入信号模块
Pulse Generator	脉冲信号发生器模块
Ramp	斜坡信号模块，产生一连续递增或递减的信号
Random Number	随机数模块，产生正态分布的随机数
Repeating Sequence	生成任意形状的周期信号，由数据序列产生周期信号
Repeating Sequence Interpolated	重复输出离散时间序列，在数据点之间插值
Repeating Sequence Stair	输出并重复的阶梯离散时间序列
Signal Builder	信号生成器模块，产生任意分段的线性信号
Signal Editor	信号编辑器模块
Signal Generator	信号发生器模块，产生正弦、方波、锯齿波等波形
Sine Wave	正弦信号发生器模块，产生正弦波信号
Step	阶跃信号模块，产生一阶跃信号
Uniform Random Number	产生均匀分布的随机信号
Waveform Generator	使用信号符号输出波形

【例 10-5】 利用 Simulink 创建系统仿真非线性微分方程：

$$x'' - (5 + 2x - x^2)x' + \frac{3}{2}x = \sin x$$

在初始值为 $x'(0) = 0$, $x(0) = 1$ 的解，绘制解函数的波形。

先将微分方程改写为

$$x'' = (5 + 2x - x^2)x' - \frac{3}{2}x + \sin x$$

然后建立这个方程的仿真模型。

1）添加模块到新的空模块窗口。

建立一个新的空模块窗口，并打开库模块浏览器（Simulink Library Browser）。从库 "User Defined Functions" 中选择函数 "Fcn" 模块，拖到空模块窗口；同样，选择库 "Sources" 中的正弦波 "Sine Wave" 模块；选择库 "Commonly Used Blocks" 中的乘法 "Product" 模块和增益 "Gain" 模块；选择库 "Continuous" 中的积分 "Integrator" 模块，连选两次；选择库 "Math Operations" 中的加法 "Add" 模块；选择库 "Sinks" 中的示波器 "Scope" 模块。并将这些选中的模块依次拖到空模块窗口，如图 10-62 所示。

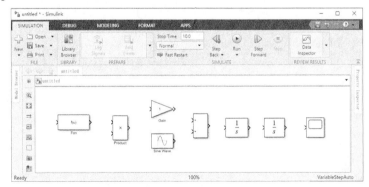

图 10-62 添加模块

2）双击各个模块设置参数并使用信号线连接。

函数"Fun"模块设置：在"Expression"文本框中输入"5+2*u-u^2"，如图 10-63 所示。

增益"Gain"模块设置：在"Gain"文本框中输入"3/2"，如图 10-64 所示。

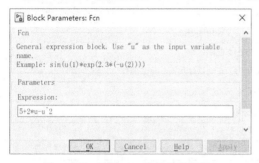

图 10-63 函数 Fun 模块参数设置   图 10-64   Gain 模块参数设置

加法"Add"模块设置：在"List of signs"文本框中输入"-++"，如图 10-65 所示。

积分"Integrator1"模块设置：初始值"Initial condition"设置为 1，如图 10-66 所示。因"Integrator"模块初始值为 0，是模块属性的默认设置，无须再设置。

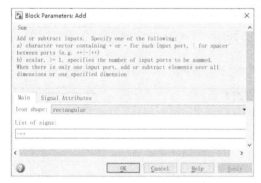

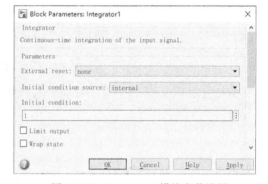

图 10-65   加法 Add 模块参数设置   图 10-66   Integrator1 模块参数设置

以上模块属性设置完成后，有些模块图标也有了相应的变化，然后使用信号线将各个模块连接起来，并对变量 x 及其一阶导数 x'、二阶导数 x'' 做注释，如图 10-67 所示。

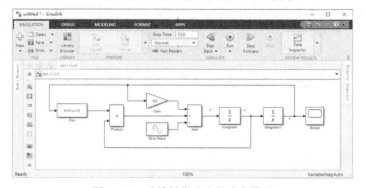

图 10-67   非线性微分方程仿真模型

3）仿真参数设置。

在模块窗口中的"MODELING"命令面板中，单击"Model Settings"按钮 ⚙ ▾，打开仿真参数设置对话框，对算法（Solver）进行设置。将"Type"设为"Variable-step"，"Solver"设为"ode45"，"Max step size"设为"0.05","Min step size"设为"0.01",如图 10-68 所示。

4）运行模型，显示仿真结果。

单击"SIMULATIDN"命令面板中的"运行仿真"按钮 ⊙，启动仿真，双击示波器"Scope"模块，显示的波形图如图 10-69 所示。

图 10-68　仿真参数设置

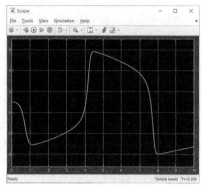

图 10-69　示波器显示结果

10.5　综合实例

Simulink 建模仿真系统可应用于各种机械系统、物理系统、经济等领域，本章实例将给出阻尼系统的运动轨迹和银行贷款分期还款问题的仿真过程。

10.5.1　弹簧—质量—阻尼系统

【例 10-6】　已知物体质量 m=1kg，阻尼 b=0.5N/（cm·s^{-1}），弹簧系数 k=10N/cm，且物体处于平衡静止状态，如图 10-70 所示。现将物体往下拉开 x=20cm 后放开，试问该物体的运动轨迹。要求创建该系统的 Simulink 模型，并进行仿真运行。

根据物理现象建立的运动轨迹方程为

$$mx'' + bx' + kx = 0$$

将系数代入上式，可化为微分方程：

$$x'' = -0.5x' - 10x$$

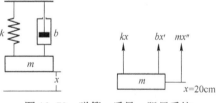

图 10-70　弹簧—质量—阻尼系统

本方程是例 10-5 微分方程的简单形式，使用相同的方法建立的仿真模型如图 10-71 所示。

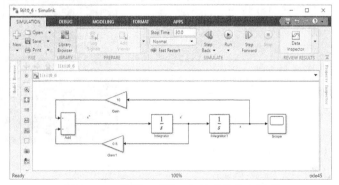

图 10-71　弹簧—质量—阻尼系统仿真模型

进行相应的模块参数设置：积分"Integrator"模块中的初始值"Initial condition"设置为 0（初速度为 0）；积分"Integrator1"模块中的初始值"Initial condition"设置为 20；增益模块"Gain"和"Gain1"分别将其文本框设为 10 和 0.5，并右击增益模块，在弹出的快捷菜单中选择"Rotate & Flip"→"Flip Block"命令将模块旋转 180°；加法"Add"模块将"List of signs"文本框中的两加号"++"改为两减号"--"。

仿真参数设置：将"Configuration Parameters"对话框中的仿真时间，"Start time"设为 0，"Stop time"设为 30；"Type"设为"Variable-step"，"Solver"设为"ode45"，"Max step size"设为 0.05，"Min step size"设为 0.01。

单击"SIMULATION"命令面板中的"运行仿真"按钮 ⏵，启动仿真，双击示波器"Scope"模块，显示的波形图如图 10-72 所示。

若要同时观察物体的运动速度和运动轨迹的变化规

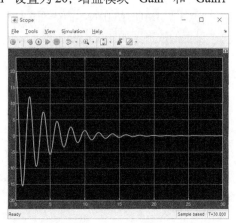

图 10-72　示波器显示

律，只要在仿真模型图 10-82 中再添加总线模块"Bus Creator"（Commonly Used Blocks 库），与速度和轨迹信号都相连，再传送给示波器，如图 10-73 所示。

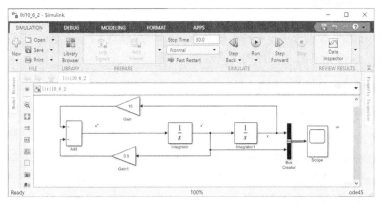

图 10-73　添加信号混合器的弹簧—质量—阻尼系统仿真模型

仿真结果如图 10-74 所示。

10.5.2　银行贷款分期还款问题

假设某购房者向银行贷款的金额为 P_0 元，月利率为 i，每月还款额为常数 b，试问还款 N 年之后，还剩多少余额？多长时间可全部还完贷款？

设每月月末贷款余额 $b(k)$ 为月初余额与月利息的和，再减去月末还款额 $p(k)$，于是第 k 月月末的余额为

$$b(k) = rb(k-1) - p(k)，r = 1 + i$$

所以可用单位延迟模块建立仿真模型。

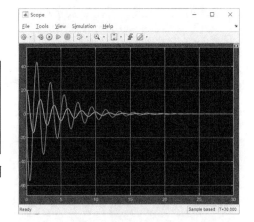

图 10-74　添加信号混合器的示波器显示

【例 10-7】　若某人向银行贷款 30 万元，每月还款 3000 元，月利率为 0.6%，试计算 100 次还款

后的贷款余额，并问多长时间能全部还完贷款？

建立仿真模型的过程如下。

1）建立一个新的空模块窗口，并打开 Simulink 库模块浏览器。

2）添加模块到新的空模块窗口。

在常用模块"Commonly Used Blocks"子库中分别选中"Constant"和"Gain"模块，并将其拖到空模块窗口；再依次从数学运算"Math Operations"子库选中加法"Add"模块，从离散模块"Discrete"子库选中"Unit Delay"模块，从接收器输出模块"Sinks"子库选中"Display"模块和"Scope"模块，并将它们都拖到空模块窗口，如图 10-75 所示。

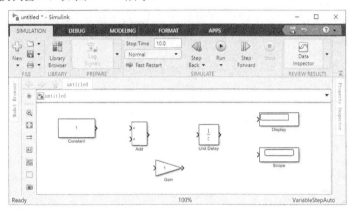

图 10-75　添加模块

3）双击各个模块设置参数并使用信号线连接。

"Constant"模块设置：在"Constant value"文本框中输入每月还款额"3000"，如图 10-76 所示。

"Add"模块设置：在"List of signs"文本框中输入"-+"，如图 10-77 所示。

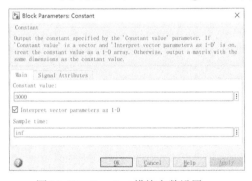

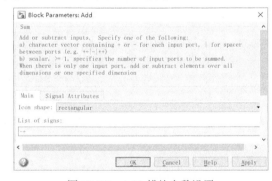

图 10-76　Constant 模块参数设置　　　　　　图 10-77　Add 模块参数设置

"Gain"模块设置：在"Gain"文本框中输入 1.006，并右击模块，在弹出的快捷菜单中选择"Rotate & Flip"→"Flip Block"命令将模块旋转 180°，如图 10-78 所示。

"Unit Delay"模块设置：将"Initial condition"设为初始贷款余额"300000"，"Sample time"设为 1，如图 10-79 所示。

"Display"模块设置：将"Numeric display format"设为银行格式"bank"，如图 10-80 所示。

以上模块属性设置完成后，有些模块图标也有了相应的变化，然后使用信号线将各个模块连接起来，如图 10-81 所示。

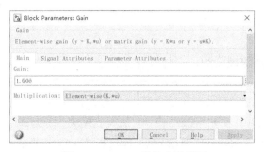

图 10-78　Gain 模块参数设置

图 10-79　Unit Delay 模块参数设置

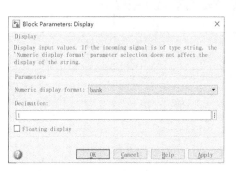

图 10-80　Display 模块参数设置

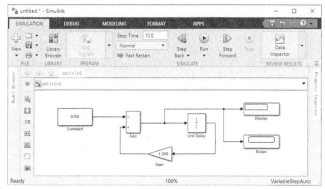

图 10-81　模块参数设置后的仿真模型

4）仿真参数设置：在模块窗口中的"MODELING"命令面板，单击"Model Settings"按钮 ◎▾，打开仿真参数设置对话框，对算法（Solver）进行设置。"Start time"设为 0，"Stop time"设为 100，"Type"设为"Fixed-step"，"Solver"设为"Discrete（no continous states）"，如图 10-82 所示。

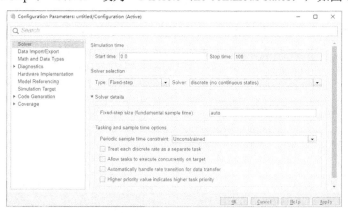

图 10-82　仿真参数设置

5）单击"SIMULATION"命令面板中的"运行仿真"按钮 ⊙，启动仿真，则数字显示器模块"Display"显示出最后的余额值，即 134046.38，表示 100 个月后还剩的余额，如图 10-83 所示（此图是保存后的仿真界面）。

若要问多长时间还完贷款，只需修改设置参数"Stop time"即可，例如，将其改为 160，这时就会看出数字显示器模块"Display"显示出最后的余额值为-23968.15，负值说明早已还完贷款。具体什么时间还完，可查看示波器。双击示波器模块，并使用示波器工具栏中的"光标测量" ▨ 功能，如图 10-84 所示。

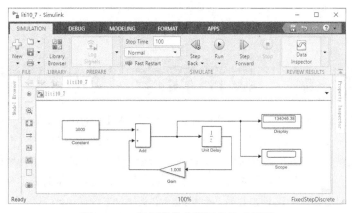

图 10-83 银行贷款分期还款仿真模型

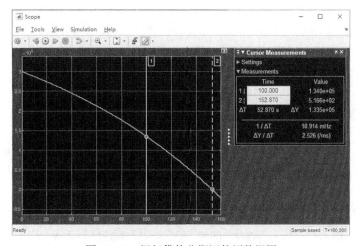

图 10-84 银行贷款分期还款额数据图

从图 10-84 可知，当取 152.870 次时，最后的余额值只为 516.6 元，这说明最多只需 153 个月即可还完。

10.6 思考与练习

1. 创建一个由正弦输入信号、增益模块、示波器构成的模型。观察正弦信号幅值、频率，以及增益模块变化时，示波器的输出变化。

2. 建立实现 $y = \sin 2t \sin 3t$ 的 Simulink 模型，并进行仿真分析，相应的输入及输出曲线在示波器上显示。

3. 创建求解微分方程 $\dfrac{\mathrm{d}^2 x}{\mathrm{d}t^2} - 2(1 - x^2)\dfrac{\mathrm{d}x}{\mathrm{d}t} + x = 0$，初始条件为 $x'(0) = 0$，$x(0) = 1$ 的 Simulink 模型。

4. 建立一个 Simulink 简单模型，使用信号发生器产生一个振幅为 2V、频率为 0.5Hz 的正弦波，并叠加一个 0.2V 的噪声信号，将叠加后的信号显示在示波器上并传送到工作区。

5. 建立一个 Simulink 简单模型，产生一组常数（[1 2 3 4 5 6]），再将该常数与其 10 倍的结果合成一个二维数组，使用数字显示器显示出来。

6. 皮球从高 12 米处自由落下，试建立显示皮球弹跳轨迹的 Simulink 仿真模型。

第 11 章　应用程序（App）设计

App 是 MATLAB 新推出的一种应用程序设计工具，在 MATLAB R2020a 版本中已完全替代图形用户界面（GUI）。它提供的 App Designer 设计工具是一个可视化的集成开发环境，同 GUIDE 一样是面向对象的设计方法。除了提供和 GUIDE 类似的标准界面组件，还提供了与工业应用相关的组件，如仪表盘、旋钮、开关、指示灯等。这些组件可重复使用且可以和其他对象进行交互，是封装了一个或多个控件模块的组合体。本章介绍 App Designer 设计工具的界面构成，以及使用它开发 App 应用软件的制作过程。

本章重点
- App Designer 设计工具
- App 创建过程
- 菜单栏设计
- 对话框设计

11.1　App Designer 设计工具环境

App Designer 用于用户界面设计和代码编辑，用户界面的设计布局和功能的实现代码都存储在同一个 .mlapp 文件中。App 编辑器包括设计视图和代码视图，选择不同的视图，其编辑窗口的内容也不同。

11.1.1　App Designer 启动与组成

在 MATLAB 命令行窗口输入 "appdesigner" 命令；或单击 MATLAB "主页" 选项卡中的 "新建" 按钮，选择 "App" 命令；或单击 MATLAB "APP" 选项卡中的 "设计 App" 按钮，都可打开 "App 设计工具首页"，如图 11-1 所示。

图 11-1　"App 设计工具首页" 窗口

此窗口主要提供了 App "新建" 模板，包括 "空白 App" "可自动调整布局的两栏式 App" 和 "可自动调整布局的三栏式 App" 3 个模板，以及 "打开" "最近使用的 App" 和 "示例常规" 等内容。

可以选取其中一个模板进行 App 设计，例如，单击 "空白 App" 模板，弹出 "App Designer-app1.mlapp" 窗口，如图 11-2 所示，其中 app1 是应用程序的名称，也可自己命名并保存。

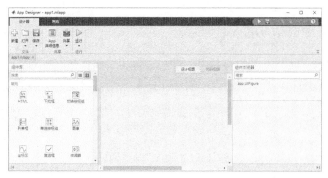

图 11-2　App Designer 工具"设计视图"界面

"App Designer-app1.mlapp"窗口的"设计视图"界面主要包括"设计器"和"画布"命令面板及其展开后的菜单工具栏面板、快速访问工具栏、组件库、设计视图画布空白区和组件浏览器等。

若单击"代码视图"按钮，出现的界面如图 11-3 所示。

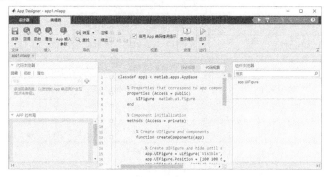

图 11-3　App Designer 工具"代码视图"界面

"代码视图"界面主要包括"设计器"和"编辑器"命令面板及其展开后的菜单工具栏面板、快速访问工具栏、代码浏览器、App 布局、代码视图编辑程序区和组件浏览器等。

11.1.2　"设计器"命令面板功能

"设计器"命令面板包括文件、共享和运行 3 个菜单项，其命令面板如图 11-4 所示。

具体功能如表 11-1 所示。

图 11-4　"设计器"命令面板

表 11-1　"设计器"命令面板及功能

命令面板名称	按 钮 名 称	功　　能
文件	新建	单击"新建"按钮弹出图 11-1 所示窗口，从中选择新建 App 模板
	打开	打开已开发设计的 App 文件
	保存	保存 App，包括另存为、将副本另存为、导出为 M 文件等选项，保存类型为（*.mlapp）
共享	App 详细信息	指定有关 App 的详细信息
	MATLAB App（共享）	创建 App 安装文件与 MATLAB 用户共享 App
	Web App（共享）	使用 MATLAB Compiler 创建部署 Web App
	独立桌面 App（共享）	使用 MATLAB Compiler 创建独立的桌面应用程序
运行	运行 App	保存并运行当前 App
	添加 App 输入参数	使用对话框添加输入参数

11.1.3 "画布"命令面板功能

"画布"命令面板包括文件、对齐、排列、间距、视图和运行 6 个菜单项，如图 11-5 所示。

图 11-5 "画布"命令面板

具体功能如表 11-2 所示。

表 11-2 "画布"命令面板及功能

命令面板名称	按钮名称	功 能
文件	保存	保存 App，包括另存为、将副本另存为、导出为 M 文件等选项，保存类型为（*.mlapp）
	转换	可将当前 App 转化为可自动调整布局的两栏式 App 或三栏式 App
对齐	（左对齐、居中对齐、右对齐）	分别表示左对齐、居中对齐、右对齐
	（顶端对齐、中间对齐、底端对齐）	分别表示顶端对齐、中间对齐、底端对齐
排列	相同大小	使选定组件具有相同大小，包括宽度和高度、宽度、高度 3 种格式
	组合	组合选定组件
间距	均匀	间距均匀相等，或选定 20（像素）
	水平应用	水平应用间距
	垂直应用	垂直应用间距
视图	显示网络	显示或隐藏背景网络
	对齐网络	启用或禁用对齐网络
	间距	网络间距（像素）
	显示对齐提示	启用或禁用对齐提示
	显示调整大小提示	启用或禁用调整大小提示
运行	运行 App	保存并运行当前 App
	添加 App 输入参数	使用对话框添加输入参数

11.1.4 "编辑器"命令面板功能

"编辑器"命令面板包括文件、插入、导航、编辑、视图、资源和运行 7 个菜单项，如图 11-6 所示。

图 11-6 "编辑器"命令面板

具体功能如表 11-3 所示。

表 11-3 "编辑器"命令面板及功能

命令面板名称	按 钮 名 称	功　能
文件	保存	保存 App，包括另存为、将副本另存为、导出为 M 文件等，保存类型为（*.mlapp）
插入	回调	添加回调函数（含组件、回调和名称），使 App 响应与用户交互
	函数	添加函数（含私有函数、公共函数），将代码整理为辅助函数或工具函数
	属性	添加属性（含私有属性、公共属性），创建存储数据，并在回调和函数之间共享数据的变量
	App 输入参数	允许 App 接收输入参数
导航	转至	将光标移至某一行或某一函数
	查找	查找并选择替换文本
编辑	注释	注释（%）或取消注释
	缩进	智能、增加、减少等编辑操作
视图	启用 App 编码错误提示	启用或禁用代码错误警告图标显示
运行	运行 App	保存并运行当前 App
	添加 App 输入参数	使用对话框添加输入参数

11.1.5 组件库

App Designer 设计工具支持大量组件，可用于设计功能齐全的各类 App 应用程序。组件库包含的组件及其常见属性如下。

1. 常用组件

常用组件包括响应交互组件，创建数据可视化和探查的坐标区绘图组件，及创建 HTML 的自定义组件，如图 11-7 所示。

2. 容器和图窗工具组件

容器和图窗工具组件包括用于对组件分组的面板、选项卡及菜单栏等，如图 11-8 所示。

图 11-7　常用组件

图 11-8　容器和图窗工具组件

3. 仪器组件

仪器组件包括用于可视化状态的仪表和信号灯，及用于选择输入参数的旋钮和开关等检测组件，如图 11-9 所示。

4. 工具箱组件

在 App 设计工具中创建的或使用 uifigure 函数创建的 App 支持 Aerospace Toolbox 组件,如图 11-10 所示。

图 11-9　仪器组件

图 11-10　工具箱组件

5. 组件的属性

常见的组件对象属性如下。

1) Enable 属性。用于控制组件对象是否可用,取值是"On"(默认值)或"Off"。

2) Value 属性。用于获取和设置组件对象的当前值。对于不同类型的组件对象,其意义和取值是不同的。

- 对于数值编辑字段、滑块、微调器、仪表、旋钮等组件对象,Value 属性值是数值;对于文本编辑字段、分段旋钮等组件对象,Value 属性值是字符串。
- 对于下拉框、列表框组件对象,Value 属性值是选中的列表项的值。
- 对于复选框、单选按钮、状态按钮组件对象,当其处于选中状态时,Value 属性值是"true";当其处于未选中状态时,Value 属性值是"false"。
- 对于开关对象,当其位于"On"时,Value 属性值是字符串'On';当其位于"Off"时,Value 属性值是字符串'Off'。

3) Limits 属性。用于获取和设置滑块、微调器、仪表、旋钮等组件对象的值域。属性值是一个二元向量[Lmin, Lmax],其中 Lmin 指定组件对象的最小值,Lmax 指定组件对象的最大值。

4) Position 属性。用于定义组件对象在界面中的位置和大小,属性值是一个四元向量[x, y, w, h],其中 x 和 y 为组件对象坐标,w 和 h 为组件对象的宽度和高度。

11.1.6　组件浏览器

组件浏览器主要包括组件属性名称栏"UIFigure",及"检查器"和"回调"两个选项卡。其中,组件属性名称栏中自动产生组件的属性名称,然后可在此处修改具有组件特征的属性名称(自命名);"检查器"功能主要用来设置组件的参数;"回调"功能主要用来命名回调函数名称,添加回调函数,及参数设置,其构成如图 11-11 所示。

图 11-11　组件浏览器

每种组件都有一些可以设置的参数,用于表现控件的外形、功能及效果等属性。组件不同,属性也不同,表 11-4 给出的是 App 主组件(UIfigure)的一些属性名和说明。

表 11-4　组件浏览器（检查器）参数设置

参 数 名 称	属 性 名 称	说　　明
窗口外观	Color	颜色选取面板
	Window State	窗口状态，正常（normal）、最大（maximized）、最小（minimized）、全屏（fullscreen）
位置	Position	位置包括 x,y,width、height 四维度向量
	Resize	启用或禁用调整位置大小
	AutoResizeChildren	启用属性时，仅管理容器中直接子对象的大小和位置
绘图	Colormap	查看并设置当前颜色图
	Alphamap	设置图窗透明度
鼠标指针	Pointer	设置指针参数（Arrow、Ibeam、Crosshair、Watch、Topl、Topr、Botl、botr、Circle、Cross、Fleur、Left、Top、Right、Bottom、hand）
交互性	Scrollable	启用或禁用可滚动面板属性，支持在面板中的组件超出边框时启用滚动
	ContexMenu	更改上下文菜单分配
回调执行控制	interruptible	启用或禁用是否允许中断
	BusyAction	控制回调函数的中断方式，'queue'允许按队列执行中断回调（默认值），'cancel'忽略中断回调
	BeingDeleted	是否删除状态（off/on）逻辑值，当对象的 DeleteFcn 函数调用后，该属性的值为 on
父/子	HandleVisbility	用于控制句柄是否可以通过命令行或响应函数访问，有效值为 on/callback/off
标识符	Name	命名 App，给设计好的界面修改名称
	NumberTitle	启用或禁用生成的标题编号
	IntegerHandle	启用或禁用非整数句柄使用重置选项
	Tag	添加组件的识别符

11.1.7　代码浏览器

代码浏览器主要包括"回调""函数"和"属性"3 个选项卡，主要用来添加回调、函数和属性，如图 11-12 所示。

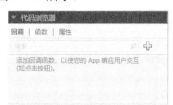

图 11-12　代码浏览器

1）"回调"选项卡：添加回调，使 App 响应与用户交互。

2）"函数"选项卡：添加函数，将代码整理为辅助函数或工具函数。将 App 作为第一个输入参数调用函数，其格式为：func(app, …)。

3）"属性"选项卡：添加属性，创建存储数据，并在回调和函数之间共享数据的变量。使用前缀 app，指定属性名称来访问属性值，其格式为：app.Property=someData。

11.1.8　回调函数

回调是用户与 App 中的 UI 组件交互执行函数。大多数组件都至少包含一个回调，但也有些组件仅显示信息无须回调，如标签和信号灯等。

1．创建回调函数

创建组件 UI 回调的方法如下。

1）在组件浏览器中单击"回调"选项卡（见图 11-11），则显示回调函数列表，其中列表左侧为组件函数，右侧文本字段可指定回调函数的名称（或选择默认名称）。

2）在代码视图中，单击"编辑器"命令面板中的"回调"按钮🔄（见图 11-3）；或在代码浏览器"回调"选项卡中，单击➕按钮（见图 11-12），都可弹出"添加回调函数"对话框，并在该对话框中指定以下选项。

- 组件：指定执行回调的 UI 组件。
- 回调：指定回调属性，实现与回调函数的交互。某些组件具有多个可用的回调属性。
- 名称：指定回调函数名称。App 设计工具提供默认名称，但可以在文本字段中更改该名称。如果 App 已有回调函数，则单击名称字段右侧的向下箭头选择一个回调函数。

3）直接选中画布中的组件并右击，从弹出的快捷菜单中选择"回调"→"添加（回调属性）回调"命令，即可在光标置于代码视图中的回调函数位置编写代码。

2．使用回调函数输入参数

App 设计工具中的所有回调函数都有 app 和 event 两个输入参数。

1）app 参数为回调函数提供 app 对象，用来访问 App 中的 UI 组件及组件属性变量。也可以访问回调中的任何组件或组件特定属性，格式为 app.Component.Property。

2）event 参数提供具有不同属性的对象，它取决于正在执行的特定回调。对象属性包含与回调响应的交互类型相关的信息。例如，滑块的回调函数（ValueChangingFcn）中的 event 参数包含 Value 属性，该属性在用户移动滑块（释放鼠标之前）时存储滑块值。其回调函数格式为：

```
function SliderValueChanged(app, event)
    latestvalue = event.Value;                  % Current slider value
    app.PressureGauge.Value = latestvalue;      % Update gauge
end
```

3．在代码中搜索回调函数

如果 App 有很多回调，在代码浏览器中的"回调"选项卡顶部的搜索栏中输入部分名称，可以快速搜索并导航到特定回调函数。选取搜索结果的某一个回调函数，再单击此回调函数最右侧的"转至"按钮⤴，则光标就置于代码视图中的回调函数程序，在此处添加相应代码即可。

4．删除回调函数

在代码浏览器"回调"选项卡下，选择要删除的"回调函数"并右击，从弹出的快捷菜单中选择"删除"命令，即可删除此回调函数。

11.2　App 的创建

创建 App 主要包括界面布局、组件属性设置、回调函数编写和保存运行等步骤，下面以简单的"四则运算器"功能界面为例，说明 App 创建的全过程。

1．打开 App Designer 设计工具

单击 MATLAB 操作界面主页下的"新建"按钮，选择"App"命令，弹出"App 设计工具首页"窗口（见图 11-1），然后单击"空白 App"模板，即可打开 App Designer 设计工具界面（见图 11-2）。

2．界面布局

从组件库中选择 1 个标签 "Label"，用来表示 "四则运算" 标题；3 个数值编辑字段 "Edit Field"，其中两个用来输入 "第一个数" 和 "第二个数"、第三个用来显示 "计算结果"；4 个按钮 "Button"，用来执行计算 "加法" "减法" "乘法" 和 "除法" 的回调函数；2 个面板 "Panel"，用来摆放 "输入数据" 和 "选择算法" 的组件。依次将上述组件用鼠标拖到 "App Designer-app.mlapp" 界面画布上，摆放在合适的位置，并选中画布右下角的版面大小控制句柄来缩放版面，如图 11-13 所示。注意观察组件浏览器中的组件属性名称，它是在上述操作之后自动生成的。

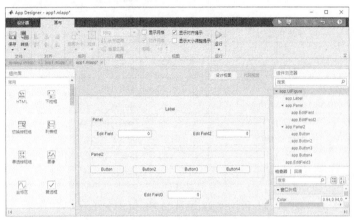

图 11-13　四则运算器设计视图初始界面

3．设置组件属性

1）对初始界面（图 11-13）组件浏览器中的组件属性名称进行修改，设置成具有标志特征的名称，如表 11-5 所示。

表 11-5　组件属性名称修改

现有组件属性名称	修改后组件属性名称
app.Panel	app.shurushujuPanel
app.EditField	app.diyigeshuEditField
app.EditField2	app.diergeshuEditField
app.Panel2	app.xuanzesuanfaPanel
app.Button	app.jiafaButton
app.Button2	app.jianfaButton
app.Button3	app.chengfaButton
app.Button4	app.chufaButton
app.EditField3	app.jisuanjieguoEditField

2）对设计视图（图 11-13）中的每个组件修改文本或标题名称（可改用中文名称表示），及字体大小等属性，在组件浏览器 "检查器" 选项卡中进行设置，如表 11-6 所示。

表 11-6　组件属性设置

组 件 名 称	属 性 名 称		属 性 值
Label	文本	Text	四则运算
	字体和颜色	FontSize	16
		FontWeight	B（黑体）

（续）

组 件 名 称	属 性 名 称		属 性 值
Panel	标题	Title	输入数据
Edit Field	文本	Text	第一个数
	字体和颜色	FontSize	14
Edit Field2	文本	Text	第二个数
	字体和颜色	FontSize	14
Panel2	标题	Title	选择算法
Button	按钮	Text	加法
	字体和颜色	FontSize	14
Button2	按钮	Text	减法
	字体和颜色	FontSize	14
Button3	按钮	Text	乘法
	字体和颜色	FontSize	14
Button4	按钮	Text	除法
	字体和颜色	FontSize	14
Edit Field3	文本	Text	计算结果
	字体和颜色	FontSize	15

上述属性设置完毕后，图 11-13 自动变为图 11-4 所示的界面。

图 11-14　修改属性后的设计视图界面

4. 编写回调函数代码

单击"代码视图"按钮，呈现"编辑器"界面，用来添加回调函数并编写代码，如图 11-15 所示。

图 11-15　代码视图界面

例如，要对"加法"按钮添加回调函数，只需在组件浏览器中，选择"app.jiafaButton"选项，单击"回调"选项卡，就可在出现的"ButtonPushedFun"右侧"函数名称"文本框内定义回调函数名称，如名称为"jiafa"，这时在代码视图中自动添加了回调函数格式，如图 11-16 所示。

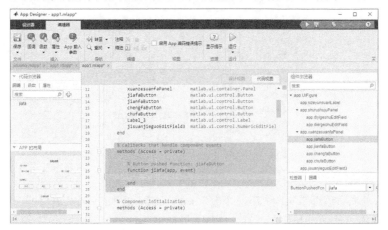

图 11-16　添加回调函数代码视图界面

"加法"按钮的回调函数程序代码如下。

```
% Button pushed function: jiafaButton        %"加法"按钮回调函数程序代码
function jiafa(app, event)
    diyi = app.diyigeshuEditField.Value;     %注：以下 4 行是添加的程序代码
    dier = app.diergeshuEditField.Value;
    jieguo=diyi+dier;
    app.jisuanjieguoEditField.Value=jieguo;
end
```

同样，对"减法""乘法"和"除法"3 个按钮，按上述方法添加各自的回调函数，并编写程序代码如下。

```
% Button pushed function: jianfaButton       %"减法"按钮回调函数程序代码
function jianfa(app, event)
    diyi = app.diyigeshuEditField.Value;     %注：以下 4 行是添加的程序代码
    dier = app.diergeshuEditField.Value;
    jieguo=diyi-dier;
    app.jisuanjieguoEditField.Value=jieguo;
end
% Button pushed function: chengfaButton      %"乘法"按钮回调函数程序代码
function chengfa(app, event)
    diyi = app.diyigeshuEditField.Value;     %注：以下 4 行是添加的程序代码
    dier = app.diergeshuEditField.Value;
    jieguo=diyi*dier;
    app.jisuanjieguoEditField.Value=jieguo;
end
% Button pushed function: chufaButton        %"除法"按钮回调函数程序代码
function chufa(app, event)
    diyi = app.diyigeshuEditField.Value;     %注：以下 4 行是添加的程序代码
    dier = app.diergeshuEditField.Value;
    jieguo=diyi/dier;
    app.jisuanjieguoEditField.Value=jieguo;
end
```

MATLAB 9.8 基础教程

5. 保存并运行

单击工具栏的"运行"按钮 ▷，即可保存并运行 App（文件名可以自己命名）。运行结果为产生具有操作功能的 App 界面，界面默认名称为"MATLAB App"，如图 11-17 所示。

图 11-17　具有操作功能的 App 界面

对上述界面，若在数值编辑字段"第一个数"中填写 55，"第二个数"编辑框中填写 66，单击"加法"按钮，则显示出"计算结果"为 121，如图 11-18 所示。

若继续单击"乘法"按钮，则"计算结果"为 3630，如图 11-19 所示。

图 11-18　App 功能界面加法运算结果

图 11-19　App 功能界面乘法运算结果

到此为止完成了创建 App 的整个过程，这也是利用 MATLAB 开发软件系统的步骤。为提高系统界面的可读性，开发完整个系统之后，可对界面默认标题进行更改。

6. 改写界面名称

在"设置视图"界面组件浏览器，选中"UIFigure"属性，选择"检查器"选项卡，将"标识符"选项组中的"Name"值从默认名"MATLAB App"改为"四则运算器"，如图 11-20 所示。

图 11-20　改写界面名称

再单击"运行"按钮 ▷，则修改名字后的 App 界面，如图 11-21 所示。

图 11-21　中文命名的四则运算器界面

11.3　菜单栏设计

组件库中提供了菜单栏组件，使用 App Designer 设计工具可非常方便地设计菜单栏，其方法如下。

（1）选取"菜单栏"组件

打开空白的 App 视图设计界面窗口，并从组件库中将"菜单栏"组件直接拖到画布上，这时就形成了带有两个菜单项"Menu"和"Menu2"的界面，且菜单项右侧和下侧分别出现加号"+"和带圆圈的加号"⊕"，如图 11-22 所示。

图 11-22　菜单栏设计初始界面

（2）添加菜单项和子菜单项

若要继续增加菜单项，只需单击菜单栏上右侧的加号"+"；若要对每个菜单项添加子菜单项，只需单击菜单项下侧的带圆圈的加号"⊕"。当添加一个子菜单项后，在这个子菜单项下侧和右侧各出现带圆圈的加号"⊕"，再单击"⊕"就可以选择是按行或按列添加子菜单项，如图 11-23 所示。

（3）修改属性名称

设置组件浏览器中的菜单属性名称，修改成具有标志特征的名称。例如，将菜单栏设置为"文件""编辑""布局""视图"和"运行" 5 个菜单项，其中菜单项"文件"设置 3 个子菜单项，分别为"打开""保存"和"退出"，相应的菜单属性如表 11-7 所示。

图 11-23　添加菜单项和子菜单项的菜单栏界面

表 11-7　菜单属性名称修改

现有菜单属性名称	修改后菜单属性名称
app. Menu	app.wenjianMenu
app. Menu_2	app.dakaiMenu_2
app.Menu2_2	app.baocunMenu2_2
app.Menu3_2	app.tuichuMenu3_2
app. Menu2	app.bianjiMenu2
app. Menu3	app.bujuMenu3
app. Menu4	app.shituMenu4
app. Menu5	app.yunxingMenu5

修改菜单属性名称后的代码视图界面如图 11-24 所示。

图 11-24　修改菜单属性名称后的代码视图界面

（4）修改菜单名称

将菜单名称设置成与菜单属性名称对应的具有标志特征的中文名称。在设计视图中的组件浏览器

"检查器"选项卡下，设置"菜单"的"Text"属性，即分别修改为"文件""编辑""布局""视图""运行"，及"打开""保存"和"退出"。修改完毕后再单击"运行"按钮 ▷，其过程和运行结果如图 11-25～图 11-27 所示。

图 11-25　修改菜单名称后的设计视图界面

图 11-26　具有菜单功能的界面

图 11-27　"文件"子菜单界面

（5）添加回调函数激活菜单项的功能

将菜单栏中的各个菜单项，添加相应的回调函数，就可以激活其执行功能。例如，在设计视图界面窗口（见图 11-25）中再添加一个"坐标区"，让它显示一幅图片，且使用创建的菜单栏"文件"中的子菜单"打开"来完成这一任务。

先对子菜单"打开"添加回调函数。在组件浏览器中选中"app.dakaiMenu_2"选项，单击"回调"选项卡，在"ButtonPushedFun"右侧的"函数名称"文本框内输入"dakai"，这时在代码视图中自动添加了回调函数。dakai 函数的程序代码如下。

```
function dakai(app, event)
    [file,path]=uigetfile({'*.jpg';'*.png'; '*.bap'; '*.gif';'*.jpeg'},'选
取图片');
                                          %创建打开文件的"选取图片"对话框
    Str=[path,file];                      %将文件名和目录名组成一个完整的路径
    tu=imread(Str);                       %用 imread 读入图片保存变量为 tu
    imshow(tu,'Parent',app.UIAxes);       %在坐标区 UIAxes 显示图形
end
```

这时，单击"运行"按钮 ▷，结果如图 11-28 所示。

选择图 11-28 中的"文件"→"打开"命令，如图 11-29 所示。这时弹出"选择图片"对话框，

如图 11-30 所示。

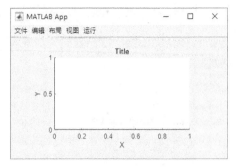

图 11-28　添加坐标区界面

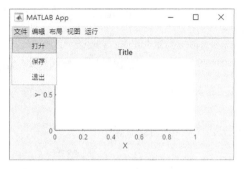

图 11-29　选择"文件"→"打开"命令

只要找到存放图片的位置，并填写图片的文件名，单击"打开"按钮，即可在"MATLAB App"界面中显示图片。图 11-31 是选择了某张图片的显示图。

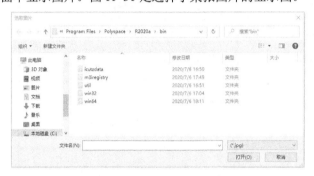

图 11-30　"选择图片"对话框

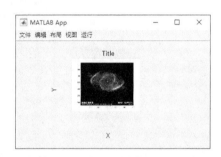

图 11-31　显示图片的 App 界面

11.4　对话框设计

利用 MATLAB 编程 App 时，可能需要很多对话框给用户提示信息，供用户选择。对话框带有提示信息和按钮等控件，MATLAB 提供了多种创建专用对话框的命令。

1．消息对话框（msgbox）

格式：msgbox(Message,Title,Icon)

　　　　msgbox(Message,Title,'custom',icondata)

说明：Message 表示显示的消息（字符串）；Title 表示对话框标题（字符串）；Icon 表示对话框图标，可选择'none'（默认值，无图标）、'error'（错误提示图标）、'help'（帮助提示图标）、'warn'（警告提示图标）；'custom'表示用户自创图标；condata 表示对应该图标的图像数据。

例如：

```
msgbox('欢迎进入 App Designer 界面','App','warn')
```

显示的对话框如图 11-32 所示。

信息对话框不接受用户的任何输入，在用户单击"确定"按钮后，对话框自动关闭，然后返回程序中继续执行。

2．错误对话框（errordlg）

格式：errordlg(Msg,Title)

说明：Msg 表示显示错误信息的字符串；Title 表示对话框标题（字符串）。

例如：

```
errordlg('这是一个错误对话框','MATLAB error')
```

显示的结果如图 11-33 所示。

图 11-32　消息对话框

图 11-33　错误对话框

3．进度条对话框（waitbar）

格式：waitbar(X, Msg)

```
waitbar(X,Msg,Name,Value)
```

说明：X 为进度条的比例长度，其值必须在 0～1 之间；Msg 为显示的提示信息；Name/Value 指定使用一个或多个名称/值对组参数选项，其中'Name'和'Progress'是将对话框名称设置为 Progress。

例如：

```
waitbar(0,'请稍等......')
```

显示的结果如图 11-34 所示。

```
h= waitbar(0,'请稍等......','Name','下载数据')
for i=1:10000
    waitbar(i/10000)
end
```

显示动态的进度条，如图 11-35 所示。

图 11-34　进度条对话框

图 11-35　动态进度条对话框

除上述专用对话框外，还有警告对话框（warndlg）、帮助对话框（helpdlg）、输入对话框（inputdlg）、列表对话框（listdlg）、问题对话框（questdlg）、确认对话框（uicomfirm）、打开文件对话框（uigetfile）、文件保存对话框（uiputfile）等，读者可查阅相关资源学习并使用。

11.5　综合案例

设计一个具有某种功能的 App 界面实际上就是开发一个应用软件，本章实例将给出股票数据可视化界面和统计量计算界面的设计过程，为读者提供一种使用 MATLAB 开发应用软件的方法。

11.5.1　股票数据可视化界面设计

本例利用 App 设计工具创建带有"选项卡组"的界面，实现股票数据可视化处理。要求系统开发设计的功能界面包括"数据"和"图形"两个选项卡，及其包含的组件等内容，如图 11-36 和图 11-37

所示，并以股票数据（见图 8-1）为例，演示 App 的应用过程。

图 11-36　选项卡"数据"界面

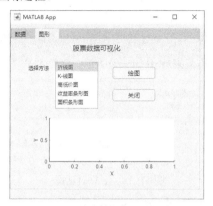

图 11-37　选项卡"图形"界面

下面说明其开发过程。

（1）打开空白的 App 视图设计窗口

1）从组件库中将"选项卡组"组件直接拖到画布上，形成带有两个选项卡"Tab"和"Tab2"的界面，用来表示"数据"和"图形"。

2）选择 1 个按钮"Button"和 1 个表"UITable"组件拖到选项卡"Tab"，用做"导入数据"和"显示数据表"。

3）选择 1 个标签"Label"、2 个按钮"Button2"和"Button3"、1 个列表框"ListBox"和 1 个坐标区"UIAxes"拖到选项卡"Tab2"，分别用做"股票数据可视化""绘图""关闭""选择方法"和"显示图形"。

界面布局如图 11-38 和图 11-39 所示。

图 11-38　"Tab"选项卡初始界面

（2）修改属性名称并设置属性

设置组件浏览器中的组件属性名称，修改成具有标志特征的名称。组件属性名称修改，及各组件属性设置如表 11-8 和表 11-9 所示。

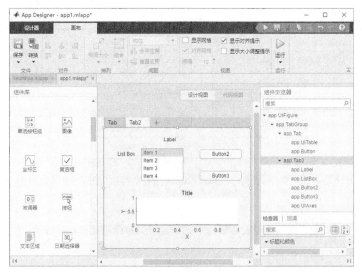

图 11-39 "Tab2"选项卡初始界面

表 11-8 组件属性名称修改

现有组件属性名称	修改后组件属性名称
app.Tab	app.ShuJuTab
app.Button	app.DaoRuShuJuButton
app.UITable	app.XianShiShuJuBiaoUITable
app.Tab2	app.TuXingTab
app.Button2	app.HuiTuButton
app.Button3	app.GuanBiButton
app.ListBox	app.XuanZeFangFaListBox

表 11-9 组件属性设置

组 件 名 称	属 性 名 称		属 性 值
Tab	标题和颜色	Title	数据
Button	按钮	Text	导入数据
	字体和颜色	FontSize	14
UITable	表	ColumnName	第1列，第2列，第3列，第4列，第5列，第6列
Tab2	标题和颜色	Title	图形
Label	文本	Text	股票数据可视化
	字体和颜色	FontSize	16
List box	标签		选择方法
	列表框	Value	折线图（默认）
		Items	折线图 K-线图 高低价图 收益率条形图 交易量条形图

（续）

组 件 名 称	属 性 名 称		属 性 值
Button2	按钮	Text	绘图
	字体和颜色	FontSize	14
Button3	按钮	Text	关闭
	字体和颜色	FontSize	14
UIAxes	标签	Title String	空字符串（空白）

上述属性设置完毕后，保存为名称为"keshihua"的界面，则图 11-38 和图 11-39 变为图 11-40 和图 11-41。

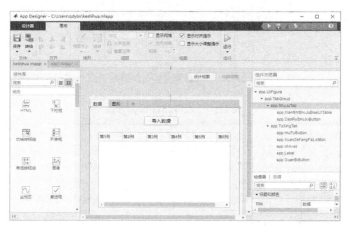

图 11-40　修改属性后的"数据（Tab）"选项卡界面

（3）编写回调函数代码

在画布上方，单击"代码视图"按钮打开"编辑器"界面，用来添加回调函数并编辑代码。

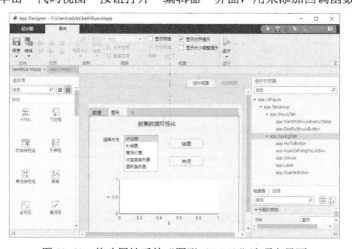

图 11-41　修改属性后的"图形（Tab2）"选项卡界面

1）对"数据"选项卡中的"导入数据"按钮添加回调函数。选择"组件浏览器"中的"app.DaoRuShuJuButton"属性，单击"回调"选项卡，在"ButtonPushedFun"右侧的"函数名称"文本框内输入"DaoRuShuJu"，这时在代码视图中自动添加了回调函数，其对应的 MATLAB 程序如下。

```
% Button pushed function: DaoRuShuJuButton
function DaoRuShuJu(app, event)
    global num txt raw
    [file,path]=uigetfile({'*.xlsx';'*.xls'},'选取数据文件');
    [num,txt,raw] = xlsread([path,file]);
    app.XianShiShuJuBiaoUITable.Data=raw;
end
```

2）对"图形"选项卡中的"绘图"按钮添加回调函数。选择"组件浏览器"中的"app.HuiTuButton"属性，单击"回调"选项卡，在"ButtonPushedFun"右侧的"函数名称"文本框内输入"HuiTu"，这时在代码视图中自动添加了回调函数，其对应的 MATLAB 程序如下。

```
% Button pushed function: HuiTuButton
function HuiTu(app, event)
    global num txt raw
    Time=datetime(raw(2:end,1));
    Open=num(:,1);High=num(:,2); Low=num(:,3); Close=num(:,4); Volume=num(:,5);
    t=1:length(Open);
    value = app.XuanZeFangFaListBox.Value;
    switch value
      case '折线图'
        cla(app.UIAxes);
        plot(app.UIAxes,t,Open,'-r',t,High,'-.b',t,Low,'--K',t,Close,'o');
        legend(app.UIAxes,'开盘价','最高价','最低价','收盘价');
        xlabel(app.UIAxes,'日期');
        ylabel(app.UIAxes,'价格');
        title(app.UIAxes,'折线图')
      case 'K-线图'
        cla(app.UIAxes);
        TT = timetable(Time,Open,High,Low,Close,Volume);        %绘制烛型图
        candle(app.UIAxes,TT)                    %绘制图形
        legend(app.UIAxes,'off')
        title(app.UIAxes,'K-线图')
      case '高低价图'
        cla(app.UIAxes);
        highlow(app.UIAxes,High,Low,Close,Open);
        xlabel(app.UIAxes,'日期');
        ylabel(app.UIAxes,'价格');
        title(app.UIAxes,'高低价图')
      case '收益率条形图'
        cla(app.UIAxes);
        Ret=price2ret(Close);
        bar(app.UIAxes,Ret);
        xlabel(app.UIAxes,'日期');
        ylabel(app.UIAxes,'收益率');
        title(app.UIAxes,'收益率条形图')
      otherwise
        cla(app.UIAxes);
        bar(app.UIAxes,Volume);
        xlabel(app.UIAxes,'日期');
        ylabel(app.UIAxes,'交易量');
        title(app.UIAxes,'交易量条形图');
    end
end
```

3）对"图形"选项卡中的"关闭"按钮添加回调函数。选择"组件浏览器"中的"app.GuanBiButton"属性，单击"回调"选项卡，在"ButtonPushedFun"右侧的"函数名称"文本框内输入"GuanBi"，这时在代码视图中自动添加了回调函数，其对应的 MATLAB 程序如下。

```
        function GuanBi(app, event)
            answer=questdlg('您要关闭窗口吗？','MATLAB 问题','是','否','取消','是')
            if answer=='是'                    %添加关闭界面时询问提示
              close(app.UIFigure)
            end
        end
    end
```

（4）运行界面

单击工具栏的"运行"按钮 ▷，产生的功能 MATLAB App 窗口如图 11-36 和图 11-37 所示。

（5）界面应用

单击"数据"选项卡中的"导入数据"按钮，打开"导入数据"对话框，选择例 8-1 中给出的名为"payh.xls"的 Excel 数据文件，这时股票数据显示在表格当中，如图 11-42 所示。

从"图形"选项卡的"列表框"中选择一种方法，例如，选择"K-线图"选项，然后单击"绘图"按钮，显示的结果如图 11-43 所示。若选择"收益率条形图"选项，再单击"绘图"按钮，显示的结果如图 11-44 所示。

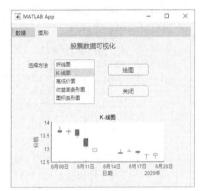

图 11-42　"导入数据"应用界面　　　　　　　图 11-43　"K-线图"应用界面

单击"关闭"按钮，弹出"MATLAB 问题"对话框，如图 11-45 所示，单击"是"按钮则关闭整个界面窗口。

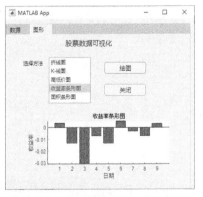 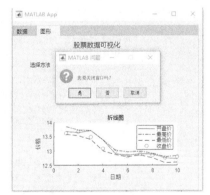

图 11-44　"收益率条形图"应用界面　　　　　图 11-45　"关闭"应用界面

11.5.2　统计量计算界面设计

统计量计算界面主要处理描述集中程度的期望、中位数和众数，离散程度的方差、标准差、极差、最大值、最小值和变异系数及偏度、峰度和直方图等内容。

（1）界面布局

打开一个空白 App 设计工具窗口，并从组件库中选取 1 个标签"Label"，1 个文本编辑字段"Edit Field"（输入数据），14 个数值编辑字段"Edit Field"（输出数据），3 个按钮"Button"，3 个面板"Panel"和一个坐标区"UIAxes"等组件；这些组件的摆放位置，及自动产生的组件属性名称，如图 11-46 所示。

（2）修改属性名称并设置属性

设置组件浏览器中的组件属性名称，修改成具有标志特征的名称。组件属性名称修改，及各组件属性设置如表 11-10 和表 11-11 所示。

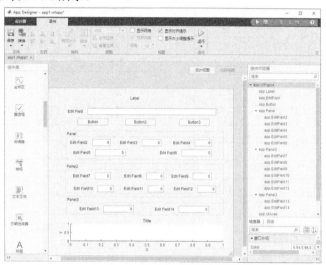

图 11-46 统计量计算初始界面

表 11-10 组件属性名称修改

现有组件属性名称	修改后组件属性名称
app.EditField	app.app.shurushujuEditField
app.Button	app.jisanButton
app.Button2	app.huituButton2
app.Button3	app.chongzhiButton3
app.EditField2	app.qiwangEditField2
app.EditField3	app.zhongweishuEditField3
app.EditField4	app.zhongshuEditField4
app.EditField5	app.shangsifenweishuEditField5
app.EditField6	app.xiasifenweishuEditField6
app.EditField7	app.fangchaEditField7
app.EditField8	app.biaozhunchaEditField8
app.EditField9	app.bianyixishuEditField9
app.EditField10	app.jichaEditField10
app.EditField11	app.zuixiaozhiEditField11
app.EditField12	app.zuidazhiEditField12
app.EditField13	app.pianduEditField13
app.EditField14	app.fuduEditField14

表 11-11　组件属性设置

组件名称	属性名称		属性值
Label	文本	Text	统计量计算界面
	字体和颜色	FontSize	16
EditField	文本	Text	输入数据
	字体和颜色	FontSize	14
Button	按钮	Text	计算
	字体和颜色	FontSize	15
Button2	按钮	Text	绘图
	字体和颜色	FontSize	15
Button3	按钮	Text	重置
	字体和颜色	FontSize	15
Panel	标题	Title	集中程度
EditField2	文本	Text	期望
	字体和颜色	FontSize	14
EditField3	文本	Text	中位数
	字体和颜色	FontSize	14
EditField4	文本	Text	众数
	字体和颜色	FontSize	14
EditField5	文本	Text	上四分位数
	字体和颜色	FontSize	14
EditField6	文本	Text	下四分位数
	字体和颜色	FontSize	14
Panel2	标题	Title	离散程度
EditField7	文本	Text	方差
	字体和颜色	FontSize	14
EditField8	文本	Text	标准差
	字体和颜色	FontSize	14
EditField9	文本	Text	变异系数
	字体和颜色	FontSize	14
EditField10	文本	Text	极差
	字体和颜色	FontSize	14
EditField11	文本	Text	最小值
	字体和颜色	FontSize	14
EditField12	文本	Text	最大值
	字体和颜色	FontSize	14
Panel3	标题	Title	偏度与峰度
EditField13	文本	Text	偏度
	字体和颜色	FontSize	14
EditField14	文本	Text	峰度
	字体和颜色	FontSize	14
UIAxes	标签	Title String	直方图

上述属性设置完毕后，产生的界面如图 11-47 所示。

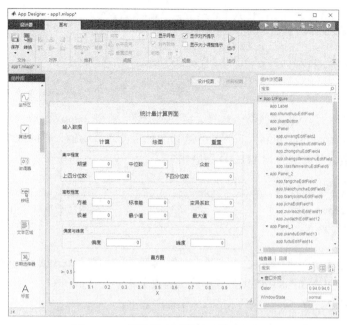

图 11-47　属性修改后的统计量计算界面

（3）添加回调函数

1）对"计算"按钮添加回调函数。选择"组件浏览器"中的"app.jisuanButton"属性，单击"回调"选项卡，在"ButtonPushedFun"右侧的"函数名称"文本框内输入"jisuan"，这时在代码视图中自动添加了回调函数，其对应的 MATLAB 程序如下。

```matlab
% Button pushed function: jisanButton
function jisuan(app, event)
    shuju= app.shurushujuEditField.Value;       %文本数据
    X=str2num(shuju);                           %数值数据
    A=mean(X);                                  % 计算均值
    B=median(X);                                % 计算中位数
    C=mode(X);                                  % 计算众数
    D=prctile(X,25);                            % 计算上四分位数
    E=prctile(X,75);                            % 计算下四分位数
    F=var(X);                                   % 计算方差
    G=std(X);                                   % 计算标准差
    H=mean(X)/std(X);                           % 计算变异系数
    I=range(X);                                 % 计算极差
    J=min(X);                                   % 计算最小值
    K=max(X);                                   % 计算最大值
    L=skewness(X);                              % 计算偏斜度
    M=kurtosis(X)                               % 计算峰度
    app.qiwangEditField2.Value=A;
    app.zhongweishuEditField3.Value=B;
    app.zhongshuEditField4.Value=C;
    app.shangsifenweishuEditField5.Value=D;
    app.xiasifenweishuEditField6.Value=E;
    app.fangchaEditField7.Value=F;
    app.biaozhunchaEditField8.Value=G;
    app.bianyixishuEditField9.Value=H;
```

```
        app.jichaEditField10.Value=I;
        app.zuixiaozhiEditField11.Value=J;
        app.zuidazhiEditField12.Value=K;
        app.pianduEditField13.Value=L;
        app.fuduEditField14.Value=M;
    end
```

2）对"绘图"按钮添加回调函数。选择"组件浏览器"中的"app.huituButton2"属性，单击"回调"选项卡，在"ButtonPushedFun"右侧的"函数名称"文本框内输入"huitu"，这时在代码视图中自动添加了回调函数，其对应的 MATLAB 程序如下。

```
function huitu(app, event)
    shuju= app.shurushujuEditField.Value;      %文本数据
    X=str2num(shuju);                          %数值数据
    histogram(app.UIAxes,X,7)
end
```

3）对"重置"按钮添加回调函数。选择"组件浏览器"中的"app.chongzhiButton3"属性，单击"回调"选项卡，在"ButtonPushedFun"右侧的"函数名称"文本框内输入"chongzhi"，这时在代码视图中自动添加了回调函数，其对应的 MATLAB 程序如下。

```
function chongzhi(app, event)
    app.shurushujuEditField.Value='';
    app.qiwangEditField2.Value=0;
    app.zhongweishuEditField3.Value=0;
    app.zhongshuEditField4.Value=0;
    app.shangsifenweishuEditField5.Value=0;
    app.xiasifenweishuEditField6.Value=0;
    app.fangchaEditField7.Value=0;
    app.biaozhunchaEditField8.Value=0;
    app.bianyixishuEditField9.Value=0;
    app.jichaEditField10.Value=0;
    app.zuixiaozhiEditField11.Value=0;
    app.zuidazhiEditField12.Value=0;
    app.pianduEditField13.Value=0;
    app.fuduEditField14.Value=0;
    cla(app.UIAxes)
end
```

（4）运行界面

单击工具栏中的"运行"按钮 ▷，保存名称为"tongjiliang.mlapp"，产生具有功能的 MATLAB App 界面如图 11-48 所示。

（5）界面应用

1）计算正态分布的统计量。

先在"输入数据"文本框中输入正态分布随机数"normrnd(10,2,1,100)"，表示生成期望为 10，标准差为 2，100 个随机数组成的行向量；然后分别单击"计算"和"绘图"按钮，则计算的全部统计量结果和直方图如图 11-49 所示。

2）计算离散均匀分布的统计量。

在"输入数据"文本框中输入离散均匀分布随机数"unidrnd(10,1,60)"，表示从 1～10 的整数中随机取 60 次产生的样本数据，然后分别单击"计算"和"绘图"按钮，则计算的全部统计量结果和直方图如图 11-50 所示。

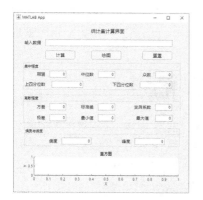

图 11-48　产生具有功能 MATLAB App 界面

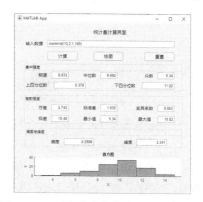

图 11-49　正态分布的统计量计算结果界面

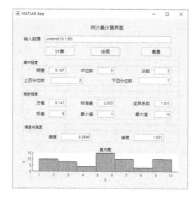

图 11-50　离散均匀分布的统计量计算结果界面

11.6　思考与练习

1．设计一个显示不同色彩图的 peaks 图的 App 界面，界面布局如图 11-51 所示。要求使用单选按钮组来控制不同的色彩图（jet、hsv、hot、pink、copper）。

2．设计一个利息计算的 App 界面，其界面布局如图 11-52 所示。要求：

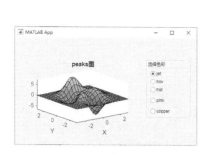

图 11-51　色彩图的 App 界面

图 11-52　利息计算界面

1）选取 5 个数值编辑字段，其中 3 个用来输入"本金""利率"和"期限"，两个用来输出"单利利息"和"复利利息"；再用"计算单利"和"计算复利"两个按钮来控制计算利息值。

2）添加 1 个滑动组件和 1 个坐标区，在本金和利率一定的条件下，用滑动组件控制计息期限，在坐标区绘制出"单利利息"和"复利利息"的图形。

参 考 文 献

[1] 杨德平，等．金融计算与分析及 MATLAB GUI 开发应用[M]．北京：机械工业出版社，2020．

[2] 薛山．MATLAB 基础教程[M]．4 版．北京：清华大学出版社，2019．

[3] 刘浩，韩晶．MATLAB R2018a 完全自学一本通[M]．北京：电子工业出版社，2018．

[4] 赵骥，曹岩，李洪波，等．Matlab 基础与实例教程[M]．北京：清华大学出版社，2018．

[5] 胡晓冬，董辰辉．MATLAB 从入门到精通[M]．2 版．北京：人民邮电出版社，2018．

[6] 付文利，刘刚．MATLAB 编程指南[M]．北京：清华大学出版社，2017．

[7] 吴礼斌，李柏年．MATLAB 数据分析方法[M]．2 版．北京：机械工业出版社，2017．

[8] 陈玉英，严军，许凤．Matlab 优化设计及其应用[M]．北京：中国铁道出版社，2017．

[9] 李献，骆志伟，于晋臣．MATLAB/Simulink 系统仿真程[M]．北京：清华大学出版社，2017．

[10] 杨德平，刘喜华．经济预测与决策技术及 MATLAB 实现[M]．北京：机械工业出版社，2016．

[11] 杨德平，孙显录，管殿柱．MATLAB 8.5 基础教程[M]．北京：机械工业出版社，2016．

[12] 刘帅奇，李会雅，赵杰．MATLAB 程序设计基础与应用[M]．北京：清华大学出版社，2016．

[13] 王健，赵国生．MATLAB 数学建模与仿真[M]．北京：清华大学出版社，2016．

[14] 赵小川，梁冠豪，王建洲．MATLAB 8.X 实战指南[M]．北京：清华大学出版社，2015．

[15] 杨德平．经济预测模型的 MATLAB GUI 开发及应用[M]．北京：机械工业出版社，2015．

[16] 罗华飞．MATLAB GUI 设计学习手记[M]．北京：北京航空航天大学出版社，2014．

[17] 熊庆如．MATLAB 基础与应用[M]．北京：机械工业出版社，2014．

[18] 杨德平，赵维加，管殿柱．MATLAB 基础教程[M]．北京：机械工业出版社，2013．

[19] 赵书兰．MATLAB 建模与仿真[M]．北京：清华大学出版社，2013．

[20] 艾冬梅，李艳晴，张丽静，等．MATLAB 与数学实验[M]．北京：机械工业出版社，2011．

[21] 张琨，高思超，毕靖．MATLAB 2010 从入门到精通[M]．北京：电子工业出版社，2011．

[22] 陈杰．MATLAB 宝典[M]．2 版．北京：电子工业出版社，2010．